TEUBNER-TEXTE zur Informatik   Band 4

U. Hohenstein

Formale Semantik eines erweiterten
Entity-Relationship-Modells

TEUBNER-TEXTE zur Informatik

Herausgegeben von
Prof. Dr. Johannes Buchmann, Saarbrücken
Prof. Dr. Udo Lipeck, Hannover
Prof. Dr. Franz J. Rammig, Paderborn
Prof. Dr. Gerd Wechsung, Jena

Als relativ junge Wissenschaft lebt die Informatik ganz wesentlich von aktuellen Beiträgen. Viele Ideen und Konzepte werden in Originalarbeiten, Vorlesungsskripten und Konferenzberichten behandelt und sind damit nur einem eingeschränkten Leserkreis zugänglich. Lehrbücher stehen zwar zur Verfügung, können aber wegen der schnellen Entwicklung der Wissenschaft oft nicht den neuesten Stand wiedergeben.

Die Reihe „TEUBNER-TEXTE zur Informatik" soll ein Forum für Einzel- und Sammelbeiträge zu aktuellen Themen aus dem gesamten Bereich der Informatik sein. Gedacht ist dabei insbesondere an herausragende Dissertationen und Habilitationsschriften, spezielle Vorlesungsskripten sowie wissenschaftlich aufbereitete Abschlußberichte bedeutender Forschungsprojekte. Auf eine verständliche Darstellung der theoretischen Fundierung und der Perspektiven für Anwendungen wird besonderer Wert gelegt. Das Programm der Reihe reicht von klassischen Themen aus neuen Blickwinkeln bis hin zur Beschreibung neuartiger, noch nicht etablierter Verfahrensansätze. Dabei werden bewußt eine gewisse Vorläufigkeit und Unvollständigkeit der Stoffauswahl und Darstellung in Kauf genommen, weil so die Lebendigkeit und Originalität von Vorlesungen und Forschungsseminaren beibehalten und weitergehende Studien angeregt und erleichtert werden können.

TEUBNER-TEXTE erscheinen in deutscher oder englischer Sprache.

Formale Semantik eines erweiterten Entity-Relationship-Modells

von Uwe Hohenstein

Zentralabteilung für Forschung und Entwicklung,
Siemens AG, München

Springer Fachmedien Wiesbaden GmbH 1993

Dr. Uwe Hohenstein

Geboren 1959 in Ahnebeck. Von 1978 bis 1984 Studium der Informatik mit dem Nebenfach Mathematik an der Technischen Universität Braunschweig, Diplom 1984. Von 1984 bis 1989 wissenschaftlicher Mitarbeiter an der Abteilung Datenbanken des Instituts für Programmiersprachen und Informationssysteme der TU Braunschweig bei Prof. Dr. H.-D. Ehrich. Promotion 1990. Seit 1990 in der Forschung und Entwicklung der Siemens AG in München im Bereich Datenhaltung tätig.

Arbeitsschwerpunkte: Datenbankentwurf, Datenmodelle, Anfragesprachen, theoretische Grundlagen von Datenbanken.

Die Deutsche Bibliothek – CIP-Einheitsaufnahme

Hohenstein, Uwe:
Formale Semantik eines erweiterten Entity-relationship-Modells /
von Uwe Hohenstein.
   (Teubner-Texte zur Informatik ; Bd. 4)
   ISBN 978-3-8154-2052-2   ISBN 978-3-663-12118-3 (eBook)
   DOI 10.1007/978-3-663-12118-3
NE: GT

Umschlaggestaltung: E. Kretschmer, Leipzig

Vorwort

Dieses Buch widmet sich der formalen Semantik eines Entity-Relationship-Modells (ER-Modell), eines begleitenden Kalküls und einer Anfragesprache.

Das ER-Modell ist ein weit verbreitetes und allgemein anerkanntes Hilfsmittel zur abstrakten Beschreibung von Datenbanken im Rahmen des konzeptionellen Entwurfs. Aufgrund seiner natürlichen Modellierungsweise und seiner anschaulichen graphischen Repräsentation in Form von ER-Diagrammen bildet es die Grundlage vieler Datenbankentwurfswerkzeuge, insbesondere im CASE-Bereich (Computer Aided Software Engineering), und hat selbst im Zeitalter der objektorientierten Programmiersprachen und Datenbanken nichts an seiner Attraktivität verloren. Sah das klassische ER-Modell die Welt bestehend aus Objekten ('entities') und Beziehungen ('relationships') zwischen ihnen, so entwickelten sich später viele Erweiterungen zur Erhöhung der semantischen Ausdrucksfähigkeit. Wir folgen diesen Ansätzen, welche die Anschaulichkeit des ER-Modells verbinden mit einer Anreicherung durch weitere Abstraktionsprinzipien, und stellen ein derartiges erweitertes Entity-Relationship-Modell, EER-Modell genannt, vor.

Wir legen den Schwerpunkt des gesamten Buches auf eine konsequente und vollständig formale Definition der Syntax und Semantik des EER-Modells. Insbesondere die formale Festlegung der Semantik der Datenmodell-Konzepte ist von großer Wichtig- und Notwendigkeit, schließlich ist der konzeptionelle Datenbankentwurf der erste Schritt zur Formalisierung der meist informellen Anforderungen. Der modellierten Datenbankstruktur kommt des weiteren eine maßgebliche Rolle zu, da sie die Grundlage aller Anwendungen ist. Fehlt der Struktur eine präzise festgelegte Bedeutung, so können auch darauf aufbauende Datenbanksprachen, beispielsweise zur Formulierung von Anfragen oder Transaktionen, keine formale Semantik besitzen. Die Bedeutung der einzelnen Sprachkonstrukte kann somit nur anhand von Beispielen erläutert werden, was zu Mißverständnissen und schwerwiegenden Problemen bei der Standardisierung und Portabilität von Sprachen führt.

Der semantischen Grundlage von Anfragesprachen wird Rechnung getragen, indem ein das EER-Modell begleitender Kalkül definiert wird. Obwohl der Kalkül in erster Linie für das EER-Modell gedacht ist, basiert er auf einem allgemeinen, formalen Datenmodell-Begriff, der insbesondere das EER-Modell und das Relationenmodell umfaßt. Insofern ist der Kalkül parametrisiert und für eine große Klasse von Datenmodellen verwendbar. Der Kalkül behebt die selbst im theoretisch gut fundierten Relationenmodell auftretende Diskrepanz zu der Mächtigkeit der Anfragesprachen. Gegenüber anderen bekannten Kalkülen besitzt er eine erhöhte Ausdrucksfähigkeit, die sich in der Integration arithmetischer Operationen, aggregierender Funktionen, wie die Summen- oder Maximumbildung, Konzepten zur Berechnung der transitiven Hülle und auch zur Ergebnisstrukturierung in uniformer Weise zeigt.

Die EER-Variante des Kalküls bildet die Grundlage der EER-Anfragesprache SQL/EER. Im Gegensatz zu anderen Sprachen besitzt SQL/EER eine vollständige Sprachdefinition, die insbesondere eine formale Semantik durch Abbildung auf den EER-Kalkül beinhaltet.

Die allgemeine Kalküldefinition findet ihren Einsatz in der Transformationssemantik. Das EER-Modell wird in das Relationenmodell übersetzt, worauf die Abbildung des EER-Kalküls in die relationale Variante aufbaut. Die formale Handhabung beider Transformationen erlaubt die Entwicklung entsprechender Entwurfswerkzeuge, die korrekte EER-Modellierungen und Anfragen automatisch in relationale Pendants auf einem existierenden Datenbanksystem überführen. Der so implementierte Prototyp kann dazu verwendet werden, die entworfene Datenbank bzgl. ihrer Korrektheit und Funktionalität zu überprüfen. In diesem Kontext fand die Transformationssemantik ihre praktische Erprobung in der Datenbankentwurfsumgebung CADDY. So wurde die Anfragesprache SQL/EER von Diplomanden auf einem relationalem Datenbanksystem implementiert.

Sowohl das EER-Modell als auch der EER-Kalkül und die Transformationen werden in einem einheitlichen und durchgängigen Formalismus definiert, der strikt zwischen Syntax und Semantik unterscheidet. Bei der Darstellung des formalen Rahmens waren wir bemüht, mit möglichst einfacher Mathematik auszukommen und stets anschaulich zu bleiben. Die definierten formalen Begriffe werden durchweg auch informal erklärt und anhand zahlreicher Beispiele illustriert, um auch theoretisch weniger geübten Lesern den Zugang zur Thematik zu ermöglichen.

Die Grundlage dieses Buches bildet meine Dissertation, die ich im Rahmen meiner Tätigkeit als wissenschaftlicher Mitarbeiter am Institut für Programmiersprachen und Informationssysteme der TU Braunschweig angefertigt habe. Weitere Arbeiten, die zum Teil mit damaligen Kollegen verfaßt wurden, sind ebenfalls mit eingeflossen. Hierzu seien Gunter Saake sowie das CADDY-Team bestehend aus Perdita Löhr-Richter, Klaus Hülsmann und Gregor Engels genannt. Der Letztgenannte hat auch mit zur Definition der Semantik der Anfragesprache SQL/EER beigetragen. Mit Martin Gogolla zusammen wurde das EER-Modell und der EER-Kalkül formalisiert. Stellvertretend für alle ehemaligen Kollegen, die stets für ein gutes Arbeitsklima gesorgt haben, danke ich Herrn Professor Ehrich. Er betreute meinen wissenschaftlichen Werdegang in dieser Zeit und gab auch den Anstoß zu diesem Werk.

Mein Dank richtet sich auch an Herrn Professor Lipeck, der stets diskussionsbereit war und mir in seiner Funktion als Mitherausgeber der Reihe mit hilfreichen Anregungen zur Seite stand.

Moralische Unterstützung habe ich fortwährend von meiner Freundin Birgit erhalten, die mit erstaunlicher Geduld meinen vorwiegend auf Wochenenden konzentrierten Arbeitseifer ertragen hat. Ihr gilt mein herzlichster Dank.

München, im März 1993   Uwe Hohenstein

Inhalt

1 Einführung

Viele komplexe Softwaresysteme haben die Eigenschaft, große Mengen strukturierter Daten zu verwalten. Zur permanenten Speicherung werden diese Daten in der Regel in einer zentralen Datenbank gehalten, um ein mehrfaches und redundantes Verwalten der Daten sowie die daraus resultierende Fehleranfälligkeit zu vermeiden. Dem Entwurf der Datenbank kommt dabei eine wichtige und zentrale Rolle zu, da durch die Zentralisierung alle Systemkomponenten auf die in der Datenbank gehaltenen Daten zugreifen; Fehler beim Entwurf der Datenbank wirken sich zwangsläufig auf alle anderen Komponenten des Systems aus. Auf die sorgfältige Festlegung der Struktur der gespeicherten Daten und ihrer Schnittstelle zum Gesamtsystem ist somit besonderer Wert zu legen.

Die zentrale Rolle des Datenbankentwurfs in der Entwicklung von größeren Softwaresystemen wurde in den letzten Jahren durch das Aufkommen sogenannter "Nicht-Standard-Anwendungen" verstärkt. Im Gegensatz zu den klassischen Anwendungen für Datenbanken – dem kommerziellen Bereich wie Finanzbuchhaltung oder Personalverwaltung – zeichnen sich Nicht-Standard-Anwendungen durch wesentlich komplexere Informationsstrukturen aus. Beispiele derartiger Anwendungen reichen von Büroinformationssystemen über die Speicherung von CAD/CAM-Objekten im Ingenieurbereich und der Unterstützung des VLSI- oder des Software-Entwurfs hin bis zu geowissenschaftlichen Datenbanken.

Der Entwurf von Datenbanken ist ein Spezialfall der allgemeinen Problematik des Softwareentwurfs. Entsprechend dem Software-Lebenszyklus ('software life cycle') läßt er sich in mehrere aufeinanderfolgende Entwurfsphasen unterteilen. Zur Strukturierung des Entwurfsvorgangs werden häufig die folgenden Phasen unterschieden:

1. Im ersten Schritt, der *Anforderungsanalyse*, wird der Informationsbedarf der geplanten Anwendung ermittelt und analysiert.

2. Der anschließende *konzeptionelle Entwurf* hat die Aufgabe, die im allgemeinen informell zusammengestellten Anforderungen formal zu beschreiben. Die exakte und vollständige Beschreibung der Struktur der Datenbank und ihrer Schnittstelle bildet die Grundlage für die weiteren Entwurfsphasen.

3. Während der konzeptionelle Entwurf unabhängig von dem zur Implementierung vorgesehenen Datenbanksystem ist, befaßt sich der *logische Entwurf* mit der Übertragung der konzeptionell reichhaltigen Struktur in das dem Datenbanksystem zugrundeliegende Datenmodell.

4. Einzelheiten der physischen Repräsentation der Informationen in der Datenbank werden im *physischen Entwurf* festgelegt. Hierzu gehören u.a. die Festlegung effizienzunterstützender Zugriffspfade.

5. Erst in der abschließenden *Implementierung* wird die Datenbank auf einem konkreten Datenbanksystem implementiert.

Die Ergebnisse der einzelnen Entwurfsschritte werden in Dokumenten festgehalten, die jeweils *Schemata* genannt werden.

1.1   Konzeptionelle Datenbankspezifikation

Eine immer größere Bedeutung hat unter diesen Phasen der konzeptionelle Entwurf bekommen, in dem noch unabhängig von Realisierungsdetails die Struktur der Datenbank durch ein konzeptionelles Schema modelliert wird, bevor man zur Implementierung voranschreitet. Die besonderen Anforderungen an Methodiken des konzeptionellen Entwurfs und entsprechende Spezifikationssprachen folgen unmittelbar aus der Stellung dieser Phase zwischen der mehr informalen Anforderungsanalyse und dem logischen Entwurf als Basis der späteren Implementierung:

- Eine hinreichend präzise und verläßliche Beschreibung der Anwendungen erfordert die Verwendung formaler Methoden. Insbesondere ist eine formale Semantik der Sprachkonzepte zur Festlegung ihrer Bedeutung notwendig, um die formale Grundlage der späteren Entwurfsphasen zu bilden und die Verifikation der Implementierung gegenüber dem konzeptionellen Schema zu ermöglichen.

- Da die Anforderungsanalyse im Gegensatz zum konzeptionellen Entwurf von Anwendern und nicht von Datenbank-Spezialisten erstellt wird, sollte die formale Semantik auch für diese Nicht-Spezialisten intuitiv verständlich sein. Nur so läßt sich ein Einvernehmen zwischen beiden Beteiligten über die Funktionalität des konzeptionellen Schemas herstellen.

Demzufolge muß der konzeptionelle Entwurf zum einen für die Anwender verständlich sein, ohne aber andererseits auf formale Spezifikationsmethoden zu verzichten. Speziell für Nicht-Standard-Anwendungen wird der konzeptionelle Entwurf zu einer umfangreichen und vielschichtigen Aufgabe, die in der Regel nicht mit ad-hoc-Konzepten auf intuitiver Grundlage zu bewältigen ist. Diese immer komplexer werdenden Anwendungen verlangen nach sorgfältig ausgewählten und aufeinander abgestimmten Konzepten und Sprachmitteln.

Nahezu alle Vorschläge zur Methodik des konzeptionellen Entwurfs gründen sich auf *semantische Datenmodelle*. Datenmodelle stellen generell formale Konzepte bereit, mit denen sich der durch eine Anwendung gegebene Ausschnitt der realen Welt abstrakt modellieren läßt. Semantische Datenmodelle bieten insbesondere reichhaltige Konzepte für eine der Problemstellung angemessene Modellierung. Ein weit verbreiteter Vertreter ist das Entity-Relationship-Modell (ER-Modell) von Chen [Che76], welches die Welt bestehend aus Objekten ('entities') und Beziehungen ('relationships') zwischen diesen sieht. Mit diesen Modellierungskonzepten erhält man eine einfache und verständliche Beschreibung der Datenbankstrukturen, die zudem durch eine anschauliche graphische Repräsentation in Form von ER-Diagrammen unterstützt wird.

Auf der in einem Datenmodell spezifizierten Informationsstruktur setzen die eigentlichen Datenbankanwendungen auf, d.h. die Operationen, die auf die modellierte Struktur anzuwenden sind. Mit der Komplexität der Strukturen wächst auch die Komplexität der Verhaltensmuster der Anwendungen. So ist es in geowissenschaftlichen Systemen sinnvoll, Operationen wie den Schnitt von Flächen oder das Zusammenstellen von Karten aus den gespeicherten Daten auszuführen. Demzufolge ist es für den Entwurf von Datenbanken nicht ausreichend, nur die Struktur der zu speichernden Informationen zu modellieren, vielmehr muß auch das *dynamische Verhalten* der Anwendung in geeigneter Weise festgelegt werden. Die Beschreibung sollte dabei auf einem vergleichbar hohen Abstraktionsniveau erfolgen, angefangen bei einer formalen Festlegung der gewünschten Änderungsoperationen bis hin zu einer deskriptiven und operationsunabhängigen Spezifikation der erlaubten zeitlichen Entwicklungen der Datenbankinhalte. Die bekannten heutigen Datenmodelle ermöglichen bisher keine oder nur eine unzulängliche Modellierung der auf der Datenbank auszuführenden dynamischen Anwendungsfunktionen. Wie der Begriff "Datenmodell" andeutet, beschränkt sich der größte Teil dieser Datenmodelle auf die Modellierung von Daten, d.h. der Struktur der zu speichernden Informationen. Semantische Datenmodelle bieten allenfalls einfach strukturierte und fest vorgegebene Standard-Grundoperationen wie das Einfügen oder Löschen eines einzelnen Objekts, ohne die vielfältigen Abhängigkeitsregeln zwischen Objekten zu berücksichtigen. Komplexere Änderungsoperationen werden bislang – unabhängig von den besonderen Anforderungen an die Datenbank – mit Methoden des allgemeinen Softwareentwurfs entwickelt. Nahezu vollkommen vernachlässigt ist die operationsunabhängige Spezifikation der Datenbankentwicklungen im Laufe der Zeit. Diese ist nur impliziter Bestandteil der Operationen, d.h. die möglichen Entwicklungen sind einzig und allein durch die mittels Operationen erreichbaren Zustandsübergänge gegeben.

Um diesen Anforderungen gerecht zu werden, wurden in der Literatur mehrschichtige Spezifikationsmethodiken vorgeschlagen. Ein konzeptionelles Schema wird in mehreren, aufeinander aufbauenden Schichten spezifiziert. Jede Schicht hat eine der zu beschreibenden Informationen angemessene Ausdrucksfähigkeit. Wir folgen [EGH+92] und unterscheiden vier Entwurfsschichten, die Datenschicht, die Objektschicht, die Entwicklungsschicht und die Aktionsschicht.

Die ersten beiden Schichten (Daten- und Objektschicht) der 4-Schichten-Spezifikation beschreiben die Struktur des zu modellierenden Weltausschnitts durch die beteiligten Daten- und Objekttypen. Dieser Strukturteil charakterisiert die zulässigen Zustände, d.h. die erlaubten Inhalte, welche die Datenbank annehmen kann. Hingegen legt der Verhaltensteil, in der dritten und vierten Schicht spezifiziert, die zulässigen Zustandsänderungen (Entwicklungen und Aktionen) im Verlauf der Zeit fest.

Ein **konzeptionelles Datenbankschema** besteht demnach aus den folgenden vier Teilschemata:

1. Im **Datenschema** lassen sich beliebige Datentypen mit den ihnen zugehörigen Operationen und Prädikaten spezifizieren.

2. Zum **Objektschema** gehört die Spezifikation der Objekttypen in einer Erweiterung des Entity-Relationship-Modells, im folgenden EER-Modell genannt. Konkrete Modellierungen im EER-Modell werden als *EER-Schema* in einer graphischen Modellierungssprache in Form von EER-Diagrammen vorgenommen. Das EER-Modell wird durch eine zugehörige *Anfragesprache* ergänzt, mit der es möglich ist, Anfragen an die Datenbank zu formulieren, d.h. Informationen aus der Datenbank zu erhalten. Mit der Anfragesprache ist die Voraussetzung geschaffen, über Datenbankinhalte "zu sprechen". Insofern kommt der Anfragesprache eine bedeutsame Rolle für das gesamte Spektrum des konzeptionellen Datenbankentwurfs zu, da sie die Grundlage weiterer auf der Objektschicht aufbauender Sprachen bildet. So lassen sich Formeln der Anfragesprache als Bedingungen auffassen, welche die Datenbank zu jedem Zeitpunkt erfüllen muß. Derartige *statische Integritätsbedingungen* schränken die durch das EER-Schema gegebene Menge der möglichen Datenbankinhalte auf die Menge der zulässigen Inhalte ein. Die Objektschicht setzt sich somit aus einer Modellierungssprache, einer Anfragesprache und einer Sprache zur Formulierung von expliziten statischen Integritätsbedingungen zusammen.

3. Während statische Integritätsbedingungen Forderungen an einzelne Datenbankinhalte formulieren, schränkt das **Entwicklungsschema** die zeitlichen Abfolgen der möglichen Inhalte der spezifizierten Datenbank weiter ein. Die Spezifikation der zulässigen Entwicklungen der Datenbank erfolgt durch *dynamische Integritätsbedingungen*.

4. Komplementär zu den Integritätsbedingungen werden im **Aktionsschema** die Aktionen (d.h. die ändernden Operationen) festgelegt, die auf der spezifizierten Datenbank erlaubt sind.

Jede der vier Schichten erfordert ihre eigene Spezifikationssprache, wobei die einzelnen Sprachen entsprechend den vier Schichten aufeinander aufbauen und miteinander verträglich sind.

Die den vier Schichten zugrundeliegenden Sprachen sollen nun anhand eines Beispiels beschrieben werden.

1. Datenschicht

In der Datenschicht werden Datenwerte als grundlegende Informationseinheiten der Eingabe, Ausgabe, Speicherung und Verarbeitung spezifiziert. Datenwerte sind nicht eigenständig von Interesse, sie treten nur als Eigenschaften (Attribute) von Objekten auf und werden gemäß den auf sie anwendbaren Operationen zu Datentypen zusammengefaßt.

Programmiersprachen und kommerzielle Datenbanksysteme besitzen einen Satz an Standarddatentypen. Hierzu gehören beispielsweise **int**, **real** und **string** mit ihren charakteristischen Operationen '+', '/' und **length** bzw. den Vergleichsprädikaten '<' oder '≥'. Für Nicht-Standard-Anwendungen reichen jedoch diese einfachen Datentypen nicht aus. So können darüber hinaus weitere, anwendungsbezogene Datentypen spezifiziert werden.

Beispielsweise läßt sich der geometrische Datentyp **point** (Punkte) mit der Operation **distance** (Abstand zweier Punkte) wie folgt definieren:

Beispiel 1.1 (Datentyp point)

> *data type*   point;
> *imports*   real;
> *sort*   point;
> *operations* x: point → real,   y: point → real,   distance: point,point → real;
> *variables*   p,p' : point; r,r' : real;
> *equations* distance(p,p') = sqrt$_r$$\big(($x(p)–x(p')$) \uparrow_r 2 + ($y(p)–y(p')$) \uparrow_r 2\big)$;
> *end*   point   □

Diese Spezifikation verwendet den importierten Standarddatentyp **real**. Somit können die Datenoperationen **sqrt$_r$** (Quadratwurzel) und $\uparrow_r$ (Potenzierung) von **real** in der Spezifikation benutzt werden.

Auf **point** aufbauend kann analog der Datentyp **circle** (Kreise) mit den Operationen **centre: circle → point** und **radius: point → real** spezifiziert werden. Linienzüge (**lines**) und Polygone (**polygon**) lassen sich ebenfalls auf **point** aufbauend als geordnete Punktemengen definieren. Entsprechend kann ein Datentyp **address** als aus Postleitzahl, Stadt, Straße und Hausnummer bestehend spezifiziert werden.

2. Objektschicht

Die Spezifikation der Datentypen in der Datenschicht bildet die Grundlage, auf der die Objektschicht aufbaut. Objekte sind in der Datenbank darzustellende, informationstragende Einheiten, d.h. Objekte sind Dinge, über die Informationen gespeichert werden sollen, während Daten diese zu speichernden Informationen darstellen. Objekte werden also durch Datenwerte beschrieben, und nur diese beschreibenden Daten können direkt eingegeben, gespeichert, ausgegeben und verarbeitet werden. Der begriffliche Unterschied zwischen Daten und Objekten wird auf der Typ-Ebene noch deutlicher:

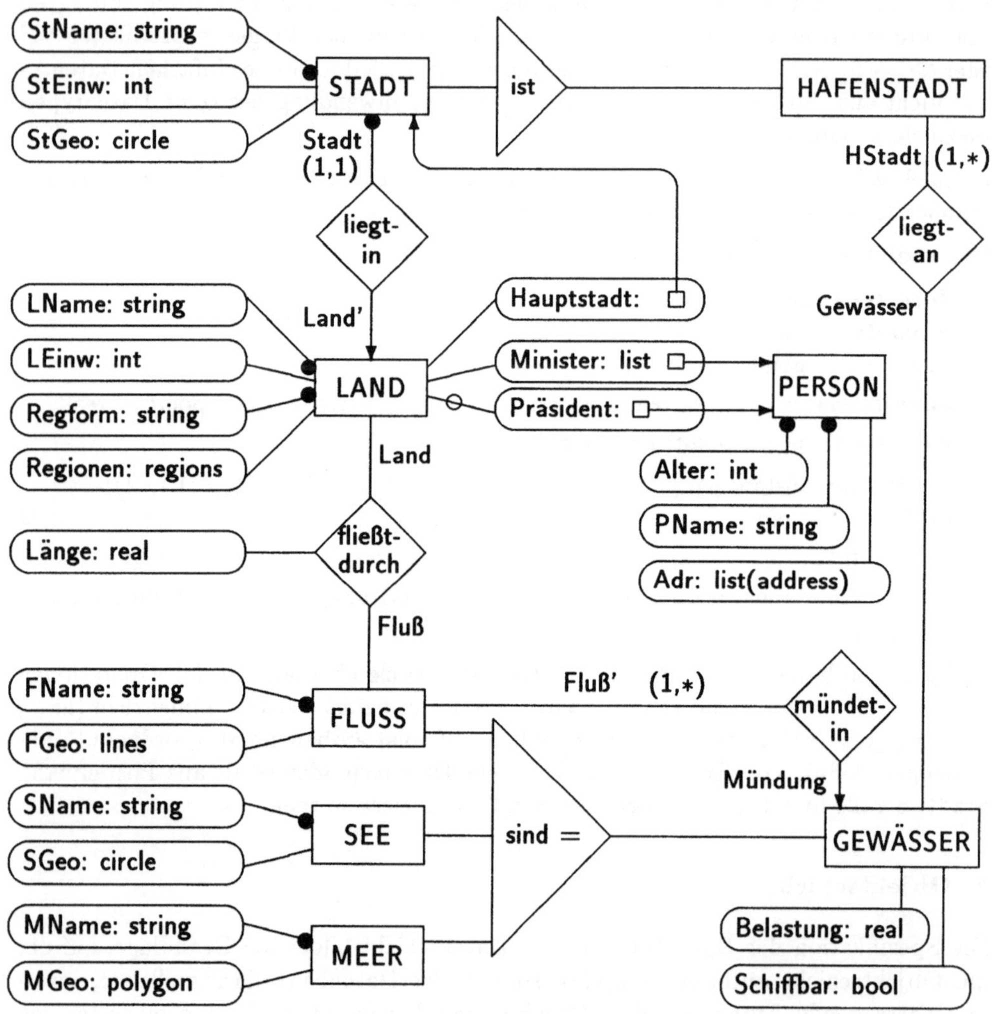

Abbildung 1: *Beispiel-Modellierung "Stadt-Land-Fluß" als EER-Diagramm*

- Zu einem Datentyp gehört eine feste (evtl. unendliche) Menge von Datenwerten, wobei jeder Wert seine Eigenschaften während der Laufzeit der Datenbank nicht ändert. Ein komplexer Datenwert (z.B. eine Adresse) wird ein anderer, wenn sich ein Bestandteil (z.B. die Hausnummer) ändert.

- Demgegenüber ist die Menge der Objekte in einem Objekttyp abhängig vom Zustand der Datenbank: Objekte können hinzugefügt oder gelöscht werden. Ein Objekt (z.B. eine Person) bleibt aber das gleiche, wenn eine seiner Eigenschaften (z.B. seine Adresse) geändert wird.

Die Spezifikation der Objekttypen erfolgt mittels eines erweiterten ER-Modells (EER-Modell). Die Objekte werden dort Entities genannt. Entities können in Beziehung zueinander stehen, was durch 'relationships' modelliert wird. Die Eigenschaften von Entities und Relationships werden durch Attribute beschrieben: Attribute stellen den Bezug zur Datenschicht her, indem sie die spezifizierten Datentypen als Wertebereiche verwenden.

Die Abbildung 1 zeigt eine konkrete Modellierung "Stadt-Land-Fluß" als EER-Diagramm, in dem Städte (**STADT**, **HAFENSTADT**), Länder (**LAND**), verschiedene Arten von Gewässern (**FLUSS**, **SEE**, **MEER**, **GEWÄSSER**) und führende Personen (**PERSON**) eines Landes jeweils als Entitytypen modelliert werden. Zwischen den Entities dieser Typen bestehen die folgenden Beziehungen:

- Jede Stadt **liegt-in** (genau) einem Land.

- Eine Hafenstadt **liegt-an** einem Gewässer.

- Ein Fluß **mündet-in** (genau) ein Gewässer und **fließt-durch** mehrere Länder.

Neben den üblichen Eigenschaften, wie dem Namen (**StName**) einer Stadt, der Einwohnerzahl (**LEinw**) eines Landes oder den Adressen (**Adr**) einer Person, sollen insbesondere die Geometrien der geographischen Objekte in einem Koordinatensystem von Interesse sein:

- Ein Land wird durch eine Menge von Polygonzügen (Attribut **Regionen** mit Datentyp **regions**) dargestellt.

- Jede Stadt und jeder See werden durch einen Kreis (Attribute **StGeo** bzw. **SGeo** mit Datentyp **circle**) dargestellt.

- Jedes Meer wird durch ein Polygon (**MGeo** mit Datentyp **polygon**) dargestellt.

- Jeder Fluß wird durch einen nicht-geschlossenen und nicht-überlappenden Linienzug (**FGeo** mit Datentyp **lines**) dargestellt.

Die in der Datenschicht spezifizierten Datentypen werden hier als Wertebereiche der Attribute verwendet. Dabei soll **regions** (Regionen eines Landes) ein weiterer benutzerdefinierter Datentypen sein.

Die Ausdrucksfähigkeit des ursprünglich definierten Entity-Relationship-Modells wird erhöht durch die Aufnahme von Komponenten, von mehrwertigen Attributen und Komponenten sowie von Typkonstruktionen.

Komponenten sind gewissermaßen objektwertige Attribute. So besitzt zum Beispiel jedes Land einen **Präsidenten** und mehrere **Minister**, die jeweils Personen sind. Des weiteren besitzt ein Land eine **Hauptstadt**.

Zu den mehrwertigen Attributen zählt **Adr**, das zu jeder Person eine Liste ('list') von Adressen liefert. Aufgrund der Listeneigenschaft besteht somit die Möglichkeit, auf den ersten, zweiten oder i-ten Wohnsitz einer Person zuzugreifen. Dementsprechend ist **Minister** eine mehrwertige Komponente, die zum Beispiel den direkten Zugriff auf den Premierminister über die Positionsnummer 1 ermöglicht.

Das Konzept der Typkonstruktion erlaubt Spezialisierungen und Generalisierungen von Objekttypen. So sind Flüsse, Seen und Meere zu Gewässern generalisiert, d.h. jedes Gewässer ist entweder ein Fluß, ein See oder ein Meer. Analog ist jede Hafenstadt eine spezielle Stadt.

Ergänzend zur Spezifikation der Struktur in Form eines EER-Schemas dienen statische Integritätsbedingungen dazu, die Menge der möglichen Ausprägungen zu einem EER-Schema weiter einzuschränken. So fordert die Bedingung aus Beispiel 1.2, daß jede Hauptstadt eines Landes auch in diesem Land liegen muß:

Beispiel 1.2 (Statische Integritätsbedingung)

>   *constraint*
>   *for all l in LAND, st in STADT :*
>
>   *(st=l.Hauptstadt **implies** st liegt-in l)*   □

Die Spezifikation der Integritätsbedingungen erfolgt in einer Sprache, die im wesentlichen aus Formeln der SQL-ähnlichen Anfragesprache SQL/EER [HoE90, HoE92] besteht. Eine mögliche Anfrage in dieser Sprache ist:

Beispiel 1.3 (Anfrage)

>   *select l.LName, **sum** (select st.StEinw*
>   *from   st in STADT*
>   *where st liegt-in l)*
>   *from   l in LAND*

Diese Anfrage bestimmt zu jedem Land den Namen und die Summe der Einwohnerzahlen der Städte in diesem Land.   □

Daten- und Objektschicht beschreiben zusammen die Struktur der zulässigen Datenbankinhalte. Beide Schichten erreichen zusammen die Modellierungsmöglichkeiten der semantischen Datenmodelle.

3. Entwicklungsschicht

Während statische Integritätsbedingungen lediglich erlaubte Datenbankzustände beschreiben, wird erst die allgemeine Klasse der dynamischen Integritätsbedingungen dem Anspruch gerecht, auch die erlaubten *Entwicklungen* der Datenbankinhalte zu charakterisieren. In der Entwicklungsschicht werden dazu die zulässigen Entwicklungen, d.h. die zeitlichen Abfolgen von Zuständen, der gespeicherten Informationen durch dynamische Integritätsbedingungen spezifiziert. Die zugehörige Sprache erweitert die Sprache zur Formulierung statischer Integritätsbedingungen um temporale Quantoren wie **always**, **sometime** und **until** [ELG84, LEG85], mit denen sich Aussagen über zeitliche Abläufe machen lassen.

Beispiel 1.4 (Dynamische Integritätsbedingung)

> **dynamic constraint**
> **for all** *g* **in** *GEWÄSSER* :
> > **always** *g.Belastung* > *100* **implies**
> > > **always** (**not** *g.Schiffbar* **until** *g.Belastung* < *10*)   □

Jedes Gewässer, hat es einmal einen Belastungswert über 100 erreicht, bleibt solange unschiffbar, bis die Belastung unter 10 absinkt.

4. Aktionsschicht

Die Anfragesprache läßt sich auch zur Spezifikation von Aktionen mittels Vor- und Nachbedingungen im Sinne der Hoare'schen Programmlogik verwenden.

Beispiel 1.5 (Aktionsspezifikation)

> **action** *fließt-durch-einfügen* (*fname:* string, *lname:* string, *lregform:* string);
> **variables** *f* : *FLUSS*, *l* : *LAND*;
> **precondition**
> > **exists** *l* **in** *LAND* : (*l.LName=lname* **and** *l.Regform=lregform* **and**
> > > **exists** *f* **in** *FLUSS* : (*f.FName=fname* **and**
> > > > **not** *fließt-durch(f,l)*   ))
> **postcondition**
> > **exists** *l* **in** *LAND* : (*l.LName=lname* **and** *l.Regform=lregform* **and**
> > > **exists** *f* **in** *FLUSS* : (*f.FName=fname* **and**
> > > > *fließt-durch(f,l)*   ))   □

Im Sinne dieser Spezifikation wird eine Beziehung des Typs **fließt-durch** zwischen einem Fluß mit Namen *fname* [1] und einem Land mit Namen *lname* und Regierungsform *lregform* eingefügt, unter der Bedingung, daß sowohl dieser Fluß als Objekt in **FLUSS** wie auch dieses Land als Objekt in **LAND** bereits existieren.

---

[1] Jeder Fluß werde durch seinen Namen identifiziert, ebenso wie jedes Land durch Name und Regierungsform (z.B. 'Republik') eindeutig bestimmt sei (Schlüsseleigenschaft).

Ein wesentlicher Vorteil dieses Ansatzes ist seine Verträglichkeit mit der temporalen Sprache der Entwicklungsschicht. Somit besteht die Möglichkeit, Aktionen gegenüber dynamischen Integritätsbedingungen zu verifizieren, d.h. zu überprüfen, ob die Aktionen alle Bedingungen erfüllen.

Der Nachteil einer deskriptiven Spezifikation von Aktionen liegt in ihrer schlechten Ausführbarkeit im Rahmen einer Prototyperzeugung. Hier schaffen prozedurale Spezifikationstechniken Abhilfe. Dabei werden ausgehend von *elementaren Aktionen*, wie dem Einfügen oder Löschen eines Objekts, komplexere Aktionen mit Hilfe prozeduraler Kontrollstrukturen (Sequenz, Alternative, Wiederholung) zusammengesetzt. Die elementare Aktion

> *insert-fließt-durch (fname:* **string,** *lname:* **string,** *lregform:* **string)**

richtet eine Beziehung des Typs **fließt-durch** zwischen einem Fluß *fname* und dem Land (*lname, lregform*) ein, sofern Fluß und Land bereits in den jeweiligen Entitytypen existieren. Ist das nicht der Fall, d.h. gibt es beispielsweise keinen Fluß mit Namen *fname*, so muß vorher die elementare Aktion *insert-FLUSS* ausgeführt werden. Die Abfolge der beiden Aktionen übernimmt dann die Funktion der in Beispiel 1.5 spezifizierten Aktion.

Das Charakteristikum der elementaren Aktionen ist, daß sie die modellinhärenten Integritätsbedingungen einhalten, d.h. sie garantieren, daß nach Ausführung der Aktion ein bzgl. des EER-Schemas korrekter Datenbankinhalt entsteht. So wird durch *insert-FLUSS* nicht einfach nur der Fluß eingefügt, vielmehr wird auch berücksichtigt, daß der Fluß (im Sinne der Typkonstruktion) ein Gewässer ist. Folglich ist gleichzeitig ein Objekt des Typs GEWÄSSER mit allen seinen Attributen einzufügen. Natürlich könnte das Einfügen des Gewässers wiederum weitere Nebeneffekte haben. Als unmittelbare Folgerung ergibt sich, daß neben den aufgeführten Aktionsparametern u.U. noch weitere Parameter erforderlich werden, in unserem Beispiel die fehlenden Angaben über das Gewässer:

> *insert-FLUSS (fname:* **string,** *fgeo:* **lines,** *gschiffbar:* **bool,** *gbelastung:* **real)**

Die Wirkung einer elementaren Aktion kann dementsprechend komplex werden und mehrere Entitytypen mit einbeziehen.

Da sich wichtige Aspekte wie parallele Abläufe von (Teil-) Aktionen nur schwer in die – wenn überhaupt deskriptive – Aktionsspezifikation einbeziehen lassen, wäre es durchaus denkbar, eine fünfte Schicht hinzuzufügen:

5. Prozeßschicht

Diese Schicht baut auf der Aktionsschicht direkt auf, indem sie erlaubt, Aktionen zu sequentiellen, parallelen oder nebenläufigen Aktionen zu verknüpfen. Als semantische Grundlage können Modelle für nebenläufige Prozesse (z.B. in [Hoa85]) verwendet werden. Prozesse werden derzeit ausgeklammert, weil damit der engere Bereich des Datenbankentwurfs verlassen wird.

1.2 Formale Semantik von konzeptionellen Spezifikationen

Das Ziel dieses Buches ist es, den statischen Anteil der vierschichtigen Spezifikationsmethodik bestehend aus Daten- und Objektschicht zu formalisieren und insbesondere mit einer formalen Semantik zu versehen. Drei Gründe sind dafür maßgeblich, warum wir uns gerade auf diese beiden Schichten konzentrieren. Zunächst einmal ist dieser Bereich, der durch semantische Datenmodelle abgedeckt wird, dadurch gekennzeichnet, daß kaum allgemeine Methoden zur präzisen Definition der Semantik existieren. Zwar ist das Gebiet der abstrakten Datentypen sehr gut erforscht, so daß die erzielten Ergebnisse direkt für die Datenschicht verwendet werden können, doch die semantische Fundierung von Datenmodellen weist hingegen erhebliche Defizite auf, von einem einheitlichen und durchgängigen Formalismus unter Einbeziehung der Anfragesprachen ganz zu schweigen.

Als zweiter Grund kommt zum Tragen, daß die Entwicklungsschicht bereits gut ergründet ist, und mit der Einführung temporaler Quantoren geeignete formale Mechanismen bereitgestellt sind. Andererseits steckt die deskriptive Aktionsspezifikation (Aktionsschicht) noch zu sehr in den Kinderschuhen, als daß hier eine in sich geschlossene Diskussion geführt werden könnte.

Drittens ist die formale Festlegung der Semantik der Datenmodell-Konzepte von besonderer Wichtig- und Notwendigkeit, schließlich ist die modellierte Struktur einer Datenbank die Grundlage aller Anwendungen. Fehlt der Struktur als Fundament eine präzise festgelegte Bedeutung, so können auch darauf aufbauende Datenbanksprachen, beispielsweise zur Formulierung von Anfragen, statischen und dynamischen Integritätsbedingungen oder Transaktionen, keine formale Semantik besitzen.

Die Argumente für die Notwendigkeit einer formalen Semantik für diese Datenbanksprachen lassen sich bei einer näheren Betrachtung derzeit üblicher Sprachspezifikationen, insbesondere der Anfragesprachen finden. So besitzen die Sprachen allenfalls eine formale Syntax als kontextfreie Grammatik, während die Semantik in der Regel anhand von Beispielen erläutert wird. Es wird darauf vertraut, daß der Benutzer beim Lesen der Beispiele ein intuitives Verständnis entwickelt, das ihm ermöglicht, Anfragen der gewünschten Bedeutung zu formulieren. Eine derartige Sprachdefinition wird aber selten genau und vollständig sein, so daß Mißverständnisse oder Fehler aufkommen können. Dieser wenig befriedigende Zustand macht eine vollständige, präzise und widerspruchsfreie Sprachdefinition in Syntax und Semantik wünschenswert. Eine formale Definition ist auch aus anderen Gründen vorteilhaft:

- Standardisierung / Portabilität:
  Die Anfragen einer Anfragesprache sollten nach Möglichkeit unabhängig von einem bestimmten Datenbanksystem laufen. Wird eine Anfragesprache auf mehreren Systemen unterstützt, so ist es möglich, die Anfragen beliebig von einem System zum anderen zu übertragen. Das setzt aber voraus, daß die unterschiedlichen Implementierungen der Sprache vollkommen äquivalent sind. Um dies zu

erreichen, müssen die Entwickler der Datenbanksysteme eine genaue syntaktische und semantische Spezifikation der Anfragesprache vorliegen haben, die ihnen als abstrakte Implementierungsrichtlinie dient und ihnen den Ermessensspielraum in zweifelhaften Fällen nimmt.

- Theoretische Untersuchungen:
  Eine formale Semantikdefinition ist ebenfalls unerläßlich, will man die Äquivalenz zweier Anfragen bzgl. ihres Ergebnisses zeigen. Eine weitere Problemstellung, die sich in diesem Zusammenhang ergibt, ist der Mächtigkeitsvergleich zweier Sprachen: Läßt sich jede Anfrage der einen Sprache äquivalent in der anderen Sprache formulieren?

Ähnliche Probleme haben im Programmiersprachenbereich zu formalen Spezifikationstechniken geführt. Insbesondere sind die theoretischen Grundlagen der Semantik von Programmiersprachen bereits gut erforscht. Die Pionierarbeit auf diesem Gebiet läßt sich jedoch nur bedingt auf den Datenbankbereich übertragen. Die Ursache dafür ist im wesentlichen darin zu suchen, daß Datenbanksprachen bzgl. eines Datenmodells definiert sind, und das Datenmodell wesentlich komplexere Strukturen beschreibt als die vergleichbaren Speicherzustände von Programmen.

Die direkte Abhängigkeit der Datenbanksprachen vom Datenmodell impliziert, daß die Semantikdefinition jeder dieser Sprachen auf der des Datenmodells aufsetzen und somit mit jener verträglich sein muß. Ein einheitlicher Formalismus ist unabdingbar. Zu diesem Zweck legen wir eine formale Semantik des EER-Modells fest, die auf einem logikorientierten Ansatz beruht und die Theorie abstrakter Datentypen in rationeller Weise mit einbezieht. Auf der Grundlage des EER-Modells wird ein mächtiger Anfragekalkül definiert, der den Formalismus fortführt und die Konzepte des EER-Modells in angemessener Weise reflektiert. Besteht bei gängigen Kalkülen eine mitunter deutliche Diskrepanz zur Mächtigkeit der etablierten Anfragesprachen, so unterstützt der EER-Kalkül die in Anfragesprachen bewährten Ausdrucksmittel wie arithmetische Operationen, insbesondere beliebige Datenoperationen auf benutzerdefinierten Datentypen, aggregierende Funktionen und die Berechnung der transitiven Hülle. Zudem erlaubt er eine beliebige Strukturierung der Anfrageergebnisse.

Dieses herausstechende Merkmal des EER-Kalküls läßt ihn geradezu prädestiniert erscheinen, zur Definition der Sprachkonzepte von Anfragesprachen eingesetzt zu werden. Mehr noch kann der in der Regel beschrittene Weg einer informalen Semantikdefinition verlassen werden, indem eine formale Übersetzung der Anfragesprache in den Kalkül definiert wird. Die Übersetzung einer Anfragesprache in eine formale Zielsprache wie einen Kalkül dokumentiert letztendlich den derzeitigen Stand der Technik im Bereich der (relationalen) Datenbanksprachen.

Die weiteren Teile des Buches beschäftigen sich im wesentlichen mit der formalen Definition des EER-Modells einschließlich abstrakter Datentypen, des zugehörigen Kalküls sowie der korrespondierenden Anfragesprache SQL/EER. Zunächst einmal

werden in Kapitel 2 die theoretischen Grundbegriffe und Notationen zusammengestellt, auf die sich der Formalismus der nachfolgenden Kapitel gründet. Das EER-
Modell wird in Kapitel 3 vorgestellt und mit den Abstraktionsprinzipien der bekannten semantischen Datenmodelle verglichen.

Den Schwerpunkt des Buches bilden die darauf folgenden Kapitel: In Kapitel 4 wird
die formale Semantik des EER-Modells definiert. Anschließend gibt Kapitel 5 einen
Überblick über existierende Kalküle bzgl. verschiedener Datenmodelle, bevor Kapitel
6 einen allgemeinen Kalkül formal definiert, auf wichtige Eigenschaften des Kalküls
eingeht und mögliche Anwendungen aufzeigt. Sowohl das EER-Modell wie auch der
Kalkül werden in einem einheitlichen und durchgängigen Formalismus definiert, der
strikt zwischen Syntax und Semantik unterscheidet. Der Definition des Kalküls liegt
dabei ein allgemein gefaßter formaler Datenmodell-Begriff zugrunde, der insbesondere das EER-Modell und das Relationenmodell beinhaltet. Insofern ist der Kalkül
parametrisiert und für eine große Anzahl von Datenmodellen verwendbar.

Das EER-Modell und der (allgemeine) Kalkül bilden die formale Grundlage des auf
den konzeptionellen Entwurf folgenden logischen Entwurfs. In dieser Phase ist eine
konkrete Modellierung in einem semantischen Datenmodell auf die Konzepte eines
implementierten Datenmodells, d.h. ein Datenmodell mit einem verfügbaren Datenbanksystem, abzubilden. Die Behandlung der Transformation des EER-Ansatzes in
relationale Konzepte erfolgt in Kapitel 7. Die Grundlage bildet eine exakte Definition der Modell-Transformation, der Abbildung des EER-Modells in das Relationenmodell. Diese Transformation ist informationserhaltend, d.h. die durch ein EER-
Schema dargestellten möglichen Inhalte der Datenbank entsprechen eineindeutig den
durch das relationale Schema repräsentierten Inhalten. Darüber hinaus wird eine
auf der Modell-Transformation aufbauende Kalkül-Transformation vorgestellt, die
eine formale Abbildung des EER-Kalküls in die relationale Variante des allgemeinen Kalküls beschreibt. Die formale Handhabung beider Transformationen erlaubt
die Entwicklung entsprechender Entwurfswerkzeuge, die automatisch zu jeder korrekten EER-Modellierung eine "äquivalente" Modellierung in einem implementierten
Datenmodell erzeugen, diese dann auf einem Datenbanksystem installieren und mit
Testdaten füllen. Der so implementierte Prototyp kann dazu verwendet werden,
die entworfene Datenbank bzgl. ihrer Korrektheit und Funktionalität zu überprüfen.
Operationen ebenso wie Anfragen an die Datenbank können auf der höheren EER-
Ebene spezifiziert werden. Eine automatische Umsetzung in relationale Sprachen
erlaubt die Ausführung auf dem relationalen System. Die Kalkül-Transformation
bildet in diesem Übersetzungsvorgang die formale Basis der Anfrageauswertung.

Kapitel 8 stellt die Anfragesprache SQL/EER vor, die ein angemessenes syntak-
tisches Gewand für den EER-Kalkül bietet und eine einfache Formulierung von
Anfragen ermöglicht. Nach einer informalen Einführung der Sprache anhand von
Beispielen werden die Grundzüge einer formalen Semantikdefinition illustriert und

auf Aspekte der Implementierung auf relationaler Grundlage eingegangen, wobei die Transformationssemantik als formale Basis Verwendung findet.

Zum Schluß wird in Kapitel 9 auf weitere Problembereiche eingegangen.

1.3 Literaturhinweise

Es gibt sehr viele Lehrbücher, die einen guten allgemeinen Überblick über Datenbanksysteme geben. Als Beispiele seien hier die Bücher von Ullman [Ull82] und Date [Dat90] genannt, die ein Grundwissen vermitteln und allgemeine Begriffe wie Datenmodell, Anfragesprache oder Integritätsbedingung definieren und am Beispiel des Relationenmodells vertiefen. Auch der Theorie wird genügend Platz eingeräumt, indem die Relationenalgebra und der Relationenkalkül zur theoretischen Fundierung des Relationenmodells und der relationalen Anfragesprachen definiert werden.

Zur Vertiefung einzelner Themenschwerpunkte des Buches werden in der Einführung jedes Kapitels jeweils die relevanten Literaturhinweise gegeben. Wir beschränken uns daher an dieser Stelle auf Referenzen, die hauptsächlich dem (konzeptionellen) Datenbankentwurf zuzuordnen sind.

Phaseneinteilungen des Datenbankentwurfs im hier erwähnten Sinn werden in [MDL87, Cer83] vorgestellt. Die Bücher [Teo90, BCN92] behandeln speziell Aspekte des konzeptionellen Datenbankentwurfs unter Verwendung des Entity-Relationship-Modells. Mehrschichtige Spezifikationsmethodiken sind unter anderem in [SFNC84, CaS87, SSE87, Saa91] vorgeschlagen worden. Diese Ansätze strukturieren allesamt konzeptionelle Schemata entsprechend ihrer semantischen Domäne, unterscheiden sich aber in der Trennung und Anzahl der einzelnen Schichten. Keiner der Vorschläge deckt das gesamte Spektrum der konzeptionellen Spezifikation ab, so wie es in der hier präsentierten 4-Schichten-Spezifikation festgelegt wurde. Der vierschichtige Ansatz geht in seine Ursprünge auf [HNSE87, SNHE87] zurück. Eine aktuelle, umfassende und anhand eines umfangreichen Beispiels illustrierte Fassung, in der auch der semantische Hintergrund beleuchtet wird, findet sich in [EGH$^+$92].

Einzelaspekte der Spezifikationsmethodik sind auch isoliert in anderen Arbeiten behandelt worden. Die in der Datenschicht verwendete Definition von Datentypen gehört zur Domäne der abstrakten Datentypen. Die Lehrbücher [EhM85, EGL89] geben einen guten Einblick in die Theorie der abstrakten Datentypen und ihrer algebraischen Spezifikation.

Die Grundlage der Objektschicht bilden die semantischen Datenmodelle. Die Grundprinzipien der Datenmodelle werden in [Bro84] zusammengestellt. [HuK87] und [PeM88] geben eine Übersicht über nahezu alle existierenden Datenmodelle und gehen dabei auch auf deren historische Entwicklung näher ein. [BMS84] und [HuK87] ziehen Vergleiche zwischen den Konzepten semantischer Datenmodelle einerseits, und den Methoden der Programmiersprachen sowie den Wissenrepräsentationsmechanismen der künstlichen Intelligenz andererseits. [STW84, Bor85, UrD86] vergleichen die Konzepte einzelner semantischer Datenmodelle miteinander, wobei [Bor85, UrD86] auch auf die dynamischen Modellierungskonzepte eingehen. Auf spezielle semantische Datenmodelle wird in Kapitel 3 noch genauer eingegangen. Daher erfolgt hier nur eine Aufstellung einiger Entity-Relationship-basierter Ansätze. Das ER-Modell wurde ursprünglich in [Che76] definiert. Darüber hinaus gibt es eine eigene Tagungsreihe "Entity-Relationship Approach", siehe [ERA79] bis [ERA92], in der verschiedene Aspekte von ER-Modellen und Erweiterungen behandelt werden. Bekannte Erweiterungen des "klassischen" ER-Modells sind in [EWH85, MMR86, TYF86, HNSE87, PaS89, Tha90] vorgestellt worden. Mit der Vielzahl an ER-Varianten entstand auch eine Vielfalt an ER-basierten Anfragesprachen. Erste Sprachentwürfe sind CABLE [Sho78] oder CLEAR [Poo78]. Das weitere Angebot reicht von sehr prozeduralen Sprachen, wie beispielsweise der algebraischen Sprache von [CEC85], über mehr deskriptive Sprachen wie GORDAS [ElW81, EWH85], graphik-unterstützten Ansätzen wie der graphischen Variante [ElL85] von GORDAS, HIQUEL [UrZ83] oder dem QBE-ähnlichen GQL/ER [ZhM83], hin bis zu natürlichsprachlichen Ansätzen wie ERROL [MaR83b] und DESPATH [Roe85].

Zur Entwicklungsschicht sind die Arbeiten von [GMS83, KMS86] erwähnenswert, die eine modale Logik zur Spezifikation von dynamischen Integritätsbedingungen einführen. Der Ansatz von [ELG84, LEG85] verwendet zu diesem Zweck eine temporale Logik und ist Grundlage weiterer Forschungsaktivitäten, die sich mit der Überwachung dynamischer Integritätsbedingungen beschäftigen. Hierzu zählen unter anderem [LiS87, SaL87, Saa88, Lip89, HüS91].

Techniken zur deskriptiven Spezifikation von Aktionen werden in [VeF85, Lip86, SSE87, Lip89] beschrieben. Prozedurale Beschreibungen des Verhaltens stützen sich im wesentlichen auf Petri-Netze [EKTW86, OSLS86]. [Eng91] benutzt Graphgrammatiken zur Modellierung von Datenbankaktionen.

Zur Abrundung der Datenbankentwurf-Thematik werden abschließend einige Hinweise auf Entwurfsumgebungen gegeben. Bislang sind erst wenige Umgebungen zur Unterstützung des Datenbankentwurfs bekannt. Die meisten der Umgebungen beschränken sich auf die Modellierung der Struktur einer Datenbank, zum Beispiel [BDRZ84, ADD85, OSLS86]. Häufig anzutreffen sind dabei graphische Editoren wie RIDL* [deT89]. Die in der Einleitung vorgestellte 4-Schichten-Spezifikation findet ihre praktische Erprobung in der integrierten Datenbankentwurfsumgebung CADDY (**Computer-Aided Design of Non-Standard Databases**). Das Erstellen und Ändern der Teilschemata wird durch komfortable Text-/Graphik-Editoren unterstützt. Darüber hinaus werden auch Werkzeuge zum frühzeitigen Austesten eines entworfenen Schemas im Rahmen eines 'rapid prototyping' bereitgestellt. Eine Übersicht über die Werkzeuggruppen und den Funktionsumfang wird in [EHN$^+$88, EHH$^+$89] gegeben.

2 Notationen

In diesem Kapitel stellen wir kurz formale Notationen für die folgenden Kapitel
zusammen.

Grundklassen:

Mit |SET| werde die Klasse aller Mengen,
mit |REL| die Klasse aller Relationen und
mit |FUN| die Klasse aller Funktionen bezeichnet.
|FISET| [2] sei die Klasse aller endlichen Mengen. □

Mengen:

Häufig verwendete Mengen aus |SET| sind:

$\mathbb{N}$ die Menge der natürlichen Zahlen 1, 2, 3, ...,
$\mathbb{N}_0$ die Menge der natürlichen Zahlen mit Null, $\mathbb{N}_0 = \mathbb{N} \cup \{0\}$,
$\mathbb{Z}$ die Menge der ganzen Zahlen ..., -2, -1, 0, 1, 2, ...,
$\emptyset$ die leere Menge und
$p..q$ als Abkürzung für $\{ p,p+1,...,q \}$ mit $p,q \in \mathbb{Z}$, wobei $p..q = \emptyset$ für $p>q$. □

Wie üblich enthalten *Mengen* kein Element mehrfach, d.h. jedes Element kommt in
einer Menge genau einmal vor. Im Gegensatz dazu können *Multimengen* Duplikate
eines Elements enthalten. *Listen* wiederum sind "numerierte Multimengen", bei
denen jedes Element eine bei 1 beginnende und fortlaufend vergebene Positionsnummer
erhält, die einen direkten Zugriff auf einzelne Elemente erlaubt. Entsprechende
formale Definitionen werden wie folgt eingeführt:

Mengen, Multimengen, Listen und Tupel:

Seien $S, S_1,...,S_n$ beliebige Mengen aus |SET|. Dann ist:

$\mathcal{P}(S)$ die Menge aller Teilmengen von S (Potenzmenge von S),
$\mathcal{F}(S)$ die Menge aller endlichen Teilmengen von S,
$\mathcal{B}(S)$ die Menge aller endlichen Multimengen über S,
S^* die Menge aller endlichen Listen über S,
S^+ die Menge aller endlichen, nichtleeren Listen über S und
$S_1 \times ... \times S_n$ die Menge aller Tupel über $S_1,...,S_n$
     (kartesisches Produkt von $S_1,...,S_n$, für $n \geq 1$).

Seien $S \in$ |SET|, $s_1,...,s_m \in S$ und $i_1,...,i_k \in 1..m$ $(k>0)$. Für die Exemplare der
Elemente aus $\mathcal{F}(S)$, $\mathcal{B}(S)$ und S^* bzw. S^+ werden folgende Notationen verwendet:

---

[2]'FISET' steht für 'finite set'.

Die endlichen Mengen aus $\mathcal{F}(S)$ werden als $\{s_{i_1},...,s_{i_k}\}$, die Multimengen aus $\mathcal{B}(S)$ als $\{\!\{s_{i_1},...,s_{i_k}\}\!\}$ und die Listen aus S^* bzw. S^+ als $\langle s_{i_1},...,s_{i_k}\rangle$ notiert.

Seien $S_j \in |SET|$ und $s_j \in S_j$ für jedes $j \in 1..n$, so ist $(s_1,...,s_n)$ ein Exemplar des kartesischen Produkts $S_1 \times ... \times S_n$. $\qquad\qquad\square$

Für eine Menge $\{s_{i_1},...,s_{i_k}\} \in \mathcal{F}(S)$ gilt immer $i_p \neq i_q$ für $p \neq q$ ($p,q \in 1..k$), d.h. die Elemente einer Menge sind paarweise voneinander verschieden. Demgegenüber erlauben Multimengen $\{\!\{s_{i_1},...,s_{i_k}\}\!\} \in \mathcal{B}(S)$ Duplikate eines Elements; es darf also $i_p = i_q$ für $p \neq q$ gelten. Listen $\langle s_{i_1},...,s_{i_k}\rangle \in S^*$ besitzen darüber hinaus eine Numerierung ihrer Elemente, so daß auf das q-te Element s_{i_q} der Liste direkt zugegriffen werden kann.

Die Notation der Multimengen und Listen enthält implizite Informationen, die durch Metafunktionen explizit gemacht werden können:

Metafunktionen:

Eine Multimenge $B = \{\!\{s_{i_1},...,s_{i_k}\}\!\}$, $B \in \mathcal{B}(S)$, kann als eine Menge S mit einer Funktion h_B (Häufigkeit) aufgefaßt werden: $h_B\colon S \to \mathbb{N}_0$ liefert zu jedem Element $s_j \in S$ die Häufigkeit $h_B(s_j)$ des Elements in B. Ist $h_B(s_j)=h$, so gibt es genau h Indizes $j_1,...,j_h \in \{i_1,...,i_k\}$ mit $s_j = s_{j_1} = ... = s_{j_h}$.

Entsprechend gibt es zu jeder Liste $L = \langle s_{i_1},...,s_{i_k}\rangle$, $L \in S^*$, eine Funktion p_L (Positionsnummern); $p_L\colon S \to \mathcal{F}(\mathbb{N})$ bestimmt zu jedem Element $s_j \in S$ die Menge der Positionen, die es in L einnimmt. Dabei ist $q \in p_L(s_j)$ für ein $q \in 1..k$ genau dann erfüllt, wenn $s_{i_q} = s_j$ ist. $\qquad\qquad\square$

Operatoren für Mengen, Multimengen, Listen und Tupel:

Als Operatoren werden die Vereinigung '$\cup$', der Durchschnitt '$\cap$', die Differenz '$-$', die Inklusionen '$\subseteq$' und '$\supseteq$' wie auch die Elementabfragen '$\in$' und '$\notin$' in der üblichen Bedeutung verwendet.

Als Operatoren auf Multimengen und Listen gibt es die Vereinigung '$\oplus$' von Multimengen mit Duplikaterhaltung und die Konkatenation '$\|$' von Listen; außerdem stehen die Elementabfragen '$\in$' und '$\notin$' auch für Multimengen und Listen zur Verfügung.

Ist $(s_1,...,s_n) \in S_1 \times ... \times S_n$, so soll '$\_.i$' für $i=1,...,n$ ein Projektionsoperator sein, welcher die i-te Komponente des Tupels $(s_1,...,s_n)$ auswählt: $(s_1,...,s_n).i := s_i$. $\qquad\square$

Konvertierungen zwischen Mengen, Multimengen und Listen, also beispielsweise die Duplikateliminierung in einer Multimenge durch Umwandlung in eine Menge, lassen sich auf diese Operationen zurückführen.

Beispiele:

$$\{s_1\} \ \cup \ \{s_2\} \ = \{s_2\} \ \cup \ \{s_1\} \ = \{s_1, s_2\} \ = \{s_2, s_1\} \qquad \text{wenn } s_1 \neq s_2$$

$$\{\!\!\{s_1\}\!\!\} \ \oplus \ \{\!\!\{s_2\}\!\!\} \ = \{\!\!\{s_2\}\!\!\} \ \oplus \ \{\!\!\{s_1\}\!\!\} \ = \{\!\!\{s_1, s_2\}\!\!\} \ = \{\!\!\{s_2, s_1\}\!\!\} \qquad \text{wenn } s_1 \neq s_2$$

$$\{s\} \ \cup \ \{s\} \ = \{s\}$$

$$\{\!\!\{s\}\!\!\} \ \oplus \ \{\!\!\{s\}\!\!\} \ = \{\!\!\{s, s\}\!\!\}$$

$$\langle s_1, s_3, s_5, s_2 \rangle \ \| \ \langle s_1, s_5, s_5 \rangle \ = \langle s_1, s_3, s_5, s_2, s_1, s_5, s_5 \rangle$$

$$\neq \langle s_1, s_1, s_2, s_3, s_5, s_5, s_5 \rangle$$

$$\{\!\!\{ \ s_1, s_3, s_5, s_2 \ \}\!\!\} \ \oplus \ \{\!\!\{ \ s_1, s_5, s_5 \ \}\!\!\} \ = \{\!\!\{ \ s_1, s_3, s_5, s_2, s_1, s_5, s_5 \ \}\!\!\}$$

$$= \{\!\!\{ \ s_1, s_1, s_2, s_3, s_5, s_5, s_5 \ \}\!\!\} \qquad \square$$

Funktionen und Relationen:

Sind $S, S', S_1, ..., S_n$ beliebige Mengen aus $|SET|$, so werden **Relationen R** über $S_1, ..., S_n$ (mit $n \geq 1$) als $R \subseteq S_1 \times ... \times S_n$ und **Funktionen F** von $S_1, ..., S_n$ nach S (mit $n \geq 0$) als $F : S_1 \times ... \times S_n \to S$ notiert.

S'-indizierte Funktionsfamilien $\{F_{s'}\}_{s' \in S'}$ lassen sich in dieser Notation als Funktion $F : S' \to |FUN|$ darstellen, wobei dann $F(s')$ für jedes $s' \in S'$ selbst wieder eine Funktion $F(s') : S_1 \times ... \times S_n \to S$ ist. $\qquad \square$

Es wird eine 2-wertige Logik verwendet, die auf Relationen und metasprachlichen Verknüpfungen beruht. Wahrheitswerte entstehen implizit dadurch, daß Tupel $(s_1, ... s_n)$, $s_i \in S_i$ für $i = 1, ..., n$, eine Relation R erfüllen oder nicht. Demnach liefert $(s_1, ..., s_n) \in R$ den Wahrheitswert WAHR und $(s_1, ..., s_n) \notin R$ den Wert FALSCH. In der Metasprache können beide Wahrheitswerte mit "natürlichsprachlichen" Junktoren verknüpft werden.

Metasprachliche Junktoren:

Zur Metasprache gehören die Junktoren **und, oder, wenn** (Implikation), **gdw** (genau dann wenn), **für alle** und **es existiert** unter Einbeziehung der natürlichen Sprache. $\qquad \square$

Mengennotation:

Seien $F_i : S \to S_i$ ($i = 1, ..., n$) Funktionen mit $S, S_i \in |SET|$, $R \subseteq S$ eine endliche Relation und werde R von genau den Elementen $s_1, ..., s_k \in S$ ($k \leq n$) erfüllt, d.h. $R = \{s_1, ..., s_k\}$.

Für die Menge

$$\{ \ (F_1(s_1), ..., F_n(s_1)) \ , \ . \ . \ . \ , \ (F_1(s_k), ..., F_n(s_k)) \ \}$$

wird dann

$$\{ \ (F_1(x), ..., F_n(x)) \ | \ x \in R \ \} \quad \text{oder auch} \quad \bigcup_{x \in R} \{ \ (F_1(x), ..., F_n(x)) \ \}$$

geschrieben. Diese Notation wird analog auch für Multimengen verwendet. $\qquad \square$

3 Das erweiterte Entity-Relationship-Modell (EER-Modell)

Zur Unterstützung des konzeptionellen Entwurfs von Datenbanken existiert bereits eine große Vielfalt an Datenmodellen. Jedes dieser Datenmodelle stellt formale Konzepte bereit, mit denen sich der durch eine konkrete Anwendung gegebene Ausschnitt der realen Welt abstrakt modellieren läßt. Besonderer Wert wird auf ein möglichst hohes Abstraktionsvermögen gelegt. So sollte ein Datenmodell Möglichkeiten bieten, komplexe Sachverhalte stufenweise zu abstrahieren und "unwichtige" Details zu verstecken ('information hiding').

Die zuerst entwickelten *klassischen Datenmodelle*, wie das hierarchische Modell, das Netzwerk- und das Relationenmodell, unterstützten diese Forderung nur in geringem Maße. Diese Modelle waren dem Gebrauch in konventionellen Datenbanken mit ihren formatierten Datenstrukturen angepaßt. Gemeinsam ist ihnen, daß sie sehr Datenbanksystem-spezifisch sind. Daraus resultiert zwar eine gute Implementierbarkeit, aber andererseits lassen sich komplexe Anwendungsstrukturen nur sehr schwer modellieren.

Als Antwort auf die Schwächen der klassischen Datenmodelle wurde eine Vielzahl an *semantischen Datenmodellen* entwickelt. Hauptunterschied zu den klassischen Modellen ist eine zunehmende Objektorientiertheit. Im Vordergrund steht die Einheit eines Objekts und nicht die Einheit eines Satzes oder Tupels. Des weiteren werden mit den semantischen Datenmodellen Abstraktionsmechanismen angeboten, die den komplexen Beziehungen zwischen den Objekten der zu modellierenden Welt Genüge tun.

In der Literatur gibt es viele ausführliche Übersichten über Datenmodelle im allgemeinen und den semantischen Datenmodellen im besonderen, so daß an dieser Stelle nur kurz darauf verwiesen werden soll.

So wird in [Dit88] eine nach der Art und Güte der Objektorientierung vorgenommene Einteilung vorgestellt. [HuK87] und [PeM88] geben insgesamt eine Übersicht über nahezu alle existierenden Datenmodelle. [STW84, Bor85, UrD86] vergleichen die Konzepte einzelner semantischer Datenmodelle miteinander, wobei [Bor85, UrD86] auch auf die dynamischen Modellierungskonzepte eingehen.

Von Brodie [Bro84] wird die große Gruppe der semantischen Datenmodelle noch weiter in vier Kategorien unterteilt.

- *Erweiterungen der klassischen Datenmodelle*, wie z.B. das Entity-Relationship-Modell (ER-Modell) von Chen [Che76] oder das NF^2-Modell [JaS82, ScS86], das die erste Normalform, d.i. die Atomarität der Attribute aufhebt (daher NF^2 = NFNF = Non First Normal Form).

- *Mathematische Modelle*, die sich eng an mathematische Techniken anlehnen, wie z.B. die 'Database Logic' von Jacobs [Jac82] an die mehrsortige Prädikatenlogik.

- *Irreduzible Datenmodelle* mit einer sehr geringen Anzahl an Grundkonzepten, die beliebig miteinander kombinierbar sind.

- *Datenmodelle mit semantischer Hierarchie*, die eine Vielzahl an Abstraktionsprinzipien zur Datenmodellierung anbieten. z.B. SDM [HaM81], TAXIS [MyW80, Nix84], SHM$^+$ [BrR84], IFO [AbH87] oder das verwandte IRIS [LyK86].

Das Ziel dieses Kapitels ist es, ein als EER-Modell bezeichnetes semantisches Datenmodell vorzustellen, das auf dem ER-Modell basiert und Konzepte der Datenmodelle mit semantischer Hierarchie integriert. Bezogen auf die in Kapitel 1 propagierte 4-Schichten-Spezifikation wird das EER-Modell zur Modellierung der statischen Struktur einer Datenbank in der Objektschicht verwendet. Generell wird in diesem Kapitel *nicht* auf die Spezifikation des dynamischen Verhaltens einer Datenbank (Entwicklungs- und Aktionsschicht) – insbesondere in anderen Datenmodellen – eingegangen.

Zunächst geht der Abschnitt 3.1 auf das klassische ER-Modell von Chen [Che76] ein und zeigt Modellierungsschwächen auf, die zu Erweiterungen des Modells geführt haben. Anschließend wird in Abschnitt 3.2 das EER-Modell präsentiert, das diesen Ansätzen gefolgt ist und wichtige Abstraktionsprinzipien integriert hat. Zum Schluß wird in Abschnitt 3.3 eine graphische Spezifikationssprache zur Beschreibung der EER-Schemata in Form von EER-Diagrammen vorgestellt.

3.1   Entity-Relationship-Ansätze

Das ER-Modell [Che76] ist ein weit verbreiteter und allgemein anerkannter Vertreter der Datenmodelle. Es ermöglicht eine abstrakte, d.h. darstellungsunabhängige Beschreibung der Informationsstruktur einer Datenbank. Ursprünglich wurde es als Metamodell der drei klassischen Datenmodelle, des hierarchischen, des Netzwerk- und des Relationenmodells, eingeführt. Hieraus resultiert eine einfache und direkte Übersetzung des ER-Modells in diese drei implementierten Datenmodelle. Von besonderem Reiz ist seine anschauliche graphische Repräsentation in Form von ER-Diagrammen und seine natürliche Modellierungsweise. Die zu modellierenden, relevanten Objekte der realen Welt (hier Entities genannt) werden im Sinne einer Klassifikation zu Entitytypen zusammengefaßt. Entities können miteinander in Beziehung stehen; Beziehungen ('relationships') werden als Relationshiptypen modelliert. Entities und Relationships können Eigenschaften haben, die als datenwertige Attribute der entsprechenden Typen modelliert werden.

Anlaß zur Kritik gibt jedoch die Allgemeinheit seines Beziehungskonzepts. So gibt es Arten von Beziehungen, denen in der realen Welt eine spezielle, feste und bekannte Bedeutung zukommt, und die aus diesem Grund explizit durch entsprechende Modellierungskonzepte unterstützt werden sollten.

In diesem Punkt sind die Datenmodelle mit semantischer Hierarchie, wie z.B. SDM [HaM81], SHM+ [BrR84], IFO [AbH87], IRIS [LyK86] oder TAXIS [MyW80, Nix84], dem ER-Modell durch ihre außerordentliche Reichhaltigkeit an Konzepten überlegen. Die folgenden wesentlichen Konzepte lassen sich aus diesen Datenmodellen herauskristallisieren [STW84, UrD86]:

- Die *Aggregation* ('aggregation') ist ein Konstruktor zur Bildung neuer Objekttypen. Sie bildet einen Objekttyp o_{Agg} als kartesisches Produkt von Objekttypen $o_1,..., o_n$, d.h. ein Objekt einer Aggregation ist ein Tupel von Objekten $(i=1,...,n)$ der verwendeten Objekttypen. Zum einen kann die Aggregation Eigenschaften von Objekten repräsentieren, wenn Datentypen zu einem Objekttyp aggregiert werden (*"Eigenschaft-von"*-Beziehung). Zum anderen läßt sich auch die Aggregation von Objekttypen als Objekttyp höherer Ordnung auffassen; die Typen $o_1, ..., o_n$ sind Teile von o_{Agg} (*"Teil-von"*-Beziehung). Natürlich erlaubt das Konzept der Aggregation auch, Daten- und Objekttypen gemischt zu aggregieren.

- Die *Assoziation*, auch Gruppierung ('grouping', 'cover aggregation') genannt, entspricht einer Potenzmengenbildung. Ein Objekt einer Assoziation o_{Ass} über einem Objekttyp o besteht aus einer Menge von Objekten des Typs o. Mit der Assoziation ist die *"Element-von"*-Beziehung verbunden. Betont werden die Eigenschaften, die jede Menge von Objekten des Typs o besitzt, während die Eigenschaften der einzelnen Objekte in den Hintergrund rücken.

- Die *Spezialisierung/Generalisierung*, auch Subtyp- oder IS-A-Beziehung genannt, wurde ursprünglich von [SmS77] eingeführt. Sie erlaubt, einen neuen Objekttyp o_S als Teilmenge eines anderen Objekttyps o zu definieren bzw. mehrere Objekttypen $o_1,...,o_n$ zu einem neuen Objekttyp o_{Gen} zu generalisieren. Im ersten Fall betont der Untertyp o_S seine Eigenschaften gegenüber dem Obertyp o, während im zweiten Fall die Unterschiede der Objekttypen o_i $(i \in 1..n)$ unterdrückt und ihre Gemeinsamkeiten hervorgehoben werden.

Bezogen auf diese Konzepte lassen sich im ER-Modell nur die beiden speziellen Formen "Eigenschaft-von"- und "Teil-von"-Beziehung einer Aggregation modellieren:

- Entitytypen sind Aggregationen der Attributwertebereiche (Datentypen) und

- Relationshiptypen sind Aggregationen der teilnehmenden Entitytypen.

Das Konzept der allgemeinen Aggregation, d.h. der gemischten Aggregation von Datentypen und Objekttypen, wird nicht unterstützt.

Das ER-Modell bietet auch keine Konstrukte zur direkten Unterstützung der Teilmengenbeziehungen an. Während die Spezialisierung sich noch durch einen binären Relationshiptyp 'o_S is-a o' modellieren läßt, können Generalisierungen nur auf diese Form der Spezialisierung zurückführt werden. Aber selbst die Spezialisierung stellt nicht explizit sicher, daß auf Exemplarebene die charakteristische Inklusion $\sigma(o_S) \subseteq \sigma(o)$ [3] gilt.

Ähnliches gilt auch für die Assoziation. Sie wird ebenfalls nicht direkt unterstützt. Eine Modellierung als binärer Relationshiptyp 'o ist-Element-von o_{Ass}' verschleiert die spezielle Bedeutung, daß jedes Objekt in o_{Ass} aus einer Menge von Objekten des Typs o besteht.

In den letzten Jahren wurden verschiedene Ansätze vorgestellt (z.B. [EWH85, MMR86, TYF86, HNSE87, PaS89, Tha90]), welche die Ausdrucksfähigkeit des ER-Modells zu erhöhen versuchten, indem sie die Abstraktionsprinzipien der Datenmodelle mit semantischer Hierarchie integrierten. Diese Ansätze werden hier als **ER-Erweiterungen** bezeichnet.

Die einzelnen ER-Erweiterungen zeigen, daß das ER-Modell sehr einfach um Spezialisierung/Generalisierung ergänzt werden kann (siehe z.B. 'subset' und 'generalization hierarchies' in [TYF86]), die Einbeziehung der Assoziation jedoch problematischer ist: [MMR86] und [TYF86] verzichten vollständig darauf, während [EWH85] das Attributkonzept um mengenwertige (datenwertige) Attribute erweitert; das Konzept der Assoziation wird dadurch noch nicht vollständig unterstützt. [RNLE85, LiN86] führen komplexe Objekttypen ein, die mengenwertige und/oder objektwertige Attribute erlauben. Ein Objekt eines komplexen Typs besitzt als Bestandteil (oder Eigenschaft) andere Objekte oder auch Mengen von anderen Objekten. Dadurch lassen sich Assoziationen durch mengenwertige, objektwertige Attribute modellieren, aber auch allgemeine Aggregationen sind als Mischung von daten- und objektwertigen Attributen möglich. Ein ähnlicher Ansatz wird in [BaB84] verfolgt. Sie verwenden sogenannte Moleküle, die den komplexen Objekttypen sehr ähnlich sind. Eine Besonderheit ist, daß Moleküle rekursiv definierbar sind, d.h. ein Molekül darf durch sich selbst definiert werden.

3.2 Das EER-Modell

Das EER-Modell ist nun eine ER-Erweiterung, welche die Konzepte Spezialisierung/ Generalisierung, Assoziation und Aggregation auf elegante und einfache Weise mit denen des klassischen ER-Modells verbindet. Der Abschnitt 3.2.1 erläutert die Grundkonzepte. Weitergehende, einschränkende Konzepte werden in Abschnitt 3.2.2 beschrieben. Die Beschreibung erfolgt informell anhand der Beispielmodellierung aus Abbildung 1. Eine formale Definition des EER-Modells findet sich in Kapitel 4, wo auch eine mathematische Semantik festgelegt wird.

---

[3] Mit $\sigma(o)$ werde die Menge der Objekte in einem Zustand (Datenbankinhalt) σ bezeichnet.

3.2.1 Grundkonzepte

Das in [HNSE87] ursprünglich definierte und in [HoG88, GoH91] formalisierte EER-Modell verwendet die Grundkonzepte Entitytyp, Relationshiptyp und Attribut des ER-Modells.

Entitytypen sind Ansammlungen von "gleichartigen" Objekten, den Entities.

Beziehungen zwischen Entities werden als **Relationshiptypen** modelliert, d.h. Beziehungen werden ebenfalls zu Typen zusammengefaßt. Die *Teilnehmer* an einem Relationshiptyp sind somit Entitytypen. Jeder teilnehmende Entitytyp bekommt einen innerhalb des Relationshiptyps eindeutigen *Rollennamen* zugeordnet, der angibt, welche Rolle der Entitytyp in der Beziehung spielt. Nimmt ein Entitytyp mehrmals an derselben Beziehung (in unterschiedlichen Rollen) teil, so dienen die Rollennamen der Unterscheidung. Ist beispielsweise PERSON ein Entitytyp, der zweimal am Relationshiptyp ist-Vorgesetzter-von teilnimmt, so kann mit den Rollennamen Untergebener bzw. Vorgesetzter die jeweilige Rolle einer Person in einer konkreten Beziehung des Typs zum Ausdruck gebracht werden. Nicht alle Rollennamen müssen spezifiziert sein. Fehlt ein Rollenname, so wird automatisch der Name des zugehörigen Entitytyps als Rolle angenommen. Das geht allerdings nur, wenn dieser Entitytyp genau einmal an dem entsprechenden Relationshiptyp teilnimmt.

Die Eigenschaften von Entities und Beziehungen werden als **Attribute** der entsprechenden Typen modelliert. Attribute sind an einem festen Entity-*Typ* oder Relationship-*Typ* gebunden. Des weiteren besitzen sie einen festen *Wertebereich*. Aus mathematischer Sichtweise sind Attribute Funktionen von Entity- oder Relationshiptypen in diesen Wertebereich, d.h. sie ordnen einem konkreten Entity oder einer konkreten Beziehung einen Wert zu, der die durch das Attribut gegebene Eigenschaft repräsentiert. Im Unterschied zum ER-Modell wie auch zu vielen bekannten semantischen Datenmodellen können beliebige (in der Datenschicht definierte) Datentypen als Wertebereiche der Attribute benutzt werden. So lassen sich im EER-Modell neben den fest vorgegebenen Standarddatentypen wie int (ganze Zahlen $\mathbb{Z}$) oder real (Dezimalzahlen) auch anwendungsbezogene Nicht-Standard-Datentypen wie beispielsweise die geometrischen Datentypen point oder polygon des Geo-Objektmodells aus [RNLE85, Neu88] verwenden.

Attribute können wie in [EWH85] auch mengen-, multimengen- oder listenwertig sein, d.h. sie liefern eine Menge ('set') bzw. Multimenge ('bag') oder Liste ('list') von Werten; derartige Attribute werden im folgenden **mehrwertig** genannt; Attribute, die nicht mehrwertig sind, heißen **elementar**. In der Modellierung aus Abbildung 1 ist das Attribut Adr listenwertig, d.h. jede Person hat eine durchnumerierte Liste von Adressen, so daß es möglich ist, auf den ersten oder beliebigen, i-ten Wohnsitz einer Person zuzugreifen.

Ein Schwachpunkt des ER-Modells, wie auch der meisten seiner Erweiterungen, ist die eingeschränkte Form der Aggregation: Es lassen sich nur Datentypen zu Entitytypen und Entitytypen zu Relationshiptypen aggregieren. Im EER-Modell werden beliebige Aggregationen auf recht einfache Weise durch **Komponenten** erzielt: Komponenten sind objektwertige Attribute, die als *Wertebereich* einen Entitytyp anstelle eines Datentyps besitzen. Im Gegensatz zu Attributen können nur Entitytypen Komponenten besitzen. Mit den Komponenten lassen sich komplex strukturierte Entitytypen spezifizieren, deren Entities wiederum Entities als Bestandteil besitzen können. Wie Attribute können auch Komponenten mehrwertig, d.h. mengen-, multimengen- oder listenwertig, sein. Insofern ähneln die Entitytypen mit Komponenten den komplexen Objekttypen aus [RNLE85]. Im Beispiel 1 sind **Hauptstadt** und **Präsident** elementare Komponenten, während **Minister** eine listenwertige Komponente ist. So läßt sich beispielsweise über **Hauptstadt** direkt auf die Hauptstadt eines Landes zugreifen.

Das Konzept der Komponenten verbunden mit der Mehrwertigkeit erlaubt auch Assoziationen o_{Ass} über einem Typ o, indem der Entitytyp o_{Ass} mit einer mengenwertigen Komponente (**set(o)**) über o modelliert wird. Vielfach ist es möglich, anstelle mehrwertiger Attribute wie **Adr** einfache Attribute mit einem benutzerdefinierten Datentyp (z.B. **Adressen**) zu verwenden, wobei der Datentyp die Mehrwertigkeit beinhaltet. Der einzige Unterschied besteht darin, daß zu dem Datentyp Operationen und Prädikate definiert werden können.

Von den Abstraktionsprinzipien fehlt nur noch die Spezialisierung/Generalisierung. Hierzu wird das Konzept der **Typkonstruktion** vorgeschlagen. Eine Typkonstruktion t besitzt eine Menge von eingehenden Entitytypen $i_1,...,i_n$ ($n \geq 1$) und eine Menge daraus konstruierter Entitytypen $o_1,...,o_m$ ($m \geq 1$), entsprechend *Eingangs-* und *Ausgangstypen* genannt. Typkonstruktionen t werden als $t(i_i,...,i_n ; o_1,...,o_m)$ notiert. Die intuitive Semantik ist die folgende:

> *Die Entities aller Eingangstypen $i_1,...,i_n$ werden zusammengefaßt, und ein Teil von ihnen wird auf die Ausgangstypen $o_1,...,o_m$ verteilt.*

Daraus lassen sich die folgenden semantischen Restriktionen auf Exemplarebene ableiten:

$$(\text{SEM}_1) \qquad \bigcup_{k=1}^{n} \sigma(i_k) \supseteq \bigcup_{j=1}^{m} \sigma(o_j)$$

$$(\text{SEM}_2) \qquad \sigma(o_p) \cap \sigma(o_q) = \emptyset \qquad \text{für } p \neq q \text{ und } p,q \in 1..m.$$

Die Bedingung (SEM_1) besagt, daß die Ausgangstypen nur Entities der Eingangstypen enthalten; die "alten" Entities der Eingangstypen werden nun in einem neuen Kontext (durch den entsprechenden Ausgangstyp gegeben) gesehen. (SEM_2) bringt zum Ausdruck, daß dieser Kontext eindeutig bestimmt ist. Das heißt, die Ausgangstypen sind disjunkt, ein Entity eines Eingangstyps kann nur in einem Ausgangstyp präsent sein.

Die Ausgangstypen lassen sich gewissermaßen als "aus den Eingangstypen konstruiert" auffassen. Die Richtung der *Typkonstruktion* erhält durch die Inklusion in

(SEM$_1$) eine wichtige Bedeutung:

Die Typkonstruktion sind(FLUSS,SEE,MEER ; GEWÄSSER) aus Abbildung 1 besagt, daß jedes Gewässer ein Fluß, ein See oder ein Meer sein muß, d.h. ein Gewässer kann beispielsweise kein Kanal sein. Aber andererseits ist nicht jeder Fluß, jeder See oder jedes Meer auch ein Gewässer [4]. Es kann also Flüsse geben, die nicht als Gewässer – im Sinne der Modellierung – angesehen werden. Wird die Konstruktionsrichtung zu t(GEWÄSSER ; FLUSS,SEE,MEER) umgedreht, so ist nun jeder Fluß, jeder See und jedes Meer ein Gewässer. Aufgrund der Inklusion (SEM$_1$) ist es hier aber möglich, daß ein Gewässer weder ein Fluß noch ein See oder Meer, sondern vielmehr ein Kanal ist. Ist ein Gewässer aber ein Fluß, ein See oder ein Meer, so kann es gemäß der Partitionsbedingung (SEM$_2$) nur von *einer* dieser drei Arten sein. Eine wiederum andere Situation erhält man durch eine Modellierung als drei Spezialisierungen t$_1$(GEWÄSSER;FLUSS), t$_2$(GEWÄSSER;SEE) und t$_3$(GEWÄSSER;MEER). In diesem Fall kann ein Gewässer sowohl ein Fluß als auch ein See oder ein Meer sein.

Mit dieser formalen Definition der Typkonstruktion können beliebige Teilmengenbeziehungen zwischen Entitytypen explizit gemacht werden. Umgekehrt ist es sinnvoll zu fordern, daß jede Teilmengenbeziehung auch mittels einer Typkonstruktion ausgedrückt und nicht als gewöhnlicher Relationshiptyp versteckt wird. Mit anderen Worten ergibt das die weitere Einschränkung auf Exemplarebene:

(SEM$_3$) Für alle nicht-konstruierten Entitytypen e$_1$,e$_2$ (die also nicht Ausgangstyp irgendeiner Typkonstruktion sind) gilt: $\sigma(e_1) \cap \sigma(e_2) = \emptyset$.

Es ist zu bemerken, daß die Eingangstypen einer Typkonstruktion bzgl. ihrer Exemplare nicht disjunkt sein müssen, wie das folgende Beispiel zeigt. Die Typkonstruktionen

$$t_1(\text{PERSON;AUTOR}) \quad \text{und} \quad t_2(\text{PERSON;GUTACHTER})$$

müssen gemäß (SEM$_1$) auf Exemplarebene die Inklusionen

$$\sigma(\text{PERSON}) \supseteq \sigma(\text{AUTOR}) \quad \text{und} \quad \sigma(\text{PERSON}) \supseteq \sigma(\text{GUTACHTER})$$

erfüllen, so daß durchaus eine Person sowohl Autor als auch Gutachter (bei einer Tagung) sein kann; prinzipiell ist also

$$\sigma(\text{AUTOR}) \cap \sigma(\text{GUTACHTER}) \neq \emptyset$$

möglich. Eine anschließende Generalisierung von AUTOR und GUTACHTER zu Tagungs-TEILNEHMER als t$_3$(AUTOR,GUTACHTER ; TEILNEHMER) besitzt insofern nicht-disjunkte Eingangstypen. Aufgrund der Bedingung (SEM$_3$) sind jedoch die Eingangstypen automatisch disjunkt, wenn sie nicht selbst konstruiert sind, siehe z.B. die nicht-konstruierten Entitytypen FLUSS, SEE und MEER aus Abbildung 1.

---

[4]Diese Aussage ist genaugenommen nur dann korrekt, wenn das '=' im Dreieck nicht berücksichtigt wird. Dieses stellt eine Forderung in Form einer *strukturellen Einschränkung* auf (vgl. Abschnitt 3.2.2).

Das Konzept der Typkonstruktion ist sehr mächtig. Mit ihm lassen sich verschiedene Arten von Teilmengenbeziehungen ausdrücken:

(i) Spezialisierung $(i\,;\,o_S)$ mit der Bedeutung $\sigma(i) \supseteq \sigma(o_S)$

(ii) Partition $(i\,;\,o_{S_1},...,o_{S_m})$ mit der Bedeutung $\sigma(i) \supseteq \sigma(o_{S_j})$, $\sigma(o_{S_p}) \cap \sigma(o_{S_q}) = \emptyset$ für $p \neq q$ und

(iii) Generalisierung $(i_1,...,i_n\,;\,o_{Gen})$ mit der Bedeutung $$\sigma(i_1) \cup ... \cup \sigma(i_n) \supseteq \sigma(o_{Gen})$$

Zwischen Spezialisierungen und Partitionen wurde ursprünglich in [SmS77] unterschieden. Gemäß der obigen Semantik ist mit (ii) eine Disjunktheit der Untertypen o_{S_j} gefordert. Diese ist bei einer Partition sinnvoll, weil die Disjunktheit durch eine Modellierung als m Spezialisierungen $(i\,;\,o_{S_j})$ $(j=1,...,m)$ aufgehoben werden kann.

Die Bedeutung einer Generalisierung ist von (ii) insofern verschieden, als die Inklusion die entgegengesetzte Richtung hat und auch die Konstruktion in anderer Richtung erfolgt: Die Objekttypen $i_1,...,\,i_n$ werden zum neuen Typ o_{Gen} verallgemeinert.

Der allgemeine Fall $(i_1,...,i_n\,;\,o_1,...,o_m)$ einer Typkonstruktion ist prinzipiell erlaubt und besitzt auch eine formale Semantik, doch sollte man sich in einem konkreten Anwendungsfall überlegen, ob die Typkonstruktion nicht besser in mehrere Konstruktionen der Form (i), (ii) und (iii) aufgespalten werden sollte. Insofern ist die allgemeine Form ein Relikt der syntaktischen Zusammenfassung der drei Konstrukte.

Mit der Typkonstruktion ist das Konzept der *Vererbung* ('inheritance') verbunden [ABD+89]. Im Fall einer Spezialisierung oder Partition wird vereinbart, daß sich die Eigenschaften von i auf die Untertypen "vererben", so daß sie auch solche der Typen o_S, o_{S_j} sind. Das ist die übliche Definition der Vererbung in semantischen Datenmodellen. Problematischer und in Datenmodellen unterschiedlich behandelt werden Generalisierungen. SDM [HaM81] schlägt beispielsweise vor, alle den Objekttypen i_k gemeinsamen Attribute zu vererben. Andere Ansätze wiederum vererben alle Attribute, was zu häufigen Namenskonflikten führen kann, wenn Attribute gleich benannt sind. Wir unterstützen in diesem Fall keine Vererbung, um generell derartigen Konflikten aus dem Weg zu gehen. Bezogen auf die Typkonstruktion gibt es somit keine Vererbung, wenn die Typkonstruktion mehrere Eingangstypen besitzt. Das EER-Modell besitzt aber andererseits die Möglichkeit, *abgeleitete* Attribute zu spezifizieren, das sind Attribute, die sich aus anderen Attributen unter Verwendung der Anfragesprache berechnen lassen. So läßt sich im einfachsten Fall eine Umbenennung vornehmen, zum Beispiel indem **GEWÄSSER** ein Attribut **Name** erhält, das je nach Art des Gewässers den Wert des Attributs **FName**, **SName** bzw. **MName** des entsprechenden Eingangstyps annimmt. Einzelheiten zu dieser Erweiterung des EER-Modells lassen sich in [EGH+92] nachlesen.

Neben den semantischen Bedingungen (SEM_1), (SEM_2) und (SEM_3) gibt es auch syntaktische Einschränkungen, die aus dem Verständnis der Ausgangstypen o_j als konstruierte Typen resultieren:

(SYN$_1$) Ein Entitytyp darf nur auf höchstens eine Art und Weise konstruiert werden; er darf also nur Ausgangstyp einer Typkonstruktion sein.

(SYN$_2$) Eine Typkonstruktion darf keine Zyklen in dem Sinne enthalten, daß ein Entitytyp direkt oder indirekt (über mehrere Typkonstruktionen) an seiner eigenen Konstruktion beteiligt ist.

Die zweite Bedingung ist eine Forderung aller semantischen Datenmodelle, die Spezialisierung/Generalisierung unterstützen. Dagegen gibt es hinsichtlich der ersten Bedingung unterschiedliche Auffassungen. Während beispielsweise TAXIS [MyW80] und SHM$^+$ [BrR84] ebenfalls fordern, daß ein Objekttyp o_S nicht Untertyp sowohl eines Typs o_1 als auch eines weiteren Typs o_2 sein kann, erlauben IFO [AbH87] und IRIS [LyK86] diesen Fall, fordern aber, daß es einen gemeinsamen Obertyp o_O gibt, derart daß o_1 und o_2 direkte oder indirekte Untertypen von o_O sind. Auf Exemplar-Ebene bedeutet das:

$$\sigma(o_O) \supseteq \sigma(o_1) \supseteq \sigma(o_S) \quad \text{und} \quad \sigma(o_O) \supseteq \sigma(o_2) \supseteq \sigma(o_S) \,,$$

woraus sich unmittelbar folgern läßt:

$$\sigma(o_1) \cap \sigma(o_2) \supseteq \sigma(o_S),$$

d.h. die Objekte aus o_S müssen im Durchschnitt der Exemplarmengen der Objekttypen o_1 und o_2 liegen.

SDM [HaM81] erlaubt eine ähnliche Situation, bietet aber explizit einen Durchschnitt-Operator '$\cap$' derselben Bedeutung an, ebenfalls unter der Voraussetzung, daß es einen übergeordneten Objekttyp o_O gibt. Anstelle von '$\cap$' können auch weitere Mengenoperatoren wie '$\cup$' (Vereinigung) oder '$-$' (Differenz) in SDM verwendet werden. Die Anwendung des Vereinigung-Operators entspricht dabei der Generalisierung.

Zusammenfassend läßt sich sagen, daß das EER-Modell über alle wichtigen Konzepte der bekannten semantischen Datenmodelle verfügt. Nicht direkt unterstützt werden lediglich die in IFO, IRIS und SDM möglichen Spezialisierungshierarchien der Form $o_1 \supseteq o_S, o_2 \supseteq o_S$ mit der Bedeutung $\sigma(o_1) \cap \sigma(o_2) \supseteq \sigma(o_S)$. Diese Durchschnittsbildung läßt sich im EER-Modell nur durch eine Generalisierung $(o_1, o_2 \,; o_S)$ modellieren mit der zusätzlichen expliziten Integritätsbedingung, daß jedes Objekt in o_S sowohl in o_1 als auch in o_2 vorhanden sein muß.

3.2.2 Strukturelle Einschränkungen

Neben den Grundkonzepten gibt es im EER-Modell eine Reihe von weiteren Konzepten, mit denen die Klasse der möglichen Ausprägungen zu einer Modellierung

weiter eingeschränkt werden können. Wir werden sie deshalb **strukturelle Einschränkungen** nennen. Im Prinzip handelt es sich dabei um spezielle Arten statischer Integritätsbedingungen, die sehr häufig anzutreffen und zudem sehr eng mit
den Grundkonzepten verbunden sind. Insofern ist es sinnvoll, diese Klasse von Integritätsbedingungen speziell auszuzeichnen und direkt durch entsprechende Konzepte
zu unterstützen. Im einzelnen gehören zu den strukturellen Einschränkungen des
EER-Modells:

1. **Optionale Attribute und Komponenten:**

   Im allgemeinen geht man davon aus, daß ein Attribut zu jedem Entity einen Wert
   des Wertebereichs liefert. Nun ist es aber durchaus möglich, daß der konkrete
   Attributwert für ein Entity unbekannt ist. Für diesen Fall kann der spezielle
   Nullwert '$\perp$' im Sinne von "unbekannt" oder "undefiniert" als Wert des Attributs zugelassen werden. Attribute, die den Nullwert annehmen dürfen, heißen
   optional, die anderen **obligatorisch**. Ebenso werden optionale und obligatorische Komponenten unterschieden.
   In Abbildung 1 ist **Präsident** eine optionale Komponente, d.h. der Präsident eines Landes darf (vielleicht aufgrund eines Putsches) unbekannt sein. Zu allen
   anderen Attributen und Komponenten muß immer ein "echter" Wert existieren!

2. **Funktionale Relationshiptypen:**

   Ein Relationshiptyp r mit den Teilnehmern $e_1,...,e_m$ kann zu einer Funktion
   $r: e_1,...,e_{i-1},e_{i+1},...,e_m \rightarrow e_i$ ($i \in 1..m$) eingeschränkt werden. Der Relationshiptyp r heißt dann **funktional**. Jede Kombination von Entities der Typen
   $e_1,...,e_{i-1},e_{i+1},...,e_m$ kann dann aufgrund der Funktionseigenschaft höchstens einmal mit einem Entity aus e_i in Beziehung stehen. In diesem Sinne sind die Relationshiptypen **liegt-in** und **mündet-in** funktional: Jede Stadt kann in höchstens
   einem Land liegen, und jeder Fluß kann in höchstens ein Gewässer münden.
   Andererseits kann ein Fluß mehrere Länder durchfließen, da **fließt-durch** nicht
   funktional ist.
   Zu beachten ist, daß ein funktionaler Relationshiptyp keine *totale* Funktion darstellt, weil nicht jedes Tupel des kartesischen Produkts der Ausprägungen der e_j,
   $j=1,...,m$, $j \neq i$, an der Beziehung teilnehmen muß.

3. **Kardinalitätsangaben:**

   Jeder Teilnehmer e_i (mit dem Rollennamen n_i) eines Relationshiptyps r kann
   mit einer **Kardinalitätsangabe** der Form (min,max) mit $min \in \mathbb{N}_0$ und
   $max \in \mathbb{N} \cup \{*\}$ versehen werden. Diese Angabe verlangt, daß ein Entity des
   Typs e_i mindestens min-mal und höchstens max-mal an den Beziehungen des
   Typs r teilnehmen darf; '$*$' bedeutet dabei unendlich. Die Standardangabe ist
   $(0,*)$, d.h. jedes Entity aus e_i kann beliebig oft, insbesondere auch gar nicht,
   an r partizipieren. Der wichtige Spezialfall $(1,*)$ erzwingt *totale* Relationshipty-

pen: Jedes Entity aus e_i muß an der Beziehung r teilnehmen. Somit muß in Abbildung 1 jeder Fluß in ein Gewässer münden, während er – im Sinne der Modellierung – nicht unbedingt ein Land durchfließen muß.

Funktionale, binäre Relationshiptypen r: $e_1 \rightarrow e_2$ implizieren eine Kardinalität mit $max=1$ für e_1: Zur Wahrung der Funktion kann jedes Entity aus e_1 höchstens einmal in r involviert sein.

4. **Schlüsselangaben:**

Jeder nicht-konstruierte Entitytyp muß einen **Schlüssel** besitzen. Wie im ER-Modell kann jede nichtleere Teilmenge der einem Entitytyp zugeordneten Attribute als Schlüssel ausgezeichnet werden. Diese *Schlüsselattribute* identifizieren jedes Entity in seinem Typ, d.h. es kann keine zwei voneinander verschiedenen Entities geben, welche die gleichen Werte in allen Schlüsselattributen haben. Bei den konstruierten Entitytypen darf kein Schlüssel spezifiziert werden, da die Entities der konstruierten Typen keine eigene Identität besitzen. Sie ererben ihre Identität vom entsprechenden Entity, das sie im Kontext eines der Eingangstypen darstellen.

Gegenüber dem Schlüsselkonzept des ER-Modells werden auch elementare Komponenten und binäre, totale, funktionale Relationshiptypen als Bestandteile des Schlüssels zugelassen. Dadurch lassen sich *Schlüsselfunktionen* im Sinne von [EDG86] modellieren: Ein Entity muß nicht mehr notwendig durch die Attribute seines Typs eindeutig identifiziert sein, auch die Schlüsselattribute der (Schlüssel-) Komponenten bzw. der mit diesem Entity in Beziehung stehenden Entities können herangezogen werden. In Abbildung 1 gehören das Attribut **StName** und der Relationshiptyp **liegt-in** zum Schlüssel, d.h. zwei Städte dürfen denselben Namen haben, sofern sie in unterschiedlichen Ländern liegen. Zyklen in der Schlüsselbildung sind zulässig, d.h. **LAND** könnte beispielsweise wiederum **Hauptstadt** als Schlüsselkomponente besitzen.

Dieses erweiterte Schlüsselkonzept ist eine Verallgemeinerung der Identifikation der schwachen ('weak') Entitytypen im ER-Modell.

Schlüsselattribute und -komponenten dürfen nur elementar, aber nicht mehrwertig sein. Diese Einschränkung erscheint sinnvoll, da Schlüssel die Entities eines Typs identifizieren; die Identität eines Entities sollte aber unserer Ansicht nach eine elementare Eigenschaft sein. Ebenso sind optionale Attribute bzw. Komponenten als Bestandteile eines Schlüssels verboten, weil der Nullwert "unbekannt" nicht zur Identifizierung von Entities geeignet ist.

5. **Deckende Typkonstruktionen:**

Eine Typkonstruktion mit den Eingangstypen $i_1,...,i_n$ und den Ausgangstypen $o_1,...,o_m$ heißt **deckend**, wenn die Inklusion (SEM$_1$) von oben zur Gleichheit

$$(\text{SEM}_1') \qquad \bigcup_{k=1}^{n} \sigma(i_k) = \bigcup_{j=1}^{m} \sigma(o_j)$$

eingeschränkt wird. Mit anderen Worten muß jedes Entity eines der Eingangstypen auch in einem der Ausgangstypen existent sein. Die Typkonstruktion sind der Beispielmodellierung fordert in dieser Weise (durch ein '=' angezeigt), daß jeder Fluß, jeder See und jedes Meer ein Gewässer sein muß.

In [EGH+92] wird eine weitere strukturelle Einschränkung definiert, die Komponenten eine erweiterte Semantik im Sinne von *komplexen Objekten* [ABD+89] gibt. Wir verzichten jedoch hier auf eine Erläuterung.

3.3　EER-Diagramme

Zur Spezifikation von EER-Schemata wird eine graphische Spezifikationssprache in Form von EER-Diagrammen [HNSE87, EGH+92] verwendet. Sowohl die Grundkonzepte wie auch die strukturellen Einschränkungen besitzen jeweils eine graphische Repräsentation, die im folgenden vorgestellt werden soll.

Den Grundkonzepten des EER-Modells, das sind die Entitytypen, Relationshiptypen, Attribute, Komponenten und Typkonstruktionen, werden die folgenden Symbole zugeordnet:

Ein **Entitytyp** e wird durch ein Rechteck dargestellt:
Ein **Relationshiptyp** r wird durch eine Raute dargestellt; die Rechtecke der *teilnehmenden Entitytypen* e_i (i=1,...,m) sind mit der Raute durch Kanten verbunden, die mit den jeweiligen Rollennamen n_i beschriftet sind:

Ein **Attribut** a zum Entity-*Typ* e bzw. zum Relationship-Typ r mit einem *Wertebereich* d wird durch ein Oval dargestellt, das mit dem Rechteck des Entitytyps e bzw. der Raute des Relationshiptyps r durch eine Kante verbunden ist. Der Wertebereich d kann auch mehrwertig von der Form **set/bag/list(d)** sein:

Eine **Komponente** c zum Entity-*Typ* e mit dem *Wertebereich* e' oder **set/bag/list(e')** über einem Entitytyp e' wird ebenfalls durch ein Oval dargestellt, das mit dem Rechteck des Entitytyps e verbunden ist. Anstelle von e' steht ein Quadrat, von dem aus ein Pfeil auf den Entitytyp e' zeigt:

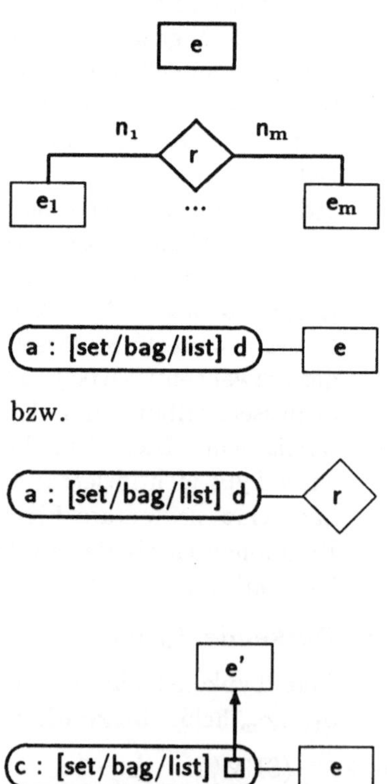

Jede **Typkonstruktion** t mit den Eingangstypen $i_1,...,i_n$ und den Ausgangstypen $o_1,...,o_m$ wird als Dreieck dargestellt. Die *Eingangstypen* i_k sind durch Kanten mit der Grundseite des Dreiecks verbunden, die *Ausgangstypen* o_j mit dem gegenüberliegenden Eckpunkt:

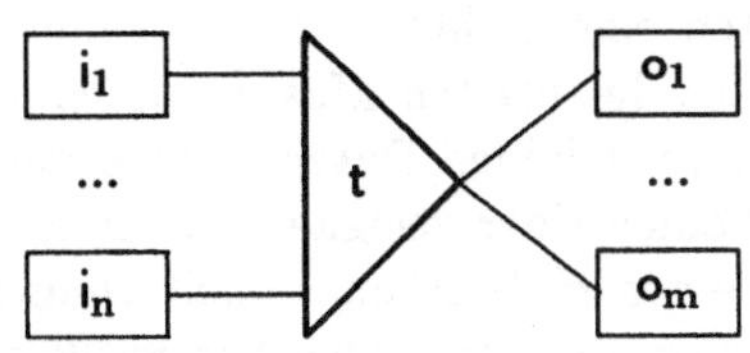

Die einzelnen Symbole werden nun ergänzt um die Repräsentationen der strukturellen Einschränkungen:

Die Kante eines **optionalen** Attributs bzw. einer optionalen Komponente zum Typ erhält einen Kreis:

Funktionale Relationshiptypen $r: ... \to e_i$ werden durch einen Pfeil nach e_i gekennzeichnet:

Kardinalitäten (*min,max*) zu n_i:e_i bzgl. eines Relationshiptyps r werden an die Kanten der Teilnehmer gesetzt:

Jeder Bestandteil eines **Schlüssels** (Attribut a, Komponente c bzw. funktionaler Relationshiptyp r) zu einem Entitytyp e wird durch einen dicken Punkt am Rechteck von e gekennzeichnet:

Eine **deckende** Typkonstruktion erhält ein '=' als zusätzliche Dreiecksinschrift:

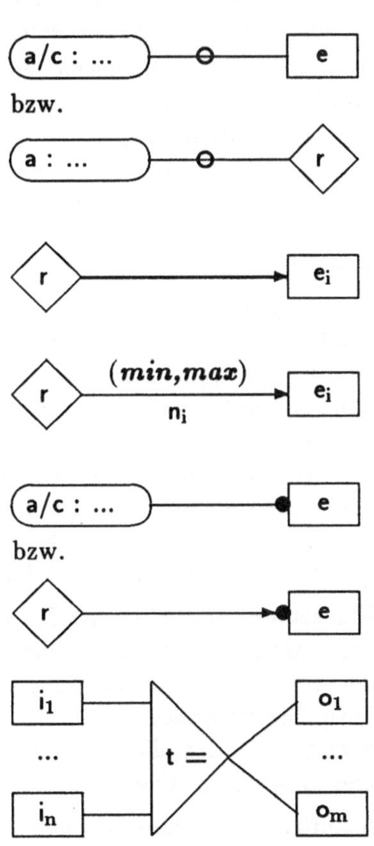

Eine zu dieser graphischen Objekttyp-Spezifikation korrespondierende, lineare, textuelle Form in der Art einer Schemabeschreibungssprache, die der formalen Notation des folgenden Kapitels sehr nahe kommt, ist in [HNSE87] beschrieben.

4 Semantik von Datenmodellen

Nach der informellen Einführung des EER-Modells werden in diesem Kapitel die Grundkonzepte präzise festgelegt. Insbesondere geben wir den einzelnen Konzepten eine wohldefinierte Semantik. Gerade diese Eigenschaft läßt das EER-Modell aus der breiten Masse existierender semantischer Datenmodelle hervortreten, denn derzeit bilden Datenmodelle mit einer formalen Semantik eher die Ausnahme. Vom Fehlen einer geeigneten Semantikdefinition bleibt auch das ER-Modell einschließlich seiner zahlreichen Erweiterungen nicht verschont. So gibt es, entgegen der Relevanz einer formalen Semantik als theoretisches Fundament für ER-basierte Anfragesprachen, kaum geeignete Ansätze, die Bedeutung der ER-Varianten präzise und unmißverständlich festzulegen. Diese Gegebenheit ist um so tragischer, als sich gerade das ER-Modell durch eine Vielzahl an Anfragesprachen auszeichnet, die somit geradezu zwangsläufig auf einen formalen Unterbau verzichten müssen.

Einer der wenigen Versuche, die Bedeutung des ER-Modells zu formalisieren, stammt von Lien [Lie79]. Lien definiert die Semantik auf den Relationen, die den Entity- und Relationshiptypen zugrunde liegen, und verwendet somit quasi die Semantik des Relationenmodells. Diese Vorgehensweise ist sehr unflexibel, weil sie von einer speziellen Transformation des ER-Modells in das Relationenmodell abhängig ist. Zudem ist der Ansatz zur Semantikdefinition von Anfragesprachen ungeeignet, muß doch auch die Bedeutung der Sprachkonstrukte auf den Relationen definiert werden.

Andererseits zeigt die Arbeit von Golshani [GMS83], daß es auch möglich ist, sowohl die Semantik eines Datenmodells wie auch die Semantik einer darauf aufbauenden Anfragesprache in einem einheitlichen Formalismus festzulegen. Golshani definiert ein funktionales Datenmodell mit über Objekttypen gebildeten Typausdrücken ('type expressions') und Funktionen zwischen diesen. Dem Ganzen legen sie eine algebraische Semantik zugrunde, die auf Mengen und Funktionen als Grundbausteinen basiert und auch zur Definition der Semantik einer Anfragesprache geeignet ist. Zu einer modalen Logik [GMS83] erweitert, lassen sich sogar dynamische Integritätsbedingungen formal definieren.

Ein artverwandter Ansatz für ein funktionales Datenmodell wird in [EDG86] vorgeschlagen, der zeigt, daß die Trennung zwischen Daten und Objekten (im Sinne der 4-Schichten-Spezifikation) nicht nur sinnvoll ist, sondern sich auch mit in den Formalismus einbeziehen läßt. In [LEG85] ist der Ansatz zu einer temporalen Logik erweitert wurden, die als Grundlage dynamischer Integritätsbedingungen geeignet ist und in weiteren Arbeiten (z.B. [Lip89]) verwendet wird.

Inspiriert durch diese Arbeiten, ist in [HoG88, GoH91] ein ähnlicher logikorientierter Ansatz für das EER-Modell vorgestellt worden. Dieser Ansatz soll hier in leicht modifizierter Form präsentiert werden. Als formales, mathematisches Grundgerüst dienen die in Kapitel 2 eingeführten Mengen, Multimengen, Listen, Funktionen und Relationen.

Im folgenden geht der Abschnitt 4.1 auf die Theorie der abstrakten Datentypen und
ihrer Spezifikation ein, soweit es für diese Arbeit von Interesse ist. Die spezifizierten
Datentypen werden dann im EER-Modell als Wertebereiche der Attribute verwendet.
In Abschnitt 4.2 werden Standardkonstruktoren definiert, mit denen sich aus gegebenen Sorten, also insbesondere den Datentypen, neue Sorten konstruieren lassen.
Diese sogenannten Sortenausdrücke werden zur Handhabung der mehrwertigen, d.h.
mengen-, multimengen- und listenwertigen Attribute benötigt. Darauf aufbauend
wird in Abschnitt 4.3 die Semantik der Grundkonzepte des EER-Modells. Auf weitergehende Konzepte wie strukturelle oder explizite Integritätsbedingungen wird in
Kapitel 6 eingegangen, da zu deren Definition der dort vorgestellte Kalkül benötigt
wird. Der Abschnitt 4.4 verallgemeinert die formale Definition des EER-Modells zu
allgemeinen Datenbank-Signaturen, so daß insbesondere auch das Relationenmodell
enthalten ist, sich im Prinzip aber auch andere Datenmodelle wie das NF^2-Modell
[JaS82, ScS86] in diesem Formalismus darstellen lassen.

4.1 Abstrakte Datentypen

In der 4-Schichten-Spezifikation besteht die Möglichkeit, beliebige Datentypen zu
spezifizieren und als Attributwertebereiche zu verwenden. Die Spezifikation der Datentypen erfolgt dabei in der Datenschicht (siehe z.B. Beispiel 1.1). Die syntaktische
Struktur der dazu verwendeten Sprache spiegelt bereits die Bestandteile eines Datentyps wider: Zu einer Datentyp-Spezifikation gehört sowohl die Spezifikation der
Wertemengen wie auch der auf ihnen anwendbaren Operationen und Prädikate. So
gehören zum Standarddatentyp int neben der Menge aller ganzen Zahlen (als Werte)
auch die zugehörigen Prädikate wie '$<$' oder '$\geq$' und Operationen wie '$+$' oder '$*$'.

Beliebige Datentypen werden abstrakt in Form einer Datentyp-Signatur spezifiziert.

Definition 4.1 (Datentyp-Signatur)

Die **Syntax einer Datentyp-Signatur** $DT = (SORT_{DT}, OPNS_{DT}, PRED_{DT})$ besteht aus

1. den endlichen Mengen $SORT_{DT}$, $OPNS_{DT}$, $PRED_{DT} \in |\text{FISET}|$ und

2. den Hilfsfunktionen *source, destination, arguments* $\in |\text{FUN}|$, so daß
   $source : OPNS_{DT} \to SORT^*_{DT}$, $destination : OPNS_{DT} \to SORT_{DT}$ und
   $arguments : PRED_{DT} \to SORT^+_{DT}$ [5].

Ist $\omega \in OPNS$ mit $source(\omega) = <d_1,...,d_n>$ und $destination(\omega) = d$, so wird
$\omega: d_1,...,d_n \to d$ als Operationssignatur von ω (oder kurz Operation) bezeichnet.
Analog ist $\pi: d_1,...,d_n$ eine Prädikatsignatur (oder kurz Prädikat) für $\pi \in PRED$
mit $arguments(\pi) = <d_1,...,d_n>$.

---

[5]Im folgenden wird der Index DT weggelassen, sofern es klar ist, daß es sich um die Datentyp-
Signatur DT handelt.

Eine **Interpretation I einer Datentyp-Signatur DT** ist ein Tripel
$I = (I_{SORT}, I_{OPNS}, I_{PRED})$ mit:

- einer Funktion $I_{SORT} : SORT \rightarrow |\text{SET}|$, so daß $\perp_d \epsilon I_{SORT}(d)$ für jedes
  $d \epsilon SORT$,

- einer Funktion $I_{OPNS} : OPNS \rightarrow |\text{FUN}|$, so daß jedes $\omega\colon d_1,\ldots,d_n \rightarrow d \epsilon OPNS$
  eine Funktion $I_{OPNS}(\omega) : I_{SORT}(d_1) \times \ldots \times I_{SORT}(d_n) \rightarrow I_{SORT}(d)$ impliziert,
  und

- einer Funktion $I_{PRED} : PRED \rightarrow |\text{REL}|$, so daß jedes $\pi\colon d_1,\ldots,d_n \epsilon PRED$ eine
  Relation $I_{PRED}(\pi) \subseteq I_{SORT}(d_1) \times \ldots \times I_{SORT}(d_n)$ impliziert.

Mit $|DT|$ werde die Klasse aller Interpretationen der Datentyp-Signatur DT bezeichnet.

Die **Semantik $\mu[DT]$ einer Datentyp-Signatur DT** ist eine feste Interpretation
aus der Klasse $|DT|$. $\square$

Die Syntax einer Datentyp-Signatur DT führt Namen für Datentypen, Operationen
und Prädikate ein. Die Menge $SORT$ enthält die Namen aller zu spezifizierenden
Datentypen, auch als Datensorten bezeichnet. $OPNS$ enthält die Namen ω der Operationen und $PRED$ die Namen der Prädikate, die jeweils auf den Datensorten aus
$SORT$ anwendbar sind. Ein Operationsname $\omega \epsilon SORT$ bekommt durch *source*
und *destination* eine Operation $\omega\colon d_1,\ldots,d_n \rightarrow d$ zugeordnet. Entsprechend wird
der Prädikatname $\pi \epsilon PRED$ durch *arguments* zu einem Prädikat $\pi\colon d_1,\ldots,d_n$.

Eine Interpretation $I = (I_{SORT}, I_{OPNS}, I_{PRED})$ einer Datentyp-Signatur DT ordnet
jeder Datensorte d eine Menge $I_{SORT}(d)$ von Exemplaren (Werten) zu; der besondere
Wert $\perp_d$ ("Nullwert"), $\perp_d \epsilon I_{SORT}(d)$ für jedes $d \epsilon SORT$, wird speziell ausgezeichnet. I interpretiert jede Operation $\omega\colon d_1,\ldots,d_n \rightarrow d$ durch eine Funktion $I_{OPNS}(\omega)$
auf den Exemplaren $I_{SORT}(d_i)$ der entsprechenden Datensorten. Ebenso wird jedes
Prädikat $\pi\colon d_1,\ldots,d_n$ durch eine Relation $I_{PRED}(\pi) \subseteq I_{SORT}(d_1) \times \ldots \times I_{SORT}(d_n)$
interpretiert.

Die Syntax einer Datentyp-Signatur bestimmt eine Klasse $|DT|$ von möglichen Interpretationen. Aus dieser Klasse wird eine Interpretation fest ausgezeichnet und als
Semantik $\mu[DT]$ der Datentyp-Signatur verwendet. In der Theorie der abstrakten
Datentypen wird diese Interpretation durch Axiome genauer spezifiziert, indem die
Signatur zu einer **Spezifikation $DT\text{-}SPEC = (DT, AXIOMS)$** erweitert wird.
Zur Klasse $|DT\text{-}SPEC|$ der möglichen Interpretationen zu $DT\text{-}SPEC$ gehören dann
die Interpretationen aus $|DT|$, welche die Axiome aus $AXIOMS$ erfüllen. Werden als
Axiome ausschließlich Hornklauseln verwendet, so erhält man algebraische Datentyp-
Spezifikationen. Die Theorie der algebraischen Spezifikation ist gut erforscht (siehe
z.B. [EhM85, EGL89]). Sie zeigt, daß eine bis auf Isomorphie eindeutige Algebra
(d.h. Interpretation), die sogenannte *initiale Algebra*, existiert. Da diese Algebra
angenehme Eigenschaften besitzt, wird sie als Standard-Semantik verwendet.

Die aus Programmiersprachen bekannten Datentypen **int**, **real**, **string** mit den üblichen Operationen und Prädikaten lassen sich nun wie folgt als Signatur spezifizieren:

Beispiel 4.2 (Standarddatentypen)

$SORT$ = { **bool**, **int**, **real**, **string** }

$OPNS$ = { $+_i, -_i, *_i$: **int,int** $\rightarrow$ **int**, $\qquad$ $+_r, -_r, *_r$: **real,real** $\rightarrow$ **real**,
$\qquad\quad$ $/_i$ $\qquad$: **int,int** $\rightarrow$ **real**, $\qquad$ $/_r$ $\qquad$: **real,real** $\rightarrow$ **real**,
$\qquad\quad$ $\uparrow_i$ $\qquad$: **int,int** $\rightarrow$ **int**, $\qquad$ $\uparrow_r$ $\qquad$: **real,int** $\rightarrow$ **real**,
$\qquad\quad$ **sqrt**$_i$ $\quad$: **int** $\quad$ $\rightarrow$ **real**, $\qquad$ **sqrt**$_r$ $\quad$: **real** $\quad$ $\rightarrow$ **real**,
$\qquad\quad$ **real**$_i$ $\quad$: **int** $\quad$ $\rightarrow$ **real**, $\qquad$ **rnd** $\qquad$: **real** $\quad$ $\rightarrow$ **int**,
$\qquad\quad$ **length** : **string** $\rightarrow$ **int**, $\qquad$ **cat** $\qquad$: **string,string** $\rightarrow$ **string**, ... }

$PRED$ = { $<_i$, $>_i$, $\leq_i$, $\geq_i$, $\uparrow_i$, $=_i$: **int,int**,
$\qquad\quad$ $<_r$, $>_r$, $\leq_r$, $\geq_r$, $\uparrow_r$, $=_r$: **real,real**, ... }

Weitere Operationen und Prädikate können in gleicher Weise hinzugefügt werden, wie zum Beispiel Vergleichsprädikate für Zeichenketten.

Die Operationen und Prädikate der obigen Datentyp-Signatur sind streng typisiert: Sowohl für **int** als auch für **real** gibt es getrennte Additionsoperationen '$+_i$' bzw. '$+_r$'. Um einen **int**-Wert 1 mit einem **real**-Wert 1.2 zu addieren, muß demnach explizit der **int**-Wert 1 zu einem **real**-Wert 1.0 mittels der Operation **real**$_i$ konvertiert werden, damit die Addition '$+_r$' zweier **real**-Werte durchgeführt werden kann. Entsprechend läßt sich auch der **real**-Wert 1.2 zu einen **int**-Wert 1 mit **rnd** "abrunden".

Als eine mögliche Interpretation I^1 kann den Datentypen die "übliche Bedeutung" zugeordnet werden:

$I^1_{SORT}($**bool**$)$ $\quad$:= { *true, false*, $\perp_{\textbf{bool}}$ }

$I^1_{SORT}($**int**$)$ $\qquad$:= "Menge $\mathbb{Z}$ der ganzen Zahlen und einem Element $\perp_{\textbf{int}}$"

$I^1_{SORT}($**real**$)$ $\qquad$:= "Menge der Dezimalzahlen und einem Element $\perp_{\textbf{real}}$"

$I^1_{SORT}($**string**$)$:= "Menge der endlichen Zeichenketten über dem Alphabet
$\qquad\qquad\qquad$ { A,...,Z,a,...,z,0,1,2,....,9 } und einem Element $\perp_{\textbf{string}}$"

$I^1_{OPNS}(+_i)$:= "Addition ganzer Zahlen", $\qquad\qquad$ usw.

$I^1_{PRED}(<_i)$:= "Kleiner-Relation für ganze Zahlen", $\quad$ usw.

Eine andere mögliche Interpretation I^2 kann aber beispielsweise **int** durch eine Menge {a, b, c, d, $\perp_{\textbf{int}}$} oder '$+_i$' als Multiplikation interpretieren.

Die Aufgabe der Axiome in $AXIOMS$ ist es also, die "gewünschte" Interpretation I^1 als Semantik $\mu[DT]$ festzulegen. $\qquad\qquad\qquad\qquad\qquad\qquad\qquad\qquad\qquad$ $\square$

Im Sinne der algebraischen Spezifikation ist die obige Datentyp-Signatur sehr vereinfacht, da keine *erzeugenden* Operationen spezifiziert sind, die gewissermaßen die Werte (Konstanten) der Datensorten "erzeugen". Im Fall von **int** müßten somit die Operationen **zero**: $\rightarrow$ **int** (Konstante 0), **succ**: **int** $\rightarrow$ **int** (Inkrement) und pred: int $\to$ int (Dekrement) angegeben werden, mit denen die Datenwerte 0, 1, -1, 2 usw. des Typs int als *Terme* zero, succ(zero), pred(zero), succ(succ(zero)) usw. erzeugt werden können. Entsprechendes gilt natürlich auch für die Datentypen bool, real und string.

Annahme 4.3 (Vordefinierte Datentypen)

Im folgenden wird vorausgesetzt, daß die Datentyp-Signatur DT zumindest die Standarddatentypen bool, int, real, string mit den Operationen und Prädikaten aus Beispiel 4.2 enthält. Als Semantik $\mu[DT]$ wird die dort angegebene Interpretation I^1 gewählt. $\square$

Der Übersichtlichkeit halber wird in den Beispielen die strenge formale Notation aufgeweicht, indem die folgenden Konventionen vereinbart werden:

Notationen 4.4 (Vereinfachende Schreibweisen)

1. Die Operationssymbole werden überladen, d.h. der Index i bzw. r wird häufig weggelassen, wenn er aus dem Kontext ersichtlich ist. Beispielsweise wird dann '+' anstelle von '$+_i$' und '$+_r$' geschrieben.

2. Analog wird $\perp$ für $\perp_d$ notiert, wenn der Typ d aus dem Kontext ersichtlich ist.

3. Binäre Operationen ω: $d_1,d_2 \to d$ und binäre Prädikate π: d_1,d_2 werden häufig in der leichter lesbaren Infix-Notation verwendet. Zum Beispiel wird $(k_1 + k_2)$ anstelle von $+(k_1,k_2)$ und $k_1 < k_2$ anstelle von $<(k_1,k_2)$ geschrieben. $\square$

Jede Interpretation eines Datentyps d enthält einen sogenannten Nullwert $\perp_d$ im Sinne von "undefiniert": $\perp_d \in I_{SORT}(d)$ für jedes $d \in SORT$. Der Grund für die Einführung dieser speziellen Werte $\perp$ sind die optionalen Attribute. Ist a ein derartiges Attribut zum Entitytyp e mit einem Wertebereich $d \in SORT$, so kann a den Wert $\perp_d$ liefern, wenn der Attributwert zu einem konkreten Entity des Typs e nicht bekannt ist.

Auch zur Spezifikation der Datenoperationen läßt sich der Wert $\perp$ als "undefiniert" vorteilhaft einsetzen, wie das Beispiel *"Die Division durch Null ist undefiniert"* zeigt:

Für alle Konstanten $k \in \mu[DT](\text{int})$ wird $\mu[DT](/_i)(k,0) := \perp_{real}$ festgelegt.

In den meisten Fällen ist es sinnvoll, den Wert $\perp$ in Operationen ω: $d_1,...,d_n \to d$ und Prädikaten π: $d_1,...,d_n$ "fortzupflanzen", was zu der folgenden Propagation führt:

$$\mu[DT]_{OPNS}\,(\omega) : (k_1,...,k_n) \mapsto \perp_{d_i} \quad \text{wenn } k_i \equiv \perp_{d_i} \text{ für ein } i \in 1..n$$
$$(k_1,...,k_n) \notin \mu[DT]_{PRED}\,(\pi) \quad\quad \text{wenn } k_i \equiv \perp_{d_i} \text{ für ein } i \in 1..n$$

mit Konstanten $k_i \in \mu[DT](d_i)$ für i=1,...,n. Daß diese Standardpropagation nicht immer sinnvoll ist, zeigen die Vergleichsprädikate: Es gilt weder $(k,\perp_{int}) \in \mu[DT](<_i)$ noch $(\perp_{int},k) \in \mu[DT](<_i)$ für eine Konstante $k \in \mu[DT](\text{int})$, d.h. $\perp_{int}$ ist mit den int-Werten nicht vergleichbar und '$<_i$' somit keine totale Ordnung. Sinnvoller ist es deshalb, $\perp_d$ als "kleinstes Element" eines jeden Datentyps zu definieren: $(\perp_{int}, k) \in \mu[DT](<_i)$ ist für alle Konstanten k erfüllt.

Sofern nicht explizit anders erwähnt, wird im folgenden von dieser Standardpropagation ausgegangen. Jedoch lassen sich prinzipiell auch andere Fortpflanzungen in einer Datentyp-Spezifikation definieren. Einzelheiten zur Spezifikation von Fehlerfortpflanzungen lassen sich in [EGL89] nachlesen.

Diese Handhabung der Prädikate bzgl. der Nullwerte als Argumente erlaubt einen Verzicht auf eine 3-wertige Logik und den damit verbundenen Folgen wie der Einführung weiterer Prädikate oder Konnektive [Bül87]. Ein Prädikat wird nur zu den Wahrheitswerten WAHR oder FALSCH ausgewertet.

Insbesondere sei auf den Unterschied zwischen den Wahrheitswerten WAHR und FALSCH einerseits, und den Konstanten *true* und *false* des Datentyps bool andererseits hingewiesen: Ist a ein (optionales) Attribut mit dem Wertebereich bool, so ist a(t) ein Term der Sorte bool, der somit auch den Wert $\perp_{bool}$ annehmen kann. a(t) ist aber keine Formel (die ja nur zu WAHR oder FALSCH ausgewertet werden soll). Wohl ist a(t)=true eine Formel, die den gewünschten Sachverhalt ausdrückt.

Die Unterscheidung zwischen (bool-wertigen) Operationen einerseits und Prädikaten andererseits ist somit eine direkte Konsequenz aus der Vermeidung einer 3-wertigen Logik. Der Verzicht auf die 3-wertige Logik bringt keine Einbuße mit sich, vielmehr werden viele Probleme vermieden.

In Form einer algebraischen Spezifikation lassen sich beliebige Datentypen definieren. Die in [RNLE85, Neu88] verwendeten geometrischen Datentypen können beispielsweise wie folgt in einer Datentyp-Signatur spezifiziert werden:

Beispiel 4.5 (Geometrische Nicht-Standard-Datentypen)

$SORT = \{$ point , circle , lines , polygon $\}$

$OPNS = \{$ create$_p$: real,real $\to$ point, create$_c$: point,real $\to$ circle,

x, y : point $\to$ real, centre : circle $\to$ point,

distance : point,point $\to$ real, radius : circle $\to$ real,

start : lines $\to$ point, end : lines $\to$ point, ... $\}$

$PRED = \{$ cut$_{c,c}$: circle,circle, cut$_{p,p}$: polygon,polygon,

in$_c$: point,circle, in$_p$: point,polygon, ... $\}$

Wie bereits in Beispiel 4.2 fehlen auch hier die Gleichungen, zum Beispiel

$$x(\text{create}_p(r_1,r_2))=r_1 \ , \ \text{centre}(\text{create}_c(p,r))=p \ , \text{etc.}$$

welche die Datentyp-Signatur erst zu einer Datentyp-Spezifikation machen.

Der Datentyp point besteht aus allen Punkten einer 2-dimensionalen Ebene. Zu gegebenem Punkt lassen sich mittels x und y die Koordinaten bestimmen. Die Operation distance bestimmt den Abstand zweier Punkte. Entsprechend ermitteln die

Operationen **centre** den Mittelpunkt und **radius** den Radius eines Kreises (vom Typ **circle**). Der Datentyp **lines** enthält alle offenen, sich nicht überschneidenden Linienzüge. Jeder Linienzug besitzt einen Anfangspunkt (**start**) und einen Endpunkt (**end**). Polygone werden durch **polygon** repräsentiert. Neben diesen Datenoperationen gibt es auch Datenprädikate. So bestimmen die **cut**-Prädikate, ob sich zwei geometrische Objekte (Kreise, Linienzüge oder Polygone) überschneiden, während die **in**-Prädikate prüfen, ob ein Punkt in einem Kreis oder einem Polygon liegt.   □

Das Beispiel 4.5 weist bereits darauf hin, daß sich häufig Datentypen aus bestehenden Datensorten durch Anwendung fester Standardkonstruktoren bilden lassen. So können die Datentypen **point** und **lines** aus dem Standarddatentyp **real** durch einfache (kartesische) Produktbildung bzw. Listenbildung konstruiert werden:

$$\text{\textbf{point} := \textbf{prod(real,real)}} \quad \text{und} \quad \text{\textbf{lines} := \textbf{list(point)}} \ .$$

Die mit diesen Standardkonstruktoren gebildeten neuen Sorten werden als Sortenausdrücke bezeichnet und sollen im folgenden Abschnitt formal definiert werden.

4.2 Sortenausdrücke

Neben den Konstruktoren kartesisches Produkt (**prod**) und Listenbildung (**list**) gibt es noch die Mengenbildung (**set**) und die Multimengenbildung (**bag**). Mit Hilfe der Konstruktoren lassen sich aus gegebenen Sorten, speziell den Datensorten, neue Sorten definieren, wie z.B. oben der Typ **point** oder aber auch **list(prod(real,set(int)))**. Die neu konstruierten Sortenausdrücke besitzen zu gegebener Interpretation der zugrundeliegenden (vordefinierten) Datentypen, also insbesondere der Semantik $\mu[DT]$, eine feste Interpretation. Die formale Definition dieser Interpretation wird auf die in Kapitel 2 eingeführten semantischen Konstruktoren '$\mathcal{F}$', '$\mathcal{B}$', '*' und '×' zurückgeführt.

Definition 4.6 (Sortenausdrücke)

Sei eine Menge $S \in |\text{FISET}|$ mit einer Interpretation $I_S : S \to |\text{SET}|$ gegeben, so daß $\bot_\mathbf{s} \in I_S(\mathbf{s})$ für jedes $\mathbf{s} \in S$ gilt.

Die **Syntax eines Sortenausdrucks über** S ist gegeben durch eine Menge $EXPR(S)$, die folgendermaßen induktiv definiert ist:

(i)   Wenn $\mathbf{s} \in S$, dann ist $\mathbf{s} \in EXPR(S)$.

(ii) Wenn $\mathbf{s} \in EXPR(S)$, dann ist **set(s)** $\in EXPR(S)$.

(iii) Wenn $\mathbf{s} \in EXPR(S)$, dann ist **bag(s)** $\in EXPR(S)$.

(iv) Wenn $\mathbf{s} \in EXPR(S)$, dann ist **list(s)** $\in EXPR(S)$.

(v)   Wenn $\mathbf{s}_1,..., \mathbf{s}_n \in EXPR(S)$ und $n>1$, dann ist **prod($\mathbf{s}_1$,...,$\mathbf{s}_n$)** $\in EXPR(S)$.

Keine anderen Zeichenreihen sind Sortenausdrücke über S.

Durch die Interpretation I_S von S wird eine **Interpretation** $(I_S)_{EXPR(S)}$ eines Sortenausdrucks über S wie folgt induziert:

(i) $(I_S)_{EXPR(S)}(\mathsf{s}) := I_S(\mathsf{s})$

(ii) $(I_S)_{EXPR(S)}(\mathsf{set(s)}) := \mathcal{F}\big((I_S)_{EXPR(S)}(\mathsf{s})\big)$

(iii) $(I_S)_{EXPR(S)}(\mathsf{bag(s)}) := \mathcal{B}\big((I_S)_{EXPR(S)}(\mathsf{s})\big)$

(iv) $(I_S)_{EXPR(S)}(\mathsf{list(s)}) := \big((I_S)_{EXPR(S)}(\mathsf{s})\big)^*$

(v) $(I_S)_{EXPR(S)}(\mathsf{prod(s_1,...,s_n)}) := (I_S)_{EXPR(S)}(\mathsf{s_1}) \times ... \times (I_S)_{EXPR(S)}(\mathsf{s_n})$

Produkte werden auf den Fall n=1 erweitert, indem $\mathsf{prod(s_1)}$ mit $\mathsf{s_1}$ identifiziert wird:

$$\mathsf{prod(s_1)} := \mathsf{s_1} \text{ mit } (I_S)_{EXPR(S)}(\mathsf{prod(s_1)}) := (I_S)_{EXPR(S)}(\mathsf{s_1}).$$

Aus Gründen der Einheitlichkeit werden auch für Sortenausdrücke Nullwerte eingeführt:

$$\bot_{\mathsf{set(s)}} := \{\bot_\mathsf{s}\}, \qquad \bot_{\mathsf{bag(s)}} := \{\!\{\bot_\mathsf{s}\}\!\}, \qquad \bot_{\mathsf{list(s)}} = <\bot_\mathsf{s}>,$$
$$\bot_{\mathsf{prod(s_1,...,s_n)}} := (\bot_{\mathsf{s_1}},...,\bot_{\mathsf{s_n}}) \qquad\qquad \square$$

Bemerkung 4.7

1. Die Identifizierung von $\bot_{\mathsf{set(s)}}$ mit $\{\bot_\mathsf{s}\}$ hat zur Folge, daß nicht zwischen "undefiniert" ($\bot_{\mathsf{set(s)}}$) und einer Menge bestehend aus "undefiniert" ($\{\bot_\mathsf{s}\}$) unterschieden wird. Analoges gilt auch für $\bot_{\mathsf{bag(s)}}$, $\bot_{\mathsf{list(s)}}$ und $\bot_{\mathsf{prod(s_1,...,s_n)}}$.

2. Da jede Menge aus $\mathcal{F}(\mathcal{S})$ endlich ist – $\mathcal{F}(\mathcal{S})$ ist die Menge aller *endlichen* Teilmengen von S –, ist auch jedes Element der Ausprägung eines Sortenausdrucks immer endlich! Somit ist beispielsweise jedes Element aus $(I_S)(\mathsf{set(s)})$ [6] eine endliche Menge von Werten der Sorte s. $\qquad\square$

Wie bereits angedeutet, lassen sich aus den vordefinierten Datentypen neue Datentypen mit einer auf natürliche Weise übertragenen Semantik definieren:

Beispiel 4.8 (Definition der Nicht-Standard-Datentypen aus Beispiel 4.5)

$$
\begin{aligned}
&\mathsf{point} := \mathsf{prod(real,\ real)}, &&\mathsf{lines} := \mathsf{list(point)} \\
&\mathsf{circle} := \mathsf{prod(point,real)}, &&\mathsf{polygon} := \mathsf{list(point)}
\end{aligned}
$$

Da die Datensorte **real** eine feste Semantik $\mu[DT](\mathsf{real})$ hat, besitzt auch **point** eine feste Semantik $(\mu[DT])_{EXPR(SORT)}(\mathsf{point})$. Durch **point** bekommen auch **circle**, **lines** und **polygon** eine feste Bedeutung. $\qquad\square$

Jedoch ist diese Definition der Datentypen im allgemeinen nicht ausreichend, da z.B. **lines** beliebige Linienzüge darstellen kann, die der (informellen) Definition in Beispiel 4.5 nicht genügen. So läßt sich insbesondere die Überschneidungsfreiheit der Linienzüge nicht in dieser Form spezifizieren. Insofern ist eine algebraische Spezifikation

---

[6] Der Einfachheit halber verzichten wir auch auf die Indizes der Interpretationen, wenn diese dem Kontext entnommen werden können. Aus $(I_S)_{EXPR(S)}(\mathsf{set(s)})$ wird somit kurz $(I_S)(\mathsf{set(s)})$.

des Datentyps **lines** angebrachter, weil die Überschneidungsfreiheit mit in die Axiome eingebracht werden kann.

Zur Vervollständigung des Stadt-Land-Fluß-Beispiels werden auch die anderen der in Abbildung 1 verwendeten Datentypen spezifiziert:

Beispiel 4.9

$SORT$: address := prod(int,string,string,int),   regions := set(region),
region := prod(string,polygon),

$OPNS$: postal-code: address $\rightarrow$ int,   name : region $\rightarrow$ string,
city   : address $\rightarrow$ string,   geo : region $\rightarrow$ polygon,
street   : address $\rightarrow$ string,
house-no   : address $\rightarrow$ int, ...

$PRED$: $\emptyset$ □

In diesem Beispiel ist **address** ein strukturierter Datentyp, der aus den Bestandteilen **postal-code, city, street** und **house-no** (als entsprechende Datenoperationen) besteht. Der Datentyp **regions** stellt eine Menge von Regionen (eines Landes) dar, wobei jede Region (des Datentyps **region**) einen Namen und eine graphische Repräsentation als Polygon besitzt.

Mit den Konstruktoren **set, bag** und **list** sind bestimmte Operationen und Prädikate verbunden, wie z.B. die Zählfunktion **Cnt** oder das "ist-Element-von"-Prädikat '$\in$'. Tabelle 1 enthält eine Aufstellung aller durch Sortenausdrücke induzierten Operationen und Prädikate. Darüber hinaus lassen sich Operationen auf andere zurückführen. Zum Beispiel entspricht die Aufsummierung **Sum** der sukzessiven Anwendung von '$+$' auf die Elemente einer Menge. In ähnlicher Weise läßt sich das Prädikat '$\leq$' zur Definition der Sortierung verwenden, d.h. ist '$\leq$' für alle Paare von aufeinanderfolgenden Elementen einer Liste erfüllt, so ist die Liste aufsteigend sortiert.

Die folgenden binären Operations- und Prädikatsymbole werden zu diesem Zweck speziell ausgezeichnet:

Definition 4.10 (Binäre Operationen und Ordnungsprädikate)

$$OPNS^{BIN} := \{ \, \omega \mid \omega\colon \mathbf{d,d} \rightarrow \mathbf{d} \, \epsilon \, OPNS_{DT} \text{ für ein } \mathbf{d} \, \epsilon \, SORT_{DT} \, \}$$

$$OPNS^{KA} := \{ \, \hat{\omega} \mid \hat{\omega}\colon \mathbf{d,d} \rightarrow \mathbf{d} \, \epsilon \, OPNS^{BIN}, \text{ wobei}$$
$$\mu[DT](\hat{\omega}) \text{ kommutativ und assoziativ ist } \}$$

$$PRED^{ORD} := \{ \, \pi \mid \pi\colon \mathbf{d,d} \, \epsilon \, PRED_{DT} \text{ für ein } \mathbf{d} \, \epsilon \, SORT_{DT}, \text{ wobei}$$
$$\mu[DT](\pi) \text{ eine totale Ordnung auf } \mu[DT](\mathbf{d}) \text{ ist } \} \qquad \qquad □$$

Die Menge $OPNS^{KA}$ besitzt die wichtige Eigenschaft, daß sich jede Operation $\hat{\omega}$ sukzessive auf eine Menge anwenden läßt (siehe **Apl**$_{\hat{\omega}}$ unten), wobei das Ergebnis wegen der Kommutativität und Assoziativität unabhängig von der Reihenfolge der Elemente innerhalb der Menge ist.

$SORT(S)/PRED(S)$	source/arguments	destination	informelle Beschreibung
$Cnt_{set(s)}$	: set(s)	$\to$ int	zählt die Elemente
$Apl_{set(d),\hat{\omega}}$	: set(d)	$\to$ d	Anwendung von $\hat{\omega}$ auf Menge
$\in_{set(s)}$	: set(s), s		"ist-Element-von"-Prädikat
$Cnt_{bag(s)}$	: bag(s)	$\to$ int	zählt die Elemente
$BtS_{bag(s)}$	: bag(s)	$\to$ set(s)	Konvertierung 'Bag-to-Set'
$Occ_{bag(s)}$	: bag(s), s	$\to$ int	Häufigkeit eines Elements
$Apl_{bag(d),\hat{\omega}}$	: bag(d)	$\to$ d	Anwendung von $\hat{\omega}$ auf Multimenge
$\in_{bag(s)}$	: bag(s), s		"ist-Element-von"-Prädikat
$Cnt_{list(s)}$	: list(s)	$\to$ int	zählt die Elemente
$LtB_{list(s)}$	: list(s)	$\to$ bag(s)	Konvertierung 'List-to-Bag'
$LtS_{list(s)}$	: list(s)	$\to$ set(s)	Konvertierung 'List-to-Set'
$Sel_{list(s)}$	: list(s), int	$\to$ s	Selektion eines Elements
$Pos_{list(s)}$	: list(s), s	$\to$ set(int)	Indizes eines Listenelements
$Ind_{list(s)}$	: list(s)	$\to$ set(int)	Indizes einer Liste
$Apl_{list(d),\omega}$	: list(d)	$\to$ d	Anwendung von ω auf Liste
$\in_{list(s)}$	: list(s), s		"ist-Element-von"-Prädikat
$Prj_{prod(s_1,...,s_n),i}$	: prod(s_1,...,s_n)	$\to s_i$	Projektion auf i-te Komponente (für $i \in 1..n$)

Tabelle 1: *Durch Sortenausdrücke induzierte Operationen und Prädikate*

Der Additionsoperator '+' und der Multiplikationsoperator '*' gehören zu $OPNS^{BIN}$ und $OPNS^{KA}$, die Subtraktion '−' jedoch nur zu $OPNS^{BIN}$ und die Division '$/_i$' weder zu $OPNS^{BIN}$ noch zu $OPNS^{KA}$.

Die in der Definition gestellten Forderungen nach Kommutativität, Assoziativität und totaler Ordnung sind semantische Restriktionen, die sich im allgemeinen nicht syntaktisch aus der Datentyp-Spezifikation folgern lassen!

Definition 4.11 (Induzierte Operationen und Prädikate)

Seien die Sortenausdrücke wie in Definition 4.6 definiert und eine Datentyp-Signatur DT gegeben. Die **Syntax der durch Sortenausdrücke induzierten Operationen und Prädikate** ist durch die Mengen $OPNS(S)$ und $PRED(S) \in |FISET|$ sowie die Hilfsfunktionen

$$source \quad : OPNS(S) \to EXPR(S),$$
$$destination : OPNS(S) \to EXPR(S)^+ \text{ und}$$
$$arguments \ : PRED(S) \to EXPR(S)^+$$

in Tabelle 1 gegeben, wobei s, $s_1,...,s_n \in EXPR(S)$ beliebige Sortenausdrücke über S, $d \in SORT_{DT}$, $\hat{\omega} \in OPNS^{KA}$ und $\omega \in OPNS^{BIN}$ binäre Operationen seien.

Durch die Interpretation I_S von S werden **Interpretationen der durch Sortenausdrücke induzierten Operationen und Prädikate**

$$(I_S)_{OPNS(S)} : OPNS(S) \rightarrow |\text{FUN}| \text{ und } (I_S)_{PRED(S)} : PRED(S) \rightarrow |\text{REL}|$$

festgelegt, wobei die Signaturen der interpretierenden Funktionen $(I_S)_{OPNS(S)}(f)$ und Prädikate $(I_S)_{PRED(S)}(p)$ definiert werden als:

Ist f: $s_1 \rightarrow s \in OPNS(S)$ oder f: $s_1,s_2 \rightarrow s \in OPNS(S)$ eine induzierte Operation, so ist $(I_S)(f) : (I_S)(s_1) \rightarrow (I_S)(s)$ bzw. $(I_S)(f): (I_S)(s_1) \times (I_S)(s_2) \rightarrow (I_S)(s)$.

Ist p : $s_1,s_2 \in PRED(S)$ ein induziertes Prädikat, so ist $(I_S)(p)$ eine Relation $(I_S)(p) \subseteq (I_S)(s_1) \times (I_S)(s_2)$.

Die Interpretationen (I_S) der Operationen und Prädikate werden definiert als:

$(I_S)(\text{Cnt}_{\text{set}(s)}) : \{k_1,...,k_n\} \mapsto n$

$(I_S)(\text{Apl}_{\text{set}(d),\hat{\omega}}) : \{k_1,...,k_n\} \mapsto$

$$\begin{cases} \perp_d & \text{wenn } n = 0 \\ k_1 & \text{wenn } n = 1 \\ \mu[DT](\hat{\omega})(k_1, (I_S)(\text{Apl}_{\text{set}(d),\hat{\omega}})(\{k_2,...,k_n\}))) & \text{wenn } n \geq 2 \end{cases}$$

$(I_S)(\in_{\text{set}(s)}) := \{ (\{k_1,...,k_n\}, k) \mid \{k_1,...,k_n\} \in (I_S)(\text{set}(s)), k \in \{k_1,...,k_n\} \}$

....

$(I_S)(\text{Cnt}_{\text{bag}(s)}) : \{\!\{k_1,...,k_n\}\!\} \mapsto n$

$(I_S)(\text{BtS}_{\text{bag}(s)}) :$

$$(\{\!\{k_1,...,k_n\}\!\}, k) \mapsto \begin{cases} \{\} & \text{wenn } n = 0 \\ \{k_1\} \cup (I_S)(\text{BtS}_{\text{bag}(s)})(\{\!\{k_2,...,k_n\}\!\}) & \text{wenn } n > 0 \end{cases}$$

$(I_S)(\text{Occ}_{\text{bag}(s)}) : (\{\!\{k_1,...,k_n\}\!\}, k) \mapsto$

$$\begin{cases} 0 & \text{wenn } n = 0 \\ (I_S)(\text{Occ}_{\text{bag}(s)})(\{\!\{k_2,...,k_n\}\!\}, k) & \text{wenn } n \geq 1 \text{ und } k \neq k_1 \\ (I_S)(\text{Occ}_{\text{bag}(s)})(\{\!\{k_2,...,k_n\}\!\}, k) + 1 & \text{wenn } n \geq 1 \text{ und } k = k_1 \end{cases}$$

$(I_S)(\text{Apl}_{\text{bag}(d),\hat{\omega}}) : \{\!\{k_1,...,k_n\}\!\} \mapsto$

$$\begin{cases} \perp_d & \text{wenn } n = 0 \\ k_1 & \text{wenn } n = 1 \\ \mu[DT](\hat{\omega})(k_1, (I_S)(\text{Apl}_{\text{bag}(d),\hat{\omega}})(\{\!\{k_2,...,k_n\}\!\})) & \text{wenn } n \geq 2 \end{cases}$$

$(I_S)(\in_{\text{bag}(s)}) := \{ (\{\!\{k_1,...,k_n\}\!\}, k) \mid \{\!\{k_1,...,k_n\}\!\} \in (I_S)(\text{bag}(s)), k \in \{\!\{k_1,...,k_n\}\!\} \}$

....

$$(I_S)(\mathsf{Cnt}_{\mathsf{list(s)}}) : <k_1,...,k_n> \mapsto n$$

$$(I_S)(\mathsf{LtB}_{\mathsf{list(s)}}) : <k_1,...,k_n> \mapsto \{\!\{k_1,...,k_n\}\!\}$$

$$(I_S)(\mathsf{LtS}_{\mathsf{list(s)}}) : (<k_1,...,k_n>,k) \mapsto$$

$$\begin{cases} \{\} & \text{wenn } n = 0 \\ \{k_1\} \cup (I_S)(\mathsf{LtS}_{\mathsf{list(s)}})(<k_2,...,k_n>) & \text{wenn } n > 0 \end{cases}$$

$$(I_S)(\mathsf{Sel}_{\mathsf{list(s)}}) : (<k_1,...,k_n>,k) \mapsto \begin{cases} k_i & \text{wenn } 1 \leq i \leq n \\ \bot_s & \text{sonst} \end{cases}$$

$$(I_S)(\mathsf{Pos}_{\mathsf{list(s)}}) : (<k_1,...,k_n>,k) \mapsto$$

$$\begin{cases} \{\} & \text{wenn } n = 0 \\ (I_S)(\mathsf{Pos}_{\mathsf{list(s)}})(<k_2,...,k_n>,k) & \text{wenn } n \geq 1 \text{ und } k \neq k_1 \\ (I_S)(\mathsf{Pos}_{\mathsf{list(s)}})(<k_2,...,k_n>,k) \cup \{1\} & \text{wenn } n \geq 1 \text{ und } k = k_1 \end{cases}$$

$$(I_S)(\mathsf{Ind}_{\mathsf{list(s)}}) : <k_1,...,k_n> \mapsto \{1,...,n\}$$

$$(I_S)(\mathsf{Apl}_{\mathsf{list(d)},\omega}) : <k_1,...,k_n> \mapsto$$

$$\begin{cases} \bot_d & \text{wenn } n = 0 \\ k_1 & \text{wenn } n = 1 \\ \mu[DT](\omega)(k_1,(I_S)(\mathsf{Apl}_{\mathsf{list(d)},\omega})(<k_2,...,k_n>)) & \text{wenn } n \geq 2 \end{cases}$$

$$(I_S)(\in_{\mathsf{list(s)}}) := \{\, (<k_1,...,k_n>,k) \mid <k_1,...,k_n> \in (I_S)(\mathsf{list(s)}), k \in <k_1,...,k_n> \,\}$$

··

$$(I_S)(\mathsf{Prj}_{\mathsf{prod(s_1,...,s_n)},i}) : (k_1,...,k_n) \mapsto k_i \qquad\qquad\qquad \square$$

Bei der Definition von $\mathsf{Apl}_{set(d),\hat{\omega}}$ ist zu beachten, daß die Argumentmenge $\{k_1,...,k_n\}$ in der Reihenfolge $k_1,...,k_n$ bearbeitet wird. Diese Abfolge ist natürlich willkürlich gewählt, da eine Menge ungeordnet ist. Aufgrund der Forderung nach Kommutativität und Assoziativität der Operationen $\hat{\omega} \in OPNS^{KA}$ ist die Auswertung unabhängig von der Reihenfolge der Elemente innerhalb der Menge. Analoges gilt für $\mathsf{Apl}_{bag(d),\hat{\omega}}$. Bei Listen tritt dieses Problem nicht auf, weil die Liste eine explizite Reihenfolge vorgibt. Somit sind für $\mathsf{Apl}_{\mathsf{list(d)},\omega}$ alle binären Operationen $\omega \in OPNS^{BIN}$ zugelassen.

Offensichtlich ist die Menge der induzierten Operationen und Prädikate nicht minimal. So läßt sich zum Beispiel LtS durch eine Hintereinanderausführung von LtB und BtS ausdrücken. Die "ist-Element-von"-Prädikate $\in_{\mathsf{list(s)}}$ und $\in_{\mathsf{bag(s)}}$ können mittels der Konvertierungen LtS bzw. BtS auf $\in_{\mathsf{set(s)}}$ zurückgeführt werden. Bezüglich des in Kapitel 6 definierten EER-Kalküls ergeben sich noch weitere Redundanzen. So läßt sich beispielsweise Ind mit Hilfe des Kalküls durch Pos simulieren.

Bemerkung 4.12 (Sortierung)

Bisher gibt es Konvertierungsoperationen, mit denen die Sortenausdrücke $\mathsf{list(s)}$ in $\mathsf{bag(s)}$ und $\mathsf{list(s)}$ bzw. $\mathsf{bag(s)}$ in $\mathsf{set(s)}$ überführt werden können:

- **LtB** ignoriert die Listeneigenschaft und macht aus einer Liste eine Multimenge,

- **LtS** und **BtS** erzeugen aus einer Liste bzw. Multimenge eine Menge, d.h. sie eliminieren Duplikate.

Im Prinzip ließen sich weitere Konvertierungsoperationen definieren, die ein beliebiges Überführen der Sortenausdrücke ineinander erlauben würden:

- **StB** wäre dann eine primitive Operation, die eine Menge als Spezialfall einer Multimenge auffaßt, also aus $\{k_1,...,k_n\}$ eine Multimenge $\{\!\{k_1,...,k_n\}\!\}$ macht.

- Andererseits wären **StL** und **BtL** Sortieroperationen, die gemäß einem Ordnungskriterium eine Menge bzw. Multimenge (ähnlich [Güt88]) in eine sortierte Liste umwandeln, z.B.:

$$\mathsf{StL}_{\mathsf{set}(s),(\pi_1,p_1),...,(\pi_m,p_m)} : \mathsf{set}(\mathsf{prod}(s_1,...,s_m)) \to \mathsf{list}(\mathsf{prod}(s_1,...,s_m))$$

mit einer Permutation $p_1,...,p_m$ von $1..m$ ($m\geq 1$) und Ordnungsprädikaten π_i: $s_i,s_i \in PRED^{ORD}$ für alle $i=1,...,m$. Die formale Definition lautet dann:

$$(I_S)(\mathsf{StL}_{\mathsf{set}(s),(\pi_1,p_1),...,(\pi_m,p_m)}) : \{k_1,...,k_n\} \mapsto$$
$$\begin{cases} f_{(\pi_1,p_1)}((I_S)(\mathsf{StL}_{\mathsf{set}(s),(\pi_2,p_2),...,(\pi_m,p_m)}(\{k_1,...,k_n\}))) & \text{wenn } m > 1 \\ f_{(\pi_1,p_1)}(<k_1,...,k_n>) & \text{wenn } m = 1 \end{cases}$$

Die Hilfsfunktion $f_{(\pi,p)} : \mathsf{list}(\mathsf{prod}(s_1,...,s_m)) \to \mathsf{list}(\mathsf{prod}(s_1,...,s_m))$, welche die eigentliche Sortierung bewirkt, ist dabei definiert als:

$$f_{(\pi,p)} : <k_1,...,k_n> \mapsto \begin{cases} <> & \text{wenn } n=0 \\ <k_1> & \text{wenn } n=1 \\ <k_j> \| \ f_{(\pi,p)}(<k_1,...,k_{j-1},k_{j+1},...,k_n>) & \text{wenn } n>1 \end{cases}$$

wobei $k_j := g_{(\pi,p)} (<k_1,...,k_n>)$ das bzgl. der Ordnung π kleinste Element ist:

$$g_{(\pi,p)} : <k_1,...,k_n> \mapsto \begin{cases} <k_1> & \text{wenn } n=1 \\ g_{(\pi,p)}(<k_1,k_3,...,k_n>) & \text{wenn } n>1 \text{ und} \\ & (k_1.p,k_2.p) \in \mu[DT]_{PRED}(\pi) \\ g_{(\pi,p)}(<k_2,k_3,...,k_n>) & \text{sonst} \end{cases}$$

Die Hilfsfunktion $f_{(\pi,p)}$ wird auf eine Liste $<k_1,...,k_n>$ angewendet, die nichtdeterministisch aus der Menge $\{k_1,...,k_n\}$ erzeugt wird. Es läßt sich jedoch zeigen, daß das Ergebnis der Operation **StL** unabhängig vom Nichtdeterminismus und somit wohldefiniert ist, sofern die Prädikate π_i totale Ordnungen sind. Eine weitere Grundvoraussetzung für ein eindeutiges Ergebnis unabhängig von der Listenreihenfolge ist, daß über alle Komponenten $1..m$ (in beliebiger Permutation) sortiert wird. Für praktische Zwecke ist diese Annahme nicht sehr sinnvoll, aus Gründen des Determinismus aber notwendig. □

Im Prinzip ließen sich in gleicher Weise noch weitere induzierte Operationen und Prädikate formal definieren. Insbesondere kann daran gedacht werden, Konzepte der funktionalen Programmiersprachen mit einfließen zu lassen. So könnten

- Filteroperationen ('restriction' in [BuN84], 'filter' in [Bir87]), die aus einer Menge der Sorte **set(s)** die Elemente eliminieren, welche ein Prädikat π: **s** erfüllen,

- Operationen ω : **s** $\to$ **s'** zu Operationen **set(s)** $\to$ **set(s')** erweitern ('map' in [BuN84], 'extension' in [Bir87]), indem ω auf jedes Element der Menge angewendet wird, oder

- die Konkatenation von Listen oder Vereinigung von Mengen

formal definiert werden. Die hier aufgestellte Liste soll jedoch in dieser Form unserem Zweck genügen. Wichtig sind in erster Linie die multimengen- und listenspezifischen Operationen, wie z.B. **Occ** bzw. **Sel**, **Pos** und **Ind**. Von besonderem Interesse ist die Operation **Apl** [7], die eine formale Definition der Semantik der aus Anfragesprachen bekannten *aggregierenden Operationen* **Min**, **Max**, **Sum** und **Avg** erlaubt:

Definition 4.13 (Aggregierende Operationen)

Sei **d** ein Datentyp aus $SORT_{DT}$ mit den Operationen $+$: **d,d** $\to$ **d** ϵ $OPNS^{KA}$ und
$/$: **d,d** $\to$ **real** ϵ $OPNS$ sowie einem Prädikat $\leq$: **d,d** ϵ $PRED^{ORD}$.

Die Hilfsoperationen *max* und *min* seien definiert durch

$$min(\mathrm{x},\mathrm{y}) := \begin{cases} \mathrm{x} & \text{wenn } (\mathrm{x},\mathrm{y}) \ \epsilon \ \mu[DT](\leq) \\ \mathrm{y} & \text{sonst} \end{cases}$$

$$max(\mathrm{x},\mathrm{y}) := \begin{cases} \mathrm{y} & \text{wenn } (\mathrm{x},\mathrm{y}) \ \epsilon \ \mu[DT](\leq) \\ \mathrm{x} & \text{sonst} \end{cases}$$

Die **aggregierenden Operationen** Sum, Max, Min **und** Avg werden wie folgt definiert:

$$\mathsf{Sum}_{set(d)} := \mathsf{Apl}_{+,set(d)}, \quad \text{entsprechend für } \mathsf{Sum}_{bag(d)} \text{ und } \mathsf{Sum}_{list(d)}.$$
$$\mathsf{Min}_{set(d)} := \mathsf{Apl}_{min,set(d)}, \quad \text{entsprechend für } \mathsf{Min}_{bag(d)} \text{ und } \mathsf{Min}_{list(d)}.$$
$$\mathsf{Max}_{set(d)} := \mathsf{Apl}_{max,set(d)}, ^{[8]} \text{ entsprechend für } \mathsf{Max}_{bag(d)} \text{ und } \mathsf{Max}_{list(d)}.$$

$\mathsf{Avg}_{set(d)}$ ist dann eine Operation $\mathsf{Avg}_{set(d)}$: **set(d)** $\to$ **real** , wobei

$\mathsf{Avg}_{set(d)}(\mathrm{x})$ als syntaktische Abkürzung für $\mathsf{Sum}_{set(d)}(\mathrm{x}) / \mathsf{Cnt}_{set(d)}(\mathrm{x})$
       steht, und entsprechend für $\mathsf{Avg}_{bag(d)}$ und $\mathsf{Avg}_{list(d)}$. $\square$

Auch hier kann in Erwägung gezogen werden, weitere Nicht-Standard-Aggregierungsoperationen für benutzerdefinierte Datentypen zu definieren. So ließe sich der Schwerpunkt einer Menge von Punkten unter Ausnutzung von **Avg** formal als

CoG : **set(point)** $\to$ **point**   ('centre of gravity')   mit
CoG : $\{p_1,...,p_n\} \mapsto (\ \mathsf{Avg}\{\mathrm{x}(p_1),...,\mathrm{x}(p_n)\} \ , \ \mathsf{Avg}\{\mathrm{y}(p_1),...,\mathrm{y}(p_n)\} \ )$

---

[7]**Apl** steht für 'Apply': Ein Operation wird sukzessive auf eine Menge, Multimenge oder Liste *angewendet*.

[8]**Apl** ist jeweils anwendbar, da *min, max* ϵ $OPNS^{KA}$!

festlegen. Es sei an dieser Stelle nochmals erwähnt, daß es nur unser Ziel ist, die standardmäßigen aggregierenden Operationen formal zu definieren, so daß diese nicht – wie in Anfragesprachen sonst üblich – "vom Himmel fallen".

4.3 EER-Signaturen

Analog zu einer Datentyp-Signatur DT werden die Grundkonzepte des EER-Modells in einer EER-Signatur $EER(DT)$ formalisiert. Die formale Definition der EER-Signatur $EER(DT)$ ist mit der Semantik der Datentyp-Signatur verträglich. Diese Eigenschaft ist erforderlich, weil die EER-Signatur infolge der Verwendung der spezifizierten Datentypen als Attributwertebereiche direkt auf ihr aufsetzt. Gleichermaßen werden Sortenausdrücke zur Behandlung von mehrwertigen Attributen mit einbezogen.

Eine EER-Signatur $EER(DT)$ zu gegebener Datentyp-Signatur DT besteht aus mehreren endlichen Mengen, die den Grundkonzepten des EER-Modells direkt entsprechen. Die Menge $E\text{-}TYPE$ enthält die Namen aller spezifizierten Entitytypen, und entsprechend enthalten die Mengen $R\text{-}TYPE$, $ROLE$, $ATTR$, $COMP$ und $CON\text{-}STRUCTION$ die Namen der Relationshiptypen, der Rollen, Attribute, Komponenten und Typkonstruktionen. Hilfsfunktionen spiegeln den Zusammenhang der Konzepte wider: *participants* liefert zu jedem Relationshiptyp die teilnehmenden Entitytypen, *relship* und *entity* ordnen jedem Rollennamen den zugehörigen Relationshiptyp bzw. den teilnehmenden Entitytyp zu, *type* und *domain* legen den (Entity- oder Relationship-) Typ bzw. den Wertebereich eines Attributs oder einer Komponente fest, und *input* bzw. *output* bestimmen die Eingangs- oder Ausgangstypen einer Typkonstruktion.

Definition 4.14 (Syntax einer EER-Signatur)

Sei eine Datentyp-Signatur $DT = (SORT_{DT}, SORT_{DT}, PRED_{DT})$ gegeben. Die **Syntax einer EER-Signatur $EER(DT)$ über DT** besteht aus

- den endlichen Mengen $E\text{-}TYPE$, $R\text{-}TYPE$, $ROLE$, $ATTR$, $COMP$, $CONSTRUCTION$ ϵ |FISET| und

- den Hilfsfunktionen *participants*, *relship*, *entity*, *type*, *domain*, *input*, *output* ϵ |FUN|, so daß
  $participants : R\text{-}TYPE \rightarrow E\text{-}TYPE^+,$
  $relship : ROLE \rightarrow R\text{-}TYPE,$
  $entity : ROLE \rightarrow E\text{-}TYPE,$
  $type : ATTR \rightarrow E\text{-}TYPE \cup R\text{-}TYPE,$
  $\qquad\quad COMP \rightarrow E\text{-}TYPE,$
  $domain : ATTR \rightarrow \{\ d' \mid d' \equiv d\ \text{oder}\ d' \equiv \mathbf{set/bag/list}(d),\ d\ \epsilon\ SORT_{DT}\ \},$
  $\qquad\qquad COMP \rightarrow \{\ e' \mid e' \equiv e\ \text{oder}\ e' \equiv \mathbf{set/bag/list}(e),\ e\ \epsilon\ E\text{-}TYPE\ \},$
  $input, output : CONSTRUCTION \rightarrow (\mathcal{F}(E\text{-}TYPE)\text{–}\emptyset).$

Für jeden Relationshiptyp $r \in$ *R-TYPE* mit *participants*(r) = $<e_1,...,e_m>$ müssen genau m Rollennamen $n_i \in$ *ROLE* $(i=1,...,m)$ mit *relship*(n_i) = r und *entity*(n_i) = e_i existieren. Dann wird $r(n_1:e_1,...,n_m:e_m) \in$ *R-TYPE* und n_i: $r \to e_i \in$ *ROLE* (für $i=1,...,m$) notiert. Für $a \in$ *ATTR* mit *type*(a) = s, $s \in$ *E-TYPE* $\cup$ *R-TYPE*, und *domain*(a) = d' wird a: $s \to d'$ notiert, und entsprechend c: $e \to e'$ für $c \in$ *COMP* mit *type*(c) = e und *domain*(c) = e'.

Für Typkonstruktionen t, t_1, $t_2 \in$ *CONSTRUCTION* müssen die folgenden Bedingungen erfüllt sein:

(i) *output*$(t_1) \cap$ *output*(t_2) = $\emptyset$ für $t_1 \neq t_2$.

(ii) Sei *connection* := { (i,o) | $t \in$ *CONSTRUCTION*, $i \in$ *input*(t) und $o \in$ *output*(t) } eine Relation und bezeichne *connection*$^+$ die transitive Hülle dieser Relation, so darf $(e,e) \in$ *connection*$^+$ für keinen Entitytyp $e \in$ *E-TYPE* erfüllt sein. $\Box$

Die Grundkonzepte des EER-Modells sind in der Syntax der EER-Signatur festgelegt. Dabei entsprechen die beiden Einschränkungen (i) und (ii) zur Menge *CONSTRUCTION* (Typkonstruktionen) den syntaktischen Restriktionen (SYN$_1$) (eindeutige Konstruktion eines Entitytyps) und (SYN$_2$) (Zyklenfreiheit der Typkonstruktionen) aus Abschnitt 3.2.

Betrachtet man das EER-Diagramm aus Abbildung 1, so läßt sich das Beispiel syntaktisch wie folgt als EER-Signatur notieren, wobei die Standarddatentypen **bool, int, real** und **string** aus Beispiel 4.2 wie auch die Nicht-Standard-Datentypen der Beispiele 4.5 und 4.9 als zugrundeliegende Datentyp-Signatur verwendet werden.

Beispiel 4.15 (EER-Signatur zur "Stadt-Land-Fluß"-Modellierung)

E-TYPE = { STADT, LAND, FLUSS, SEE, MEER, GEWÄSSER, HAFENSTADT,
                         PERSON }
R-TYPE = { mündet-in (Fluß': FLUSS, Mündung: GEWÄSSER),
                         fließt-durch (Fluß: FLUSS, Land: LAND),
                         liegt-in (Stadt: STADT, Land': LAND)
                         liegt-an (HStadt: HAFENSTADT, Gewässer: GEWÄSSER) }
ROLE = { Stadt (von STADT), Land, Land' (von LAND), Fluß, Fluß' (von FLUSS),
                   Gewässer, Mündung (von GEWÄSSER), HStadt (von HAFENSTADT) }
ATTR = { StName, StEinw, StGeo (von STADT),
                     LName, LEinw, Regform, Regionen (von LAND),
                     FName, FGeo (von FLUSS), SName, SGeo (von SEE),
                     MName, MGeo (von MEER), Belastung, Schiffbar (von GEWÄSSER),
                     PName, Alter, Adr (von PERSON), Länge (von fließt-durch) }
COMP = { Minister, Präsident, Hauptstadt (von LAND) }
CONSTRUCTION = { sind (SEE,MEER,FLUSS ; GEWÄSSER),
                                ist   (STADT ; HAFENSTADT) } $\Box$

Neben der Syntax einer EER-Signatur werden auch wieder die Begriffe Interpretation und Semantik formalisiert. Eine EER-Signatur wird interpretiert, indem jeder syntaktischen Menge (d.h. jedem Grundkonzept) eine Funktion zugeordnet wird, die jedem ihrer Elemente eine Bedeutung gibt. Die Mengen *E-TYPE* und *R-TYPE* sind gewissermaßen die Sorten. Sie werden jeweils durch eine Menge von aktuellen Exemplaren interpretiert. Um zu verhindern, daß ein Entitytyp **e** durch eine Menge von Mengen interpretiert wird – was zum einen nicht der Intuition entspricht, und zum anderen zu prädikatenlogischen Problemen führt –, wird ein abzählbar unendliches Universum U_{E-TYPE} der möglichen Exemplare aller Entitytypen vorgegeben. $U_{E-TYPE}(\mathbf{e})$ ist dann das Universum der möglichen Exemplare zum Entitytyp $\mathbf{e} \in$ *E-TYPE*. Die Interpretation eines Relationshiptyps **r** mit den teilnehmenden Entitytypen $\mathbf{e_1},...,\mathbf{e_m}$ ist dann auf natürliche Weise auf das Universum $U_{E-TYPE}(\mathbf{e_1}) \times ... \times U_{E-TYPE}(\mathbf{e_m})$ eingeschränkt.

Wir verwenden das folgende Universum U_{E-TYPE} der Entitytypen:

Definition 4.16 (Konstruktion des Universums U)

Das **Universum** U_{E-TYPE} der Entitytypen wird definiert als:

$$U_{E-TYPE}(\mathbf{e}) := \{ (\mathbf{e},i) \mid i \in \mathbb{N} \} \cup \{\perp_\mathbf{e}\} \text{ für jedes } \mathbf{e} \in \textit{E-TYPE}.$$

Für ein "abstraktes" Exemplar (**e**,i) des Universums $U_{E-TYPE}(\mathbf{e})$ wird im folgenden $\underline{\mathbf{e}}_\mathbf{i}$ notiert. $\qquad\qquad\square$

Diese Wahl des Universums ist recht einfach. Sie reicht aber aus, um sicherzustellen, daß die Klasse aller Interpretationen ($|EER(DT)|$ in Definition 4.17) eine *Menge* ist. Insofern können wir in dort von der Menge aller Interpretationen reden.

Im Prinzip ließe sich auch das kartesische Produkt der Wertebereiche der Schlüsselattribute eines Entitytyps als Universum verwenden, wie es in [EDG86] vorgeschlagen wird. Ein derartiges Universum läßt sich allerdings nur konstruieren, wenn die Schlüsselattribute elementar, also nicht mehrwertig, sind und zu Schlüsselkomponenten gewisse Einschränkungen gemacht werden. Weitere Probleme bereitet dann das Universum der konstruierten Entitytypen. Konstruierte Entitytypen haben bekanntlich keine Schlüssel, die zur Definition des Universums herangezogen werden können.

Um einerseits bezüglich der Spezifikation der Schlüssel keinen Einschränkungen zu unterliegen, und andererseits die Definition des Universums nur an die Grundkonzepte des EER-Modells zu binden, wird hier jedoch auf eine solche Konstruktion verzichtet.

Definition 4.17 (Semantik einer EER-Signatur)

Eine **Interpretation einer EER-Signatur** *EER(DT)* über *DT* bzgl. eines Universums U_{E-TYPE} von *E-TYPE* ist ein Tupel

$$I = (I_{E-TYPE}, I_{R-TYPE}, I_{ATTR}, I_{COMP}, I_{ROLE}, I_{CONSTRUCTION}) \text{ mit:}$$

- einer Funktion $I_{E\text{-}TYPE} : E\text{-}TYPE \to |FISET|$, so daß
  $I_{E\text{-}TYPE}(e) \subseteq U_{E\text{-}TYPE}(e)$ und $\perp_e \in I_{E\text{-}TYPE}(e)$ für jedes $e \in E\text{-}TYPE$,

- einer Funktion $I_{R\text{-}TYPE} : R\text{-}TYPE \to |FISET|$, so daß
  $I_{R\text{-}TYPE}(r) \subseteq \left((I_{E\text{-}TYPE}(e_1)\text{-}\{\perp_{e_1}\}) \times \dots \times (I_{E\text{-}TYPE}(e_m)\text{-}\{\perp_{e_m}\})\right) \cup \{\perp_r\}$
  für jedes $r(n_1{:}e_1,\dots,n_m{:}e_m) \in R\text{-}TYPE$,

- einer Funktion $I_{ROLE} : ROLE \to |FUN|$, so daß jedes $n_i{:}\ r \to e_i \in ROLE$
  eine Funktion $I_{ROLE}(n_i) : I_{R\text{-}TYPE}(r) \to I_{E\text{-}TYPE}(e_i)$ impliziert mit
  $I_{ROLE}(n_i)(\underline{r})=\underline{e_i}$ für jedes $\underline{r} \in I_{R\text{-}TYPE}(r)$ mit $\underline{r}=(\underline{e_1},\dots,\underline{e_m}) \neq \perp_r$ bzw.
  $I_{ROLE}(n_i)(\underline{r})=\perp_{e_i}$ für $\underline{r} = \perp_r$,

- einer Funktion $I_{ATTR} : ATTR \to |FUN|$, so daß jedes $a{:}\ e \to d'$,
  $a{:}\ r \to d' \in ATTR$ mit $d' \in \{\ d,\ set(d),\ bag(d),\ list(d)\ |\ d \in SORT\ \}$ eine Funktion
  $I_{ATTR}(a) : I_{E\text{-}TYPE}(e) \to (\mu[DT]_{SORT})_{EXPR(SORT)}(d')$ bzw. eine Funktion
  $I_{ATTR}(a) : I_{R\text{-}TYPE}(r) \to (\mu[DT]_{SORT})_{EXPR(SORT)}(d')$ impliziert,

- einer Funktion $I_{COMP} : COMP \to |FUN|$, so daß jedes $c{:}\ e \to e' \in COMP$
  mit $e' \in \{\ e'',\ set(e''),\ bag(e''),\ list(e'')\ |\ e'' \in E\text{-}TYPE\ \}$ eine Funktion
  $I_{COMP}(c) : I_{E\text{-}TYPE}(e) \to (I_{E\text{-}TYPE})_{EXPR(E\text{-}TYPE)}(e')$ impliziert, und

- einer Funktion $I_{CONSTRUCTION} : CONSTRUCTION \to |FUN|$, so daß jedes
  $t(i_1,\dots,i_n\ ;\ o_1,\dots,o_m) \in CONSTRUCTION$ folgende injektive Funktion impliziert:
  $$I_{CONSTRUCTION}(t) : \bigcup_{j=1}^{m} \left(I_{E\text{-}TYPE}(o_j)\text{-}\{\perp_{o_j}\}\right) \to \bigcup_{k=1}^{n} \left(I_{E\text{-}TYPE}(i_k)\text{-}\{\perp_{i_k}\}\right).$$

Die Funktionen $I_{ATTR}(a)$ und $I_{COMP}(c)$ müssen den "undefiniert"-Wert erhalten, d.h. es ist $I_{ATTR}(a)(\perp)=\perp$ für jedes $a \in ATTR$ und $I_{COMP}(c)(\perp)=\perp$ für jedes $c \in COMP$:

Mit $|\boldsymbol{EER(DT)}|$ werde die **Menge aller Interpretationen** des EER-Schemas $EER(DT)$ bezeichnet.

Die Semantik $\mu[\boldsymbol{EER(DT)}]$ **einer EER-Signatur** $\boldsymbol{EER(DT)}$ **über** $\boldsymbol{DT}$ ist die Menge aller Interpretationen aus $|EER(DT)|$:

$$\mu[EER(DT)] := \{\ I\ |\ I \in |EER(DT)|\ \}. \qquad \square$$

Im Gegensatz zur Semantik einer Datentyp-Signatur besteht die Semantik einer EER-Signatur nicht aus *einer* festgelegten Interpretation aus $|EER(DT)|$, sondern aus der *Menge* aller möglichen Interpretationen (bzgl. des festen Universums U). $\mu[EER(DT)]$ spezifiziert alle möglichen Zustände I (d.h. Datenbankinhalte) zu einem EER-Schema. Jede dieser Interpretationen $I \in |EER(DT)|$ interpretiert die syntaktischen Namen einer EER-Signatur $EER(DT)$.

$I_{E\text{-}TYPE}(e)$ ist die Menge der im Zustand (Interpretation) I aktuellen Entities (Exemplare) des Entitytyps e, d.h. zum Beispiel $I_{E\text{-}TYPE}(\mathsf{STADT}) = \{\ \underline{st}_1,\dots,\underline{st}_q,\perp\ \}$ (mit der Notation aus Definition 4.16).

$I_{ATTR}(\mathsf{a})$ ist eine Funktion, welche die konkreten Attributwerte des Attributs **a** liefert. Das elementare Attribut **StName** macht das "anonyme" Entity $\underline{\mathsf{st}}_1$ gewissermaßen bekannt, indem es $\underline{\mathsf{st}}_1$ den Namen 'Paris' zuordnet: $I_{ATTR}(\mathsf{StName})(\underline{\mathsf{st}}_1)=$'Paris'. $\underline{\mathsf{st}}_1$ repräsentiert die Stadt Paris, genauer die Stadt mit dem Namen 'Paris'. Analog kann es ein Land $\underline{\mathsf{l}}_1$ geben mit $I_{ATTR}(\mathsf{LName})(\underline{\mathsf{l}}_1)=$'Frankreich'. Ist a: $\mathsf{e} \to \mathsf{set(d)}$ mengenwertig, so liefert $I_{ATTR}(\mathsf{a})$ eine Menge von Werten, d.h. ein Element aus $(\mu[DT]_{SORT})(\mathsf{set(d)})$, und analog für multimengen- und listenwertige Attribute.

Ist c eine Komponente mit c: $\mathsf{e} \to \mathsf{e}'$, so bestimmt $I_{COMP}(\mathsf{c})(\underline{\mathsf{e}})$ ein Entity $\underline{\mathsf{e}}'$ der Interpretation $I_{E-TYPE}(\mathsf{e}')$ des Typs e', zum Beispiel $I_{COMP}(\mathsf{Hauptstadt})(\underline{\mathsf{l}}_1)=\underline{\mathsf{st}}_1$, d.h. *"Paris ist Hauptstadt von Frankreich"*. Im Falle einer mehrwertigen Komponente liefert die Funktion entsprechend eine Menge, Multimenge bzw. Liste von Entities, d.i. ein Element aus $(I_{E-TYPE})(\mathsf{set/bag/list(e')})$.

Zu gegebenem Relationshiptyp $\mathsf{r}(\mathsf{n}_1{:}\mathsf{e}_1,\ldots,\mathsf{n}_m{:}\mathsf{e}_m)$ enthält $I_{R-TYPE}(\mathsf{r})$ die Menge der aktuellen Beziehungen zum Typ r, also

$$I_{R-TYPE}(\mathsf{r}) \subseteq \{\ (\underline{\mathsf{e}}_1,\ldots,\underline{\mathsf{e}}_m)\ |\ \underline{\mathsf{e}}_i \in I_{E-TYPE}(\mathsf{e}_i)\ \text{für } i\epsilon 1..\mathsf{m}\ \} \cup \{\ \bot_r\ \}.$$

Jedes Tupel $(\underline{\mathsf{e}}_1,\ldots,\underline{\mathsf{e}}_m)$ aus dieser Menge repräsentiert eine Beziehung zwischen den Entities $\underline{\mathsf{e}}_1,\ldots,\underline{\mathsf{e}}_m$. $I_{ROLE}(\mathsf{n}_i)$ ist dann die i-te Projektion für i=1,...,m das bzgl. des Rollennamens n_i an der Beziehung teilnehmende Entity $\underline{\mathsf{e}}_i$. Aus Gründen der Orthogonalität fügen wir zu $I_{R-TYPE}(\mathsf{r})$ eine "undefinierte" Beziehung $\bot_r$ hinzu. Natürlich gilt $I_{ROLE}(\mathsf{n}_i)(\bot_r)=\bot_{\mathsf{e}_i}$, so daß $\bot_r$ als "Beziehung" $(\bot_{\mathsf{e}_1},\ldots,\bot_{\mathsf{e}_m})$ aufgefaßt werden kann. Der realen Welt würde beispielsweise $\underline{\mathsf{li}} \in I_{R-TYPE}(\mathsf{liegt\text{-}in})$ mit $I_{ROLE}(\mathsf{Stadt})(\underline{\mathsf{li}})=\underline{\mathsf{st}}_1$ und $I_{ROLE}(\mathsf{Land'})(\underline{\mathsf{li}})=\underline{\mathsf{l}}_1$ entsprechen, d.h. *"die Stadt Paris liegt in Frankreich"*.

Für Typkonstruktionen ist die Definition der Semantik etwas komplizierter. Die semantischen Restriktionen (SEM_1), (SEM_2) und (SEM_3) aus Kapitel 3 werden in der Definition der interpretierenden Funktion $I_{CONSTRUCTION}(\mathsf{t})$ einer Typkonstruktion t formal berücksichtigt:

(SEM_2) und (SEM_3) sind automatisch aufgrund Definition 4.16 erfüllt: Aus der Definition des Universums folgt eine Disjunktheit der Universen verschiedener Entitytypen, woraus sich wiederum ergibt, daß Entitytypen in jedem Zustand disjunkte Exemplarmengen besitzen:

$$I_{E-TYPE}(\mathsf{e}_1) \cap I_{E-TYPE}(\mathsf{e}_2) = \emptyset \ \text{für alle } \mathsf{e}_1, \mathsf{e}_2 \in E\text{-}TYPE \qquad (*)$$

Somit sind insbesondere die Exemplarmengen der Ausgangstypen $\mathsf{o}_1,\ldots,\mathsf{o}_m$ einer Typkonstruktionen t und natürlich auch aller nicht-konstruierten Entitytypen disjunkt.

Die Inklusionsbedingung (SEM_1)

$$(\mathsf{SEM}_1) \qquad \bigcup_{j=1}^{m} I_{E-TYPE}(\mathsf{o}_j) \subseteq \bigcup_{k=1}^{n} I_{E-TYPE}(\mathsf{i}_k)\,,$$

die wegen (*) formal nicht gilt, wird durch die injektive Funktion repräsentiert:

$$I_{CONSTRUCTION}(t): \bigcup_{j=1}^{m} \left(I_{E-TYPE}(o_j) - \{\bot_{o_j}\} \right) \rightarrow \bigcup_{k=1}^{n} \left(I_{E-TYPE}(i_k) - \{\bot_{i_k}\} \right)$$

mit $I_{CONSTRUCTION}(t): \underline{o_j} \mapsto \underline{i_k}$

$I_{CONSTRUCTION}(t)$ identifiziert die Entities aus $I_{E-TYPE}(i_k)$ und $I_{E-TYPE}(o_j)$, die im Sinne der Typkonstruktion "gleich" sein sollen: Das Entity $\underline{o_j}$ aus einem der Ausgangstypen o_j ist "dasselbe" Entity $\underline{i_k}$ im Eingangstyp i_k. Die Funktionseigenschaft von $I_{CONSTRUCTION}(t)$ garantiert, daß jedes Entity $\underline{o_j}$ irgendeines Ausgangstyps nur *ein* Pendant in einem der Eingangstypen i_k besitzt. Die Inklusion (SEM$_1$) bleibt bestehen, da die Funktionen $I_{CONSTRUCTION}(t)$ nicht surjektiv sein müssen.

Faßt man $I_{CONSTRUCTION}(t)$ als die Gleichheit von Entities im Sinne der Typkonstruktion auf, so ist die Bedingung (SEM$_2$) auch weiterhin sichergestellt: $I_{CONSTRUCTION}(t)$ ist gemäß Definition 4.17 injektiv, so daß nicht mehrere Entities $\underline{o_1}, \underline{o_2}$ auf dasselbe Entity $\underline{i}$ verweisen können: Die Ausgangstypen sind disjunkt.

Bezogen auf das "Stadt-Land-Fluß"-Beispiel 4.15 bedeutet das beispielsweise: Ein See $\underline{s}$ und ein Gewässer $\underline{g_1}$ werden mittels $I_{CONSTRUCTION}$ identifiziert, $I_{CONSTRUCTION}(\text{sind})(\underline{g_1})=\underline{s}$, ebenso wie ein Meer $\underline{m}$ und ein Gewässer $\underline{g_2}$. Gilt $I_{ATTR}(\text{SName})(\underline{s})=$'Bodensee' und $I_{ATTR}(\text{MName})(\underline{m})=$'Mittelmeer', so gibt es im Zustand I die Gewässer Bodensee $\underline{m}$ ($=\underline{g_1}$) und Mittelmeer $\underline{s}$ ($=\underline{g_2}$).

Die Semantik der Typkonstruktionen weist eine Besonderheit bzgl. hintereinandergeschalteter Konstruktionen auf, die sich aus Definition 4.17 ergibt, nicht aber aus der intuitiven Semantik (SEM$_1$) ersichtlich ist. Dazu werde das Beispiel aus Abbildung 2 betrachtet:

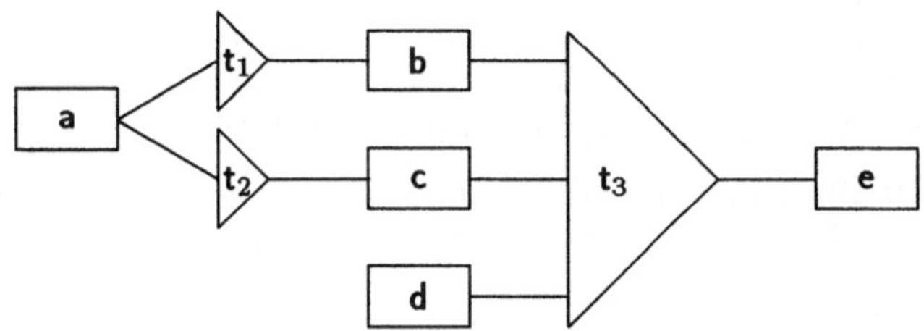

Abbildung 2: *Hintereinandergeschaltete Typkonstruktionen*

Sei $\underline{a}$ ein Entity des Typs a, das durch t_1 sowohl Entity des Typs b wie auch durch t_2 Entity des Typs c ist. Die Typkonstruktion t_3 vereinigt dann die Entities von b, c und d, so daß eines der beiden Vorkommen von a aufgrund der Mengeneigenschaft eliminiert wird und somit $\underline{a}$ genau einmal, entweder über b oder c, als Entity von e auftritt. Die formale Semantik legt jedoch fest:

$$
\begin{aligned}
I_{CONSTRUCTION}(t_1) &: \underline{b} \mapsto \underline{a} \\
I_{CONSTRUCTION}(t_2) &: \underline{c} \mapsto \underline{a}
\end{aligned}
\left.\right\} \quad
\begin{aligned}
&\text{d.h. } \underline{b} \text{ (aus b) und } \underline{c} \text{ (aus c) sind} \\
&\text{"dasselbe" Entity } \underline{a}.
\end{aligned}
$$

$$I_{CONSTRUCTION}(t_3) \quad : \underline{e}_1 \;\mapsto\; \underline{b} \;\Big\} \quad \text{d.h. } \underline{a} \text{ tritt zweimal in } e \text{ als } \underline{e}_1 \; (= \underline{b})$$
$$I_{CONSTRUCTION}(t_3) \quad : \underline{e}_2 \;\mapsto\; \underline{c} \;\Big/ \quad \text{und als } \underline{e}_2 \; (= \underline{c}) \text{ auf.}$$

Mit anderen Worten: Durch die Spezialisierungen t_1 und t_2 wird das Entity $\underline{a}$ in zwei Kontexten gesehen, dem von b und dem von c. Die anschließende Generalisierung t_3 von b, c und d zu e berücksichtigt die beiden Kontexte von $\underline{a}$, so daß $\underline{a}$ (als $\underline{e}_1/\underline{b}$ und $\underline{e}_2/\underline{c}$) zweimal in e erscheint.

Die so formal festgelegte Semantik hat den Vorteil, daß (SEM$_1$) als Spezialfall durch eine einschränkende Integritätsbedingung gefordert werden kann.

Andererseits ist es auch möglich, (SEM$_1$) im hier verwendeten formalen Rahmen festzulegen. Dieser Fall soll allerdings nur als Alternative skizziert werden. Die Grundidee ist, auf die Funktionseigenschaft von $I_{CONSTRUCTION}(t)$ zu verzichten; $I_{CONSTRUCTION}(t)$ wird zu einer "Gleichheits"-*Relation*. Es ist somit der Fall

$$(\underline{b},\underline{a}) \in I_{CONSTRUCTION}(t_1) \,,\; (\underline{c},\underline{a}) \in I_{CONSTRUCTION}(t_2) \quad \text{und}$$
$$(\underline{e},\underline{b}) \in I_{CONSTRUCTION}(t_2) \,,\; (\underline{e},\underline{c}) \in I_{CONSTRUCTION}(t_3)$$

erlaubt, d.h. $\underline{b}$ und $\underline{c}$ werden nun – wie gewünscht – zu genau einem $\underline{e}$ zusammengefaßt. Jedoch ist darauf Acht zu geben, daß Entities nicht "unsinnig" identifiziert werden. Eine solche Konstellation ergibt sich, wenn t_3 auch noch

$$(\underline{e},\underline{d}) \in I_{CONSTRUCTION}(t_3)$$

mit einem Entity $\underline{d}$ vom Typ d erfüllt, da nun $\underline{a} = \underline{b} = \underline{e} = \underline{d}$ gilt, aber $\underline{d}$ und $\underline{a}$ als Entities nicht-konstruierter Typen gemäß (SEM$_3$) nicht "gleich" sein können.

Dieses Problem läßt sich technisch in den Griff bekommen, indem für die Relationen $I_{CONSTRUCTION}(t)$ eine Art *Konfluenz* gefordert wird: Gibt es mehrere durch die Relationen $I_{CONSTRUCTION}(t)$ gegebene Pfade von einem Entity eines Ausgangstyps zurück zu einem nicht-konstruierten Typ, so müssen die Pfade in genau einem Entity enden. Das heißt, $(\underline{e},\underline{b})$, $(\underline{b},\underline{a}_1)$, $(\underline{e},\underline{c})$ und $(\underline{c},\underline{a}_2)$ implizieren $\underline{a}_1 \equiv \underline{a}_2$.

Zum Abschluß der Diskussion der EER-Semantik erwähnen wir noch zwei Dissonanzen zur verbalen Definition des EER-Modells aus Kapitel 3:

Bemerkung 4.18

1. Die Semantik der EER-Signatur entspricht in der hier präsentierten Form in einem weiteren Punkt nicht ganz der informellen Diskussion aus Kapitel 3. So folgt aus der formalen Semantik der EER-Signatur aufgrund des Elements $\perp$ in jedem Datentyp, daß jedes Attribut (und auch jede Komponente) standardmäßig optional ist, während in Abschnitt 3.2 die Optionalität explizit erlaubt werden muß. Das liegt daran, daß die Optionalität keine Restriktion im Sinne der anderen strukturellen Einschränkungen ist. Die formale Definition muß somit die weniger einschränkende Form, d.h. die Optionalität, erlauben. Da andererseits obligatorische Attribute und Komponenten die Regel sein werden, wurde das auf der EER-Modell-Ebene als Standardfall festgelegt. □

2. Ferner verlangt die EER-Signatur, daß die Namen aller Attribute voneinander verschieden sein müssen, auch die unterschiedlicher Entitytypen. Diese Einschränkung ist nur technischer Natur, da *ATTR* eine Menge ist und insofern kein Name mehrfach auftritt. In der Praxis können die Attribute unterschiedlicher Entity- oder Relationshiptypen schon denselben Namen haben; formal ist dann (implizit) der Name des Typs als Namenspräfix hinzuzunehmen. Das gleiche gilt natürlich auch für Komponenten und Rollennamen.

4.4 Datenbank-Signaturen

Nachdem wir die Grundbegriffe des EER-Modells durch den Begriff der EER-Signatur formalisiert und auch die Semantik einer derartigen Signatur formal festgelegt haben, liegt es nahe, für andere semantische Datenmodelle analog zu verfahren. Wir tragen dem Rechnung, indem wir den Begriff der EER-Signatur zu einer Datenbank-Signatur verallgemeinern, so daß eine große Klasse von Datenmodellen in einer Datenbank-Signatur beschreibbar ist. Neben dem EER-Modell ist insbesondere das Relationenmodell formal enthalten.

Vor der Definition der Datenbank-Signatur wird die Summe $I_{S_1} + I_{S_2}$ zweier Interpretationen definiert, die es im wesentlichen ermöglicht, die Vereinigung von Sorten zu interpretieren und somit auch Sortenausdrücke über $SORT_{DT} \cup E\text{-}TYPE$ zu verwenden.

Definition 4.19 (Summe zweier Interpretationen)

Seien S_1, $S_2 \in |\text{FISET}|$ zwei beliebige disjunkte Mengen und I_{S_1}, I_{S_2} ihre Interpretationen mit $I_{S_1} : S_1 \to |\text{SET}|$ und $I_{S_2} : S_2 \to |\text{SET}|$. Dann ist $I_{S_1} + I_{S_2}$ eine Interpretation von $S_1 \cup S_2$, die wie folgt definiert ist:

$$I_{S_1} + I_{S_2} : S_1 \cup S_2 \to |\text{SET}| \text{ mit } I_{S_1} + I_{S_2} : s \mapsto \begin{cases} I_{S_1}(s) & \text{wenn } s \in S_1 \\ I_{S_2}(s) & \text{wenn } s \in S_2 \end{cases}$$

$\square$

Annahme 4.20

Wir nehmen an, daß alle bislang eingeführten und in Definition 4.21 noch einzuführenden syntaktischen Mengen, wie z.B. $SORT_{DT}$, $OPNS_{DT}$, $PRED_{DT}$, $E\text{-}TYPE$, $R\text{-}TYPE$ oder $ATTR$, paarweise disjunkt sind. Ein Attributname kann beispielsweise nicht auch als Name eines Entitytyps verwendet werden. $\square$

Diese rein technische Einschränkung erlaubt formal die Anwendung der Summe '+' auf die Interpretationen $\mu[DT]_{SORT_{DT}}$ und $I_{E\text{-}TYPE}$, da die syntaktischen Mengen $SORT_{DT}$ und $E\text{-}TYPE$ aufgrund ihrer Disjunktheit nun die Voraussetzung von Definition 4.19 erfüllen.

$\mu[DT]_{SORT_{DT}} + I_{E\text{-}TYPE}$ ist somit eine Interpretation von $SORT_{DT} \cup E\text{-}TYPE$, die eine Sorte $s \in SORT_{DT} \cup E\text{-}TYPE$ je nach Zugehörigkeit zu $SORT_{DT}$ oder $E\text{-}TYPE$

durch $\mu[DT]_{SORT_{DT}}(s)$ bzw. $I_{E-TYPE}(s)$ interpretiert. Dadurch lassen sich auch Sortenausdrücke über $SORT_{DT} \cup E\text{-}TYPE$ interpretieren, wie z.B.

$$s \equiv \text{prod}(\text{bag}(e_1),\ \text{prod}(\text{set}(d),\text{list}(e_2)))$$

mit $d \in SORT_{DT}$, $e_1,e_2 \in E\text{-}TYPE$, durch die erweiterte Interpretation

$$\hat{I} := (\mu[DT]_{SORT_{DT}} + I_{E-TYPE})_{EXPR(SORT_{DT} \cup E-TYPE)}$$

Als mögliches Element der Ausprägung des obigen Sortenausdrucks **s** könnte man erhalten:

$$(\{\!\{\underline{e_1},\underline{e_1}\}\!\},\ (\{k_1,k_2,k_3\},\ <\underline{e_2},\underline{e_2}'>)\ )\ \in\ \hat{I}(s)$$

mit $\underline{e_1} \in I_{E-TYPE}(e_1)$, $\underline{e_2}$, $\underline{e_2}' \in I_{E-TYPE}(e_2)$ und $k_1,k_2,k_3 \in \mu[DT]_{SORT_{DT}}(d)$.

Eine Datenbank-Signatur DB führt analog zur Datentyp-Signatur die syntaktischen Mengen der Objektsorten ($SORT_{DB}$), der Objektoperationen ($OPNS_{DB}$) und der Objektprädikate ($PRED_{DB}$) ein. Bezogen auf die EER-Signatur sind Entity- und Relationshiptypen Objektsorten, während $ROLE$, $ATTR$, $COMP$ und (in abgewandelter Form) $CONSTRUCTION$ Objektoperationen sind. Objektprädikate werden im EER-Modell nicht verwendet.

Definition 4.21 (Datenbank-Signatur)

Sei eine Datentyp-Signatur $DT=(SORT_{DT},OPNS_{DT},PRED_{DT})$ gegeben. Die **Syntax einer Datenbank-Signatur $DB(DT) = (SORT_{DB}, OPNS_{DB}, PRED_{DB})$** über DT besteht aus:

1. den endlichen Mengen $SORT_{DB}$, $OPNS_{DB}$, $PRED_{DB} \in |\text{FISET}|$ und

2. den Hilfsfunktionen *source, destination, arguments* $\in |\text{FUN}|$, so daß
$$source \quad : OPNS_{DB} \rightarrow (EXPR(SORT_{DT} \cup SORT_{DB}))^*,$$
$$destination : OPNS_{DB} \rightarrow (EXPR(SORT_{DT} \cup SORT_{DB}))\quad \text{und}$$
$$arguments : PRED_{DT} \rightarrow (EXPR(SORT_{DT} \cup SORT_{DB}))^+ .$$

Für $\omega \in OPNS_{DB}$ mit $source(\omega) = <s_1,...,s_n>$ und $destination(\omega) = s$ wird ω: $s_1,...,s_n \rightarrow s$ notiert. Analog steht π: $s_1,...,s_n$ für $\pi \in PRED_{DB}$ mit $arguments(\pi) = <s_1,...,s_n>$.

Eine **Interpretation einer Datenbank-Signatur $DB(DT)$** über DT bzgl. eines Universums $U_{SORT_{DB}}$ von $SORT_{DB}$ ist ein Tripel $I_{DB} = (I_{SORT}, I_{OPNS}, I_{PRED})$, mit den Funktionen:

- I_{SORT} : $SORT_{DB} \rightarrow |\text{FISET}|$, so daß $I_{SORT}(s) \subseteq U_{SORT_{DB}}(s)$ und $\perp_s \in I_{SORT}(s)$ für jedes $s \in SORT_{DB}$ ist,

- I_{OPNS} : $OPNS_{DB} \rightarrow |\text{FUN}|$, so daß jedes ω: $s_1,...,s_n \rightarrow s \in OPNS_{DB}$ eine Funktion $I_{OPNS}(\omega)$: $\hat{I}(s_1) \times ... \times \hat{I}(s_n) \rightarrow \hat{I}(s)$ impliziert, und

- I_{PRED} : $PRED_{DB} \rightarrow |\text{REL}|$, so daß jedes π: $s_1,...,s_n \in PRED_{DB}$ eine Relation $I_{PRED}(\pi) \subseteq (\hat{I}(s_1) \times ... \times \hat{I}(s_n))$ impliziert, wobei $\hat{I}$ die Interpretation $(\mu[DT]_{SORT_{DT}}+I_{SORT_{DB}})_{EXPR(SORT_{DT}\cup SORT_{DB})}$ ist.

Mit $|DB(DT)|$ werde die **Menge aller Interpretationen** der Datenbank-Signatur $DB(DT)$ bezeichnet.

Die **Semantik einer Datenbank-Signatur $DB(DT)$** ist die Menge aller Interpretationen aus $|DB(DT)|$: $\mu[DB(DT)] := \{\ I \mid I\epsilon\ |DB(DT)|\ \}$ □

Bemerkung 4.22 (Spezialfall EER-Signatur)

Diese Definition ist allgemein genug, um EER-Schemata $EER(DT)$ aufzunehmen. Zu gegebener Datentyp-Signatur DT wird definiert:

$$DB^{EER}(DT) = (SORT_{DB},\ OPNS_{DB},\ PRED_{DB}) \quad \text{mit}$$

$$SORT_{DB} := E\text{-}TYPE \cup R\text{-}TYPE,$$
$$OPNS_{DB} := ROLE \cup ATTR \cup COMP \cup CONVERSION \quad \text{und}$$
$$PRED_{DB} := \emptyset,$$

wobei als *source* jeweils *relship* bzw. *type* und als *destination* jeweils *entity* bzw. *domain* der EER-Signatur verwendet werden. Anstelle von $CONSTRUCTION$ wird dabei die Menge $CONVERSION$ der **Typkonvertierungen** verwendet, die sich aus $CONSTRUCTION$ folgendermaßen ableiten läßt:

$$CONVERSION := \{\ i_{t,o} : o \to i \mid t\ \epsilon\ CONSTRUCTION,$$
$$i\ \epsilon\ input(t),\ o\ \epsilon\ output(t)\ \},$$

so daß $source(i_{t,o}) = o$ und $destination(i_{t,o}) = i$ sind.

Jede Interpretation $I\ \epsilon\ |EER(DT)|$ kann direkt als Interpretation $I\ \epsilon\ |DB^{EER}(DT)|$ übernommen werden, wenn als I_{SORT} die Summe $I_{R\text{-}TYPE} + I_{E\text{-}TYPE}$ und als I_{OPNS} entweder I_{ROLE}, I_{ATTR} oder I_{COMP} verwendet wird, und weiter definiert wird:

$$I_{OPNS}(i_{t,o}) : \underline{o} \mapsto \begin{cases} \underline{i} & \text{wenn} \quad \underline{o} \neq \perp_o,\ \underline{i} = I_{CONSTRUCTION}(t)(\underline{o}) \text{ und} \\ & \qquad\qquad\qquad \underline{i}\ \epsilon\ I_{E\text{-}TYPE}(i) \\ \perp_i & \text{sonst} \end{cases}$$

    □

Die Objektoperation $i_{t,o} : o \to i$ (oder kurz $i : o \to i$, falls t und o aus dem Kontext ersichtlich sind) wandelt ein Entity $\underline{o}$ ($\neq \perp_o$) vom Ausgangstyp o in sein Ebenbild $\underline{i}$ im Eingangstyp i um, sofern es in i existiert; andernfalls wird $\perp_i$ geliefert.

Die Definition von $CONVERSION$ ist aus technischen Gründen notwendig, da eine Typkonstruktion t keine eindeutige Argument- und Zielsorte besitzt: Das Entity $I_{CONSTRUCTION}(t)(\underline{o})$ kann jedes i, $i\ \epsilon\ input(t)$, als Sorte haben. Die eindeutige Festlegung der Argument- und Zielsorte erhält man, indem jede Typkonstruktion t auf mehrere Operationen $i_{t,o} : o \to i$ ($i\ \epsilon\ input(t)$, $o\ \epsilon\ output(t)$) aufgespalten wird.

Eine relationale Datenbank-Signatur $REL(DT) = (REL\text{-}TYPE, ATTR)$ (in erster Normalform) läßt sich analog definieren:

Bemerkung 4.23 (Spezialfall relationale REL-Signatur)

$DB^{REL}(DT) = (SORT_{DB},\ OPNS_{DB},\ PRED_{DB})$ mit

$SORT_{DB} := REL\text{-}TYPE,\quad OPNS_{DB} := ATTR$ und $PRED_{DB} := \emptyset$, wobei

$source : ATTR \to REL\text{-}TYPE$ und $destination : ATTR \to SORT_{DT}$ sind. $\square$

Es ist an der Zeit, den oft benutzten Begriff Zustand zu einer Datenbank-Signatur zu konkretisieren. Ein Datenbankzustand σ besteht aus der festen Interpretation (Semantik) $\mu[DT]$ der Datentyp-Signatur und einer der möglichen Interpretationen I der Datenbank-Signatur.

Definition 4.24 (Datenbankzustand)

Seien eine Datenbank-Signatur $DB(DT) = (SORT_{DB},OPNS_{DB},PRED_{DB})$ über der Datentyp-Signatur $DT = (SORT_{DT},OPNS_{DT},PRED_{DT})$ gegeben. Dann wird definiert:

$SORT := SORT_{DT} \cup SORT_{DB},$
$OPNS := OPNS_{DT} \cup OPNS_{DB} \cup OPNS(SORT)$ und
$PRED := PRED_{DT} \cup PRED_{DB} \cup PRED(SORT).$

Seien $\mu[DT]$ die Semantik der Datentyp-Signatur und $I \in \mu[DB(DT)]$. Ein **Datenbankzustand** σ zur Datenbank-Signatur $DB(DT)$ über DT ist definiert durch ein Tripel $\sigma = (\sigma_{SORT},\sigma_{OPNS},\sigma_{PRED})$ mit

$$\sigma_{SORT} := \mu[DT]_{SORT_{DT}} + I_{SORT_{DB}}$$

$$\sigma_{OPNS} := \begin{cases} \mu[DT]_{OPNS_{DT}}(\omega) & \text{wenn } \omega \in OPNS_{DT} \\ I_{OPNS_{DB}}(\omega) & \text{wenn } \omega \in OPNS_{DB} \\ (\sigma_{SORT})_{OPNS(SORT)}(\omega) & \text{wenn } \omega \in OPNS(SORT) \end{cases}$$

$$\sigma_{PRED} := \begin{cases} \mu[DT]_{PRED_{DT}}(\pi) & \text{wenn } \pi \in PRED_{DT} \\ I_{PRED_{DB}}(\pi) & \text{wenn } \pi \in PRED_{DB} \\ (\sigma_{SORT})_{PRED(SORT)}(\pi) & \text{wenn } \pi \in PRED(SORT) \end{cases}$$

$\square$

Der Zustand σ repräsentiert gewissermaßen den Inhalt der durch eine Datenbank-Signatur festgelegten Datenbank zu einem konkreten Zeitpunkt.

Der explizite Begriff des Datenbankzustands ist ein eminent wichtiger Punkt in dem hier vorgestellten Ansatz. Der Zustandsbegriff erlaubt, daß auf der Semantikdefinition aufbauend auch die Semantik von Anfragesprachen oder Kalkülen bzgl. des EER-Modells festgelegt werden kann.

5 Anfragekalküle

Bevor wir auf den im vorangegangenen Kapitel vorgestellten logikorientierten Semantikansatz einen formalen Anfragekalkül definieren, wollen wir die wichtigsten Kalküle der einschlägigen Literatur vorstellen. Dabei soll es nicht unser Ziel sein, die verschiedenen Kalküle in allen Einzelheiten und in aller Tiefe zu erläutern, vielmehr wollen wir die relevanten Unterschiede in ihrer Struktur und in ihrer Mächtigkeit herausarbeiten. Um die Diskussion nicht ausufern zu lassen, werden die Kalküle nur halbformal definiert. Insbesondere fehlen syntaktische Feinheiten, wie z.B. die Definition "freier" Variablen. Auch auf die Wiedergabe der formalen Semantik soll verzichtet werden. Hierzu sei auf die jeweils zitierte Originalliteratur verwiesen.

In Abschnitt 5.1 geben wir einen groben Überblick über die zu diskutierenden Kalküle. Die weiteren Abschnitte richten sich nach den Datenmodellen, denen die Kalküle zugeordnet sind. So beschäftigt sich Abschnitt 5.2 mit den Kalkülen des Relationenmodells, Abschnitt 5.3 mit denen des NF^2-Modells und Abschnitt 5.4 mit denen des ER-Modells. Insbesondere wird hier ein EER-Kalkül zum in Kapitel 4 definierten EER-Modell als Synthese und Erweiterung dieser Vorschläge diskutiert.

Jeder der Abschnitte enthält eine kurze, einheitliche Formalisierung des zugrundeliegenden Datenmodells, die den Begriffsrahmen festlegt und zur Präsentation des Kalküls ausreicht. Es wird darauf verzichtet, die Datenmodelle in Analogie zum EER-Modell vollständig formal zu definieren. Im Prinzip ist aber der formale Rahmen einer Datenbank-Signatur auch zur Definition dieser Datenmodelle geeignet.

Ebenso wie für die unterschiedlichen Datenmodelle eine einheitliche Notation verwendet wird, stellen wir auch die Syntax der Kalküle (Quantoren, logische Konnektive, usw.) von der Originaldefinition abweichend in weitgehend einheitlicher Form dar, ohne jedoch die Struktur der Kalküle zu verfälschen.

Grundlage aller Kalküle ist eine feste Datentyp-Signatur DT. Zu den Datensorten $SORT_{DT}$ gehören in der Regel die Standarddatentypen **int**, **real** und **string** (in dieser oder anderer Notation). In der Regel verwenden die Kalküle auch die zu den Datentypen gehörenden Datenprädikate π: $d_1,\ldots,d_n$ ($\in PRED_{DT}$), zu denen im wesentlichen die Vergleichsprädikate wie z.B. $<$: **int,int** oder $>$: **real,real** zählen. Einige Kalküle erlauben auch Datenoperationen ω: $d_1,\ldots,d_n \rightarrow d$ ($\in OPNS_{DT}$), also insbesondere die arithmetischen Operationen wie z.B. die Addition $+$: **int,int** $\rightarrow$ **int**. Sofern nicht explizit erwähnt, finden Datenoperationen jedoch keine Berücksichtigung in den Kalkülen.

5.1 Übersicht

Dieser Abschnitt soll einen kurzen Überblick über die im folgenden zu diskutierenden Kalküle geben. Den einzelnen Kalkülen unterliegen zum Teil unterschiedliche
Datenmodelle, wobei hier das Relationenmodell, das NF^2-Modell und das ER-Modell
einschließlich verschiedener Varianten betrachtet werden.

Die Tabelle 2 enthält eine tabellarische Übersicht der hier vorzustellenden Kalküle,
bei der die horizontale Einteilung der Zuordnung zu den Datenmodellen folgt,
während sich die vertikale Einteilung nach der Sicherheit richtet. Die Pfeile '→'
zeigen die Evolution der Kalküle auf, im wesentlichen durch aufeinander aufbauende
Definitionen oder Erweiterungen hervorgerufen, und reflektieren in gewissem Maße
den Mächtigkeitszuwachs.

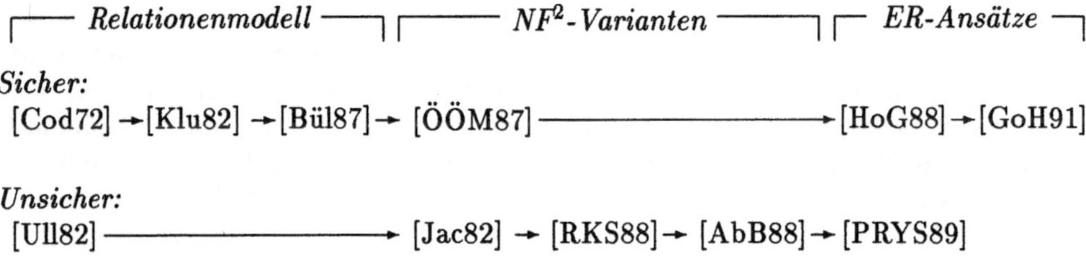

Tabelle 2: *Evolution der Anfragekalküle*

Die **Sicherheit** ist ein wichtiges Charakteristikum von Kalkülen. Wir bezeichnen
einen Kalkül als **sicher**, wenn jede syntaktisch korrekte Anfrage immer ein endliches
Ergebnis liefert. Ansonsten heißt er **unsicher**.

Der Begriff der Sicherheit wurde ursprünglich für die Relationenkalküle definiert.
Eine unschöne Eigenschaft der in Lehrbüchern wie [Ull82] zum Standard erhobenen
Relationenkalküle (Tupel- und Bereichskalkül) ist, daß mit ihnen Anfragen formuliert
werden können, die ein unendliches Ergebnis liefern. Derartige "unsichere" Anfragen
sind zum einen nicht effektiv ausführbar; zum anderen stellen sie die Äquivalenz der
Relationenalgebra zu beiden Kalkülen in Frage, weil die Algebra nur die Formulierung
von Anfragen mit endlichen Ergebnissen ermöglicht. Die Einführung der *sicheren*
Anfragen ('safe formulas') [9] [Ull82] schaffte Abhilfe zu beiden Problemen:

Der auf sichere Anfragen eingeschränkte Relationenkalkül läßt nur endliche Anfragen
zu und besitzt die gleiche Mächtigkeit wie die Relationenalgebra.

Die Definition der sicheren Anfragen besitzt allerdings die unschöne Eigenschaft,
daß sie eine semantische Charakterisierung von Anfragen ist, d.h. die Sicherheit einer Anfrage kann nicht syntaktisch überprüft werden; sie ist abhängig vom jeweiligen
Datenbankinhalt. Zum Beispiel ist die als $\{$ x:prod(int) | x.1>1 $\wedge$ x.1<3 $\}$ im

---

[9]Der Begriff 'formula' ist im Sinne von Anfrage zu verstehen.

Tupelkalkül (siehe Abschnitt 5.2.1) formulierte Anfrage *"Alle* int-*Werte zwischen 1 und 3"* bzgl. einer aus dem relationalen Schema R(A:int, B:real) bestehenden Datenbank sicher, wenn die Relation R zumindest ein Tupel mit dem A-Wert 2 enthält. Andernfalls ist die Anfrage im Sinne von Ullman [Ull82] unsicher, weil die "Lösung" x=2 der Anfrage weder in der Datenbank als int-Wert gespeichert ist, noch als Konstante in der Anfrage auftritt. Dieses Beispiel zeigt, daß auch Anfragen, die zu jedem Zustand ein endliches Ergebnis liefern, unsicher sein können.

Das Problem der Sicherheit ist in den letzten Jahren wieder verstärkt in den Vordergrund getreten. So wurden Ullman's *'safe formulas'* von [Fag80, MaK81] zu *'domain independent formulas'* verallgemeinert. Daraufhin zeigte [NiD82], daß die Klasse der 'domain independent formulas' zur Klasse der *'definite formulas'* von [Kuh67] äquivalent ist. DiPaola [DiP69] hatte aber bereits gezeigt, daß die Menge der 'definite formulas' keine rekursive Sprache ist. Als unmittelbare Folgerung ergibt sich, daß die Klasse der 'domain independent formulas' nicht entscheidbar ist. Einen Überblick über diese unterschiedlichen Klassen von Anfragen (Formeln) gibt die Arbeit von [VaGT87]. Insbesondere werden entscheidbare Unterklassen der 'domain independent formulas' wie *'range restricted formulas'* [Nic82], *'evaluable formulas'* [Dem82] und *'allowed formulas'* [Top86] formal definiert und miteinander verglichen.

Andererseits ist von Codd [Cod72] die erste Version eines Relationenkalküls so definiert wurden, daß jede syntaktisch korrekte Anfrage auch nur ein endliches Ergebnis liefert. Das Problem der Sicherheit ist somit in diesem Kalkül syntaktisch überprüfbar. Sieht man einmal von den unsicheren Anfragen ab, so bleibt die Mächtigkeit des Kalküls dieselbe wie beim Relationenkalkül.

Da der in dieser Arbeit vorgestellte EER-Kalkül den Weg von Codd einschlägt, soll hier auf die semantischen Charakterisierungen nicht näher eingegangen werden.

Als weiteres Unterscheidungsmerkmal von Kalkülen kann ihre **Funktionalität** herangezogen werden. Insbesondere die ersten vorgestellten Kalküle wurden sehr schnell von der Mächtigkeit der Anfragesprachen überholt, ein Faktum, das heute noch anzutreffen ist. Inzwischen gibt es Ansätze, die versuchen, die Diskrepanz zwischen Sprachen und Kalkülen aufzuheben, indem entsprechende Sprachkonzepte integriert werden. Hierzu gehören arithmetische Operationen, aggregierende Funktionen oder die Berechnung der transitiven Hülle einer (mathematischen) Relation als Spezialfall der rekursiven Anfragen. Diese Funktionsmerkmale sind unabhängig von einem speziellen Datenmodell. Andere Charakteristika wiederum lassen sich nicht Datenmodell-unabhängig sehen. Beispielsweise fordern die NF^2-Datenmodelle, daß ein zugehöriger Kalkül Möglichkeiten zur Eliminierung der Mengenstruktur bereitstellt, üblicherweise als 'unnest' bezeichnet [JaS82, ScS86]. In gleicher Weise sollten Operationen zur Herstellung einer Schachtelung vorhanden sein, indem Relationen in erster Normalform (1NF) bzgl. bestimmter Attribute geschachtelt werden (nest-Operation). Besitzt ein Datenmodell ein Listenkonzept, zum Beispiel in Form listenwertiger Attribute, so ist analog eine angemessene Listenhandhabung notwendig, die einen Zugriff auf einzelne Listenelemente ermöglicht. Diese Datenmodell-spezifischen

Eigenschaften können prinzipiell als Maßstab der Funktionalität herangezogen werden. Andererseits erscheint es unfair, Kalküle eines semantisch niedrigeren Datenmodells mit derartigen Konzepten zu messen. So ist das Ergebnis einer Anfrage im Relationenmodell wieder eine Relation des Datenmodells. Konsequenterweise lassen sich Anfrageergebnisse hier nicht strukturieren, d.h. 1NF-Relationen in NF^2-Relationen überführen. Die NF^2-Kalküle sind folglich in diesem Punkt den Relationenkalkülen generell in der Mächtigkeit überlegen.

[HeS91] werden solchen Aspekten im Hinblick auf Anfragesprachen insofern gerecht, als sie die Kriterien der **Abgeschlossenheit** und der **Adäquatheit** einführen. Beide charakterisieren gemeinsam, wie gut Datenmodell und Kalkül harmonieren. Während die Abgeschlossenheit aussagt, daß die Struktur eines Anfrageergebnisses den Regeln des Datenmodells genügt, also relationale Anfragen auch nur Relationen liefern, komplementiert die Adäquatheit die Forderung in der Form, daß alle Datenmodellkonzepte durch entsprechende Anfragen ausgereizt werden können: Zu jeder im Datenmodell definierbaren Struktur läßt sich auch eine entsprechende Anfrage formulieren, deren Ergebnis genau diese Struktur besitzt.

Eine derartige Betrachtungsweise der Datenmodell-abhängigen Funktionalität ist zweifellos neutraler, würde aber den Zweck des hier angestrebten Überblicks sprengen. Insofern gibt die Tabelle 3 nur eine Übersicht über die globale Funktionalität der Kalküle.

Eigenschaft Kalküle	Daten- modell	Aggregierende Funktionen	Nesting/ Unnesting	Transitive Hülle	Arithmetik
[Ull82]	Relational	Nein	Nein	Nein	Nein
[Cod72]	”	Nein	Nein	Nein	Nein
[Klu82]	”	Ja	Nein	Nein	Nein
[Bül87]	”	Ja	Nein	Nein	Nein
[ÖÖM87]	Relational⁺	Ja	Beides [10]	Nein	Nein
[Jac82]	Database Logic	Nein	unnest	Ja	Nein
[RKS88]	NF^2	Nein	Beides	Nein	Nein
[AbB88]	Complex Object	Nein	Beides	Ja	Nein
[AtC81]	ER	Nein	Nein	Nein	Nein
[PRYS89]	ERC	Nein [11]	Beides	Nein	Nein
[HoG88]	EER	Ja	Beides	Nein	Ja
[GoH91]	”	Ja	Beides	Ja	Ja

Tabelle 3: *Funktionalität der Anfragekalküle*

Zum Abschluß des Überblicks sei noch erwähnt, daß viele der Kalküle ein

---

[10]Nesting kann (als Folge der Abgeschlossenheit) nur einstufig erfolgen.
[11]Eine Funktion Card erlaubt die Berechnung der Kardinalitäten mengenwertiger Attribute.

äquivalentes, d.h. gleichmächtiges, Algebra-Pendant besitzen. Das klassische Beispiel dafür ist die in Lehrbüchern wie [Ull82] definierte Relationenalgebra, die zum Relationenkalkül äquivalent ist. Weitere gleichwertige "Pärchen" sind von [Cod72, Klu82, Bül87] (für das Relationenmodell), von [ÖÖM87, AbB88, RKS88] (für das NF^2-Modell) und von [PRYS89, PaS85] für ein erweitertes ER-Modell definiert worden. Darüber hinaus gibt es eine Vielzahl an alleinstehenden Algebra-Vorschlägen, z.B. [JaS82, ScS86, MaR83a], die hier allerdings nicht weiter betrachtet werden sollen.

5.2 Kalküle für das Relationenmodell

Das Relationenmodell besteht aus einer Menge *ATTR* von Attributen und einer Menge *REL-TYPE* von Relationenschemata. Jedes Relationenschema r ϵ *REL-TYPE* hat die Form **prod(d_1,...,d_n)** mit a_i ϵ *ATTR* und d_i ϵ *SORT$_{DT}$* (für i=1,...,n, n$\geq$1). Dem Relationenschema r ist damit eine feste Sorte **prod(d_1,...,d_n)** zugeordnet, d.h. jede korrekte Ausprägung eines Schemas r ist eine Teilmenge des kartesischen Produkts der Ausprägungen der Datensorten d_i (i=1,...,n).

Als Beispiel-Modellierung werden die folgenden Relationenschemata verwendet:

```
ANG (ANr: int, AName: string, Gehalt : int, Abt    : int)
ABT (Nr  : int, Name  : string, AnzAng: int, Leiter : int)
```

Jeder Angestellter (in **ANG**) besitzt eine eindeutige Nummer **ANr**, hat einen Namen **AName**, bezieht ein **Gehalt** und arbeitet in der Abteilung mit der Nummer **Abt**. Zu jeder Abteilung wird eine identifizierende Nummer **Nr**, der **Name**, die Anzahl der Angestellten **AnzAng** und die **Nummer** des Leiters gespeichert.

5.2.1 Der klassische Tupelkalkül

In den Lehrbüchern über Datenbanksysteme (z.B. von Ullman [Ull82]) werden in der Regel zwei Arten von Relationenkalkülen vorgestellt. Beide Kalküle besitzen die gleiche Struktur, unterscheiden sich aber in den für Variablen zulässigen Sorten. Der Bereichskalkül benutzt Datentypen d ϵ *SORT$_{DT}$* als Sorten, während die Sorten des Tupelkalküls denselben Aufbau wie Relationenschemata haben, also **prod(d_1,...,d_n)** mit d_i ϵ *SORT$_{DT}$* (i=1,...,n, n$\geq$1). In dieser Arbeit ist nur der Tupelkalkül von Interesse, da die erweiterten Kalküle der nachfolgenden Abschnitte im wesentlichen seine Struktur emulieren.

Der Tupelkalkül verwendet sortengebundene Variablen: Jede im Kalkül benutzte Variable **x** ist an eine feste Sorte s, s $\equiv$ **prod(d_1,...,d_n)** mit d_i ϵ *SORT$_{DT}$* (i=1,...,n), gebunden; **x** kann alle Werte dieser Sorte, das sind alle Tupel des kartesischen Produkts der Datentypen d_1,...,d_n, annehmen.

Der Tupelkalkül folgt dann direkt dem Aufbau des Prädikatenkalküls 1. Stufe:

Terme:

(i) Konstanten **k** eines Datentyps $d \in SORT_{DT}$ sind Terme der Sorte **d**.

(ii) Ist **x** eine Variable der Sorte $prod(d_1,\ldots,d_n)$ und ist $i \in 1..n$, so ist **x.i** ein Term der Sorte d_i. $\qquad\qquad$ □

Im Tupelkalkül gibt es nur datenwertige Terme, d.h. Terme einer Sorte **d**, $d \in SORT_{DT}$. Arithmetische Operationen $\omega \in OPNS_{DT}$ finden dabei keine Berücksichtigung.

Aus Termen können mittels Datenprädikaten atomare Formeln gebildet werden:

Atomare Formeln:

(i) Ist $r \in REL\text{-}TYPE$ ein Relationenschema der Sorte $prod(d_1,\ldots,d_n)$ und ist **x** eine Variable derselben Sorte, so ist **r(x)** eine atomare Formel.

(ii) Sind $\pi: d_1,\ldots,d_n \in PRED_{DT}$ ein Datenprädikat und t_i Terme der Sorten d_i (i=1,...,n), so ist $\pi(t_1,\ldots,t_n)$ eine atomare Formel. $\qquad$ □

Die atomare Formel **r(x)** schränkt den Wertebereich der Variablen **x** auf die Tupel der Relation **r** ein.

Aus atomaren Formeln lassen sich unter Verwendung von Konnektiven und Quantoren Formeln bilden:

Formeln:

(i) Jede atomare Formel ϕ ist auch eine Formel.

(ii) Ist ϕ eine Formel, so ist $\neg(\phi)$ eine Formel.

(iii) Sind ϕ_1, ϕ_2 Formeln, so sind $(\phi_1 \wedge \phi_2)$, $(\phi_1 \vee \phi_2)$, $(\phi_1 \Rightarrow \phi_2)$ und $(\phi_1 \Leftrightarrow \phi_2)$ Formeln.

(iv) Sind ϕ eine Formel und **x** eine Variable der Sorte $s \equiv prod(d_1,\ldots,d_n)$, so sind $\exists(x:s)\phi$ und $\forall(x:s)\phi$ Formeln. $\qquad$ □

Auf diesem syntaktischen Grundgerüst aufbauend werden Anfragen definiert:

Anfragen:

Ist ϕ eine Formel mit genau einer freien Variablen **x** der Sorte $s \equiv prod(d_1,\ldots,d_n)$, so ist $\{\ x{:}s\ |\ \phi\ \}$ eine Anfrage. $\qquad$ □

Die Variable **x** heißt *Zielvariable* und charakterisiert das Anfrageergebnis: Die Sorte **s** von **x** legt die möglichen Werte von **x** fest. $\{\ ...\ \}$ ist die syntaktische Form einer Menge (Anfrage) im Kalkül. Die Auswertung einer derartigen Anfrage liefert eine (semantische) Menge $\{\ ...\ \}$ von Werten, den Anfrageergebnissen. Weil das Ergebnis einer Anfrage immer eine Menge ist, die den Regeln eines Relationenschemas entspricht, kann es selbst wieder als eine Relation aufgefaßt werden. Der Kalkül ist folglich abgeschlossen.

In den folgenden Beispielen werden die üblichen Klammereinsparungsregeln verwendet. Zum Beispiel werden unter Ausnutzung der Assoziativität und Kommutativität des Konnektivs '$\wedge$' Konjunktionen nur auf der äußeren Ebene geklammert, also z.B. $(\phi_1 \wedge ... \wedge \phi_n)$.

Beispiel 5.1

1. *Namen der Angestellten, die mehr als 3000 verdienen, zusammen mit den Namen der Abteilungen, in denen sie arbeiten*

```
{ x:prod(string,string) | ∃(ang:prod(int,string,int,int))
                          ∃(abt:prod(int,string,int,int))
                            (ANG(ang) ∧ ABT(abt) ∧
                              x.1=ang.AName ∧ x.2=abt.Name ∧
                              ang.Abt=abt.Nr ∧ ang.Gehalt>3000 ) }
```

Um die Lesbarkeit von Anfragen zu erhöhen, wird in Termen der Form `x.i` häufig der entsprechende Attributname anstelle der Nummer i geschrieben, also z.B. `ang.Abt` anstelle von `ang.4`. Natürlich muß die Zuordnung des Attributnamens zur Variablen eindeutig gegeben sein.

Die Mengeneigenschaft der Relationen fordert, daß mehrfach vorkommende Tupel nur genau einmal auftreten; Duplikate werden eliminiert. Arbeiten beispielsweise in einer Abteilung mit dem Namen 'X' zwei Angestellte mit Namen 'Y', so erscheint im Ergebnis der Anfrage das Tupel ('Y','X') nur genau einmal.

Ist eine Variable **x** eindeutig einem Relationenschema r durch ein Prädikat r(x) zugeordnet, so wird im folgenden die Sortenangabe (des Schemas von r) hinter der Variablen weggelassen. In diesem Sinn kann in der Anfrage kurz ∃(ang) und ∃(abt) geschrieben werden.

2. *Die Vereinigung der Angestellten- und Abteilungsnamen*

```
{ x:prod(string) | ∃(x':prod(int,string,int,int))
                    ((ANG(x') ∨ ABT(x')) ∧ x.1=x'.2) }
```

Hier können die Attributnamen nicht verwendet werden, weil **x'** keinem Relationenschema eindeutig zugeordnet werden kann.

3. *Alle Namen, die nicht als Angestelltennamen auftreten*

```
{ x:prod(string) | ∀(ang) (ANG(ang) ⇒ x.1=ang.AName) }
```

Die Variable **x** ist von vornherein an die unendliche Menge aller **string**-Werte gebunden. Die Formel ∀(...) streicht aus dieser Menge der potentiellen **x**-Werte die heraus, die als Angestelltennummer in **ANG** vorkommen. Die Anfrage liefert ein unendliches Ergebnis, ist also keine sichere Anfrage im Sinne von Ullman. □

5.2.2 Der sichere Relationenkalkül

Codd definierte in [Cod72] die erste Version eines Relationenkalküls, der in Lehrbüchern zum Tupelkalkül (siehe Abschnitt 5.2.1) abgeändert wurde. Dieser Kalkül ähnelt dem Tupelkalkül, zeichnet sich aber dadurch aus, daß keine Anfragen formuliert werden können, die ein unendliches Ergebnis liefern. Dennoch besitzt er dieselbe Mächtigkeit, wenn man den Tupelkalkül auf sichere Ausdrücke einschränkt. Das heißt, in diesem Kalkül lassen sich nur die "unwichtigen" unsicheren Anfragen nicht ausdrücken.

Codd's Grundidee war es, daß jede Variable nicht nur einer Sorte $prod(d_1,\ldots,d_n)$ zugeordnet ist, sondern an einem festen, aus Relationenschemata gebildeten, endlichen Bereich gebunden wird. Diese Zuordnung wird durch spezielle Formeln, die *Bereichsformeln* ('range formulas'), erzwungen:

Bereichsformeln:

(i) Ist r ein Relationenschema der Sorte $prod(d_1,\ldots,d_n)$ und ist x eine Variable derselben Sorte, so ist $r(x)$ eine Bereichsformel über x.

(ii) Sind $\rho_1(x)$ und $\rho_2(x)$ Bereichsformeln über derselben Variablen x, so ist $(\rho_1(x) \vee \rho_2(x))$ eine Bereichsformel über x. $\qquad\qquad\square$

Entsprechend werden in **Formeln** auch die quantifizierten Variablen an Bereiche gebunden: $\forall\, \rho(x)\phi$ bzw. $\exists\, \rho(x)\phi$.

Ansonsten bleiben die Definitionen der **Terme** und der **atomaren Formeln** gegenüber dem Tupelkalkül aus Abschnitt 5.2.1 unverändert.

Durch die Bindung der Variablen an Bereiche kann jede Variable nur endlich viele Werte annehmen. Im einfachsten Fall (i) ist der Bereich ein Relationenschema r, d.h. x nimmt die einzelnen Tupel aus der aktuellen Ausprägung von r an. Um die Vereininigung zweier oder mehrerer kompatibler Relationen ausdrücken zu können, wird auch die Form (ii) als $(\rho_1(x_1) \vee \rho_2(x_2))$ zugelassen: x ist an die Vereinigung der Bereiche ρ_1 und ρ_2 gebunden, vorausgesetzt diese besitzen dieselbe Sorte.

Die Einführung der Bereichsformeln prägt entscheidend das Aussehen der Anfragen. Statt einer Zielvariablen als Ergebnis werden nun beliebige Terme als Zielterme zugelassen:

Anfragen:

Sind t_i Terme ($i=1,\ldots,n$, $n\geq 1$), $\rho_j(x_j)$ Bereichsformeln über den Variablen x_j ($j=1,\ldots,k$, $k\geq 0$), ϕ eine Formel und die x_j die einzigen freien Variablen in den Termen t_i und der Formel ϕ, so ist $\{\ t_1,\ldots,t_n \mid \rho_1(x_1) \wedge \ldots \wedge \rho_k(x_k) \wedge \phi\ \}$ eine Anfrage. $\qquad\qquad\square$

Die qualifizierende Formel, bestehend aus der Konjunktion von Bereichsformeln $\rho_j(x_j)$ und einer allgemeinen Formel ϕ, wird als 'range separable formula' bezeichnet. Diese Bezeichnung spiegelt die spezielle Funktion der Bereichsformeln wider.

Die Anfragen aus Beispiel 5.1 lassen sich damit formulieren als:

Beispiel 5.2 (siehe Beispiel 5.1)

1. *Namen der Angestellten, die mehr als 3000 verdienen, zusammen mit den Namen der Abteilungen, in denen sie arbeiten*

   ```
   { ang.AName, abt.Name | ANG(ang) ∧ ABT(abt) ∧
                           ang.Abt = abt.Nr ∧ ang.Gehalt > 3000 }
   ```

2. *Die Vereinigung der Angestellten- und Abteilungsnamen*

   ```
   { x.2 | (ANG(x) ∨ ABT(x)) }
   ```

3. *Alle Namen, die nicht als Angestelltennamen auftreten*

   kann selbstverständlich nicht formuliert werden, da die Anfrage ein unendliches Ergebnis liefert.   □

In der Originaldefinition von [Cod72] können beliebige Bereichsformeln (als Spezialfall der allgemeinen Formeln) aus den Prädikaten $r(x)$ mit den Konnektiven '∧', '∨' und '¬' zusammengesetzt werden, vorausgesetzt, daß die Bereichsformeln "mittels Mengendurchschnitt, -vereinigung und -differenz ausgewertet werden können". So ist beispielsweise `(ANG(x) ∧ ¬ABT(x))` in diesem Sinne durch die Differenz `ANG - ABT` auswertbar, während `¬(ABT(x))` nicht auswertbar ist; x ist in diesem Fall an eine nicht durch Mengenoperationen darstellbare, unendliche Menge gebunden.

Beliebige Bereichsformeln erhöhen nicht die Mächtigkeit des Kalküls. Die Bereichsformel `(ANG(x) ∧ ¬ABT(x))` läßt sich zum Beispiel auch durch eine Bereichsformel `ANG(x)` und einer qualifizierenden Formel `¬ABT(x)` ausdrücken.

Auch wenn der Relationenkalkül gern als semantische Grundlage von relationalen Anfragesprachen bezeichnet wird, so reicht seine Ausdrucksfähigkeit nicht an die bestehender Anfragesprachen heran. Im wesentlichen fehlt es dem klassischen Tupelkalkül wie auch der hier vorgestellten sicheren Variante an

- Datenoperationen, wie z.B. den arithmetischen Operationen '+' oder '*', und

- aggregierenden Funktionen, wie z.B. der Summenbildung **Sum** oder der Maximumsbestimmung **Max**.

5.2.3 Der Relationenkalkül mit aggregierenden Funktionen

Der erste formale Relationenkalkül, der zumindest aggregierende Funktionen enthält, geht auf Klug [Klu82] zurück. Sein Ansatz bildet noch heute die Grundlage weiterer Vorschläge (z.B. [Bül87, ÖÖM87]).

Das Problem, das sich im Zusammenhang mit dem Relationenmodell ergibt, ist das Faktum, daß alle Relationen einschließlich der Ergebnisrelationen Mengen sind.

Beispiel 5.3   *Das Durchschnittsgehalt aller Angestellten*

1. `Avg{ ang.Gehalt | ANG(ang) }`

   Diese naheliegende Formulierung der Anfrage liefert nicht das gewünschte Ergebnis, wenn mehrere Angestellte das gleiche Gehalt haben. In diesem Fall werden aufgrund der Auswertung von `{...}` zu einer Menge Duplikate der Gehälter eliminiert, und die Durchschnittsbildung berücksichtigt somit nicht das Gehalt aller Angestellten.

   Zur Lösung dieses Problems führte Klug *indizierte* aggregierende Funktionen f_i ein: Jede der üblichen Funktionen $f \in \{$ **Cnt, Sum, Max, Min, Avg** $\}$ erhält einen Index i, der angibt, über welche Komponente einer Relation die Funktion f angewendet werden soll. Die Funktion f_i besitzt somit als Argument keine Menge von Werten, sondern eine Menge von Tupeln. Die korrekte Formulierung lautet im Kalkül von Klug dann:

2. `Avg`$_2$ `{ ang.ANr, ang.Gehalt | ANG(ang) }`

   Der zusätzliche Term `ang.ANr` stellt dabei sicher, daß zu jedem Angestellten (genauer zu jeder `ANr`) das Gehalt bei der Durchschnittsbildung mit berücksichtigt wird, auch wenn Gehälter mehrfach auftreten. Somit lassen sich die Duplikate von Gehältern kontrollieren.   □

Das grundlegend neue Konzept gegenüber Codd's Relationenkalkül ist das des *Alphas* ('alpha'). Alphas sind im Prinzip beliebige Unteranfragen, die als Argument einer aggregierenden Funktion oder als Bereich einer Bereichsformel verwendet werden können.

Alphas:

(i) Jedes Relationenschema r der Sorte $\mathsf{prod}(d_1,...,d_n)$ ist ein Alpha derselben Sorte.

(ii) Sind t_i Terme der Sorten d_i (i=1,...,n, n$\geq$1), $\rho_j(x_j)$ Bereichsformeln über den Variablen x_j (j=1,...,k), ϕ eine Formel und die x_j die einzigen freien Variablen in den Termen t_i, so ist `{` $t_1,...,t_n$ `|` $\rho_1(x_1) \wedge \ldots \wedge \rho_k(x_k) \wedge \phi$ `}` ein Alpha der Sorte $\mathsf{prod}(d_1,...,d_n)$. [12] [13]   □

Durch die Einführung der Alphas vom Typ (ii) wird der hierarchische Aufbau des Prädikatenkalküls (und auch des Tupelkalküls)

$$\text{Terme} \longrightarrow \text{Atomare Formeln} \longrightarrow \text{Formeln}$$

verlassen. Der Kalkül erhält die rekursive Struktur

---

[12] Klug verwendet für ein Alpha der Form (ii) die in komplexen Anfragen schnell unübersichtlich werdende Notation $(t_1,...,t_n)$: $\rho_1(x_1),...,\rho_k(x_k)$: ϕ.

[13] Die Formel ϕ ist optional; wird sie weggelassen, wird sie als WAHR angenommen.

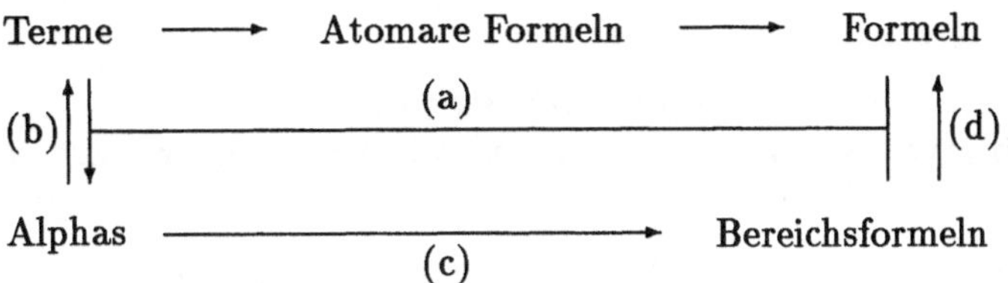

Terme, Bereichsformeln und Formeln sind Bestandteile eines Alphas (a). Andererseits ist $f_i(\alpha)$ mit einer aggregierenden Funktion f ein Term (b). Alphas können wiederum als Bereich einer Bereichsformel verwendet werden (c). Hinter den Quantoren ($\exists$ oder $\forall$) müssen in Formeln ebenfalls Bereichsformeln stehen (d).

Mit Hilfe der Alphas können beliebige Anfragen mit aggregierenden Funktionen formuliert werden. Die Anwendung einer Funktion f_i auf einem Alpha ist dann ein Term einer Sorte, die von der aggregierenden Funktion f abhängt. Zum Beispiel liefert **Avg**, auf eine Menge von **int**-Werten angewendet, einen Wert der (Ziel-) Sorte **real**.

Terme werden also gegenüber dem sicheren Relationenkalkül [Cod72] ergänzt um:

(iii) Sind f eine aggregierende Funktion, α ein Alpha der Sorte $\mathbf{prod}(d_1,\ldots,d_n)$, $i \in 1..n$ und ist f "anwendbar" auf den Datentyp d_i, so ist $f_i(\alpha)$ ein Term der "Zielsorte" von f. $\square$

Alphas ähneln den Anfragen im sicheren Relationenkalkül. **Anfragen** sind dann auch spezielle Alphas, die keine freien Variablen enthalten. Die Anfragen aus Beispiel 5.2 sind also auch hier korrekte Anfragen.

Einige charakteristische Beispiele mit aggregierenden Funktionen sind:

Beispiel 5.4

1. *Zu jeder Abteilung das durchschnittliche Gehalt ihrer Angestellten*

   ⊣ abt.Nr,

   $\mathbf{Avg_2}$⊣ ang.ANr,ang.Gehalt | ANG(ang)∧ang.Abt=abt.Nr⊦ | ABT(abt) ⊢

   Die aggregierende Funktion $\mathbf{Avg_2}$ wird hier auf das Alpha ⊣ ang.ANr,ang.Gehalt | ... ⊦ angewendet und anschließend als Zielterm benutzt. Das Ergebnis dieser Anfrage ist verschieden von

2. ⊣ abt.Nr, $\mathbf{Avg_1}$⊣ang.Gehalt | ANG(ang)∧ang.Abt=abt.Nr⊦ | ABT(abt) ⊢

   da hier die Duplikate von Angestelltengehältern eliminiert werden: Das innere Alpha ⊣...⊦ wird wie in Beispiel 5.3 (1) zu einer *Menge* von Gehältern ausgewertet! Anhand dieses Beispiels erkennt man, daß Alphas freie Variablen in der Formel ϕ enthalten dürfen: Die Variable **abt** ist frei im inneren Alpha. Sie wird allerdings im äußeren Alpha an **ABT** gebunden und in das innere Alpha "weitergereicht". Für jeden Wert, den **abt** annimmt, wird das innere Alpha ausgewertet und der Durchschnitt ermittelt.

Im Gegensatz zu vielen relationalen Anfragesprachen lassen sich aggregierende
Funktionen hintereinander ausführen:

3. *Das höchste Durchschnittsgehalt aller Abteilungen*
   $$\text{Max}_2\{ \text{ abt.Nr,Avg}_2\{\text{ang.ANr,ang.Gehalt}|\text{ANG(ang)}\wedge\text{ang.Abt=abt.Nr}\} \ | $$
   $$\text{ABT(abt)} \}$$

   Zuerst wird zu jeder Abteilung die Nummer und das Durchschnittsgehalt ihrer Angestellten (gemäß (1)) berechnet. Anschließend wird das Maximum der
   Durchschnittsgehälter bestimmt. Die Terme `abt.Nr` und `ang.ANr` sorgen wiederum für eine Erhaltung der Duplikate.   □

Die Definition der **atomaren Formeln** bleibt gegenüber [Ull82] unverändert. Die
neue Form (iii) der Terme ermöglicht aber auch hier eine erweiterte Funktionalität,
da nun aggregierende Funktionen auch in Vergleichen verwendet werden können:

Beispiel 5.5 *Alle Abteilungen, die mehr als drei Angestellte haben*

$$\{ \text{ abt.Nr } | \text{ ABT(abt) } \wedge$$
$$\text{Cnt}_2\{ \text{ ang.Abt,ang.ANr}|\text{ANG(ang)}\wedge\text{ang.Abt=abt.Nr } \} > 3 \} \quad □$$

Alphas können nicht nur als Anfragen und Argumente für aggregierende Funktionen
verwendet werden, sondern auch als Bereiche in Bereichsformeln:

Bereichsformeln:
   Sind α_j (j=1,...,k, k≥1) Alphas derselben Sorte $\text{prod}(d_1,...,d_n)$ ohne freie Varia-
   blen und ist **x** eine Variable dieser Sorte, so ist $(\alpha_1(x_1) \vee \ldots \vee \alpha_k(x_k))$ eine
   Bereichsformel über **x**.   □

Die Bereichsformeln der Form `r(x)` des Relationenkalküls [Cod72] sind hier als $\alpha(x)$
mit $\alpha \equiv r$ enthalten.

Die Forderung, daß die als Bereiche verwendeten Alphas keine freien Variablen enthalten dürfen, garantiert, daß die Bereichsformeln "ohne Kontext" auswertbar sind,
also gewissermaßen ein Zwischenergebnis mit festem Inhalt darstellen.

Beispiel 5.2 (1) läßt sich alternativ durch Verwendung eines Alphas als Bereich folgendermaßen formulieren:

$$\{ \text{ x.1, abt.Name } | \{\text{ang.AName,ang.Abt}|\text{ ANG(ang)}\wedge\text{ang.Gehalt}>3000\}(x) \wedge$$
$$\text{ABT(abt) } \wedge \text{ x.2=abt.Nr } \}$$

5.2.4 Der Relationenkalkül mit Nullwerten

Bültzingsloewen [Bül87] definierte einen Relationenkalkül, um die Semantik der relationalen Anfragesprache SQL [Dat89] festzulegen. Sein Kalkül basiert im wesentlichen auf dem von Klug [Klu82]. Unterschiede resultieren daraus, daß

- die SQL-Implementierungen Nullwerte im Sinne von "Wert unbekannt" erlauben und

- der Kalkül sehr eng an das **group by**-Konstrukt von SQL angelehnt ist.

Da Terme den Nullwert $\perp$ ("unbekannt") annehmen können, schlägt Bültzingsloewen eine dreiwertige Logik vor: Neben den beiden Wahrheitswerten WAHR und FALSCH gibt es einen weiteren Wert '?'. Die Vergleichsprädikate $\pi(t_1,\ldots,t_n)$ liefern den Wahrheitswert '?', wenn einer der Terme t_i zu $\perp$ ausgewertet wird. Um auf "unbekannt" ($\perp$) abfragen zu können, erweitert Bültzingsloewen die atomaren Formeln um ein spezielles Prädikat '$\equiv$': es liefert genau dann WAHR, wenn zwei Terme denselben Wert liefern, also insbesondere, wenn beide $\perp$ ergeben. Als weitere Konnektive in Formeln werden '$\perp$' und '$\top$' eingeführt. $\perp(\phi)$ liefert zu einer Formel ϕ genau dann FALSCH, wenn sie '?' oder FALSCH ist und WAHR sonst. $\top(\phi)$ liefert WAHR, wenn ϕ zu '?' oder WAHR ausgewertet wird und FALSCH sonst.

Mit Hilfe der Konnektive '$\top$' und '$\perp$' läßt sich explizit kontrollieren, ob ein Nullwert "unbekannt" einen Vergleich erfüllen soll oder nicht:

Beispiel 5.6 *Anzahl der Angestellten, die mehr als 3000 verdienen*

1. `Cnt`$_1$ `{ ang.ANr | ANG(ang)` $\wedge$ $\top$ `(ang.Gehalt>3000) }`
   zählt die Angestellten mit unbekanntem Gehalt mit, während

2. `Cnt`$_1$ `{ ang.ANr | ANG(ang)` $\wedge$ $\perp$ `(ang.Gehalt>3000) }`
   diese ignoriert. Das Prädikat '>' selbst liefert '?', wenn einer der zu vergleichenden Terme zu $\perp$ ausgewertet wird. □

Im Vergleich zu Klug verwendet Bültzingsloewen eine "SQL-nähere" Formulierung von aggregierenden Funktionen in Form eines **group by**-ähnlichen Konstrukts Φ in der Definition von Alphas.

Alphas:

(i) Jedes Relationenschema r der Sorte $\mathrm{prod}(d_1,\ldots,d_n)$ ist ein Alpha r der Sorte $\mathrm{prod}(d_1,\ldots,d_n)$.

(ii) Sind t_i Terme der Sorten d_i ($i=1,\ldots,n$, $n\geq 1$), die keine aggregierenden Funktionen enthalten, $\rho_j(x_j)$ Bereichsformeln über den Variablen x_j ($j=1,\ldots,k$), ϕ eine Formel und die x_j die einzigen freien Variablen in den Termen t_i, so ist $\{\ t_1,\ldots,t_n \mid \rho_1(x_1) \wedge \ldots \wedge \rho_k(x_k) \wedge \phi\ \}$ ein Alpha der Sorte $\mathrm{prod}(d_1,\ldots,d_n)$.

(iii) Sind α ein Alpha der Sorte $\mathrm{prod}(d_1,\ldots,d_n)$, $J \equiv <j_1,\ldots,j_p>$ mit $j_1,\ldots,j_p \subseteq 1..n$ ($p\geq 0$), und ist f eine auf d_i anwendbare aggregierende Funktion für $i \in 1..n$, so ist $\Phi[J,f_i](\alpha)$ ein Alpha der Sorte $\mathrm{prod}(d_{j_1},\ldots,d_{j_p},d)$, wobei d die Zielsorte der Funktion f ist. □

Gegenüber [Klu82] dürfen hier Alphas der Form $\{\ \dots\ \}$ keine Zielterme der Art $f_i(\alpha)$ enthalten (vgl. (ii)). Derartige Alphas müssen mit dem Φ-Operator (iii) formuliert werden.

Die Bedeutung eines derartigen Alphas der Form $\Phi[\texttt{J},f_i](\alpha)$ ist:

Das Alpha α wird über den Attributen J "gruppiert", d.h. alle Tupel mit gleichen j_1-,...,j_p-Werten werden zu einer Gruppe zusammengefaßt. Für jede Gruppe wird die Funktion f über dem Attribut i berechnet. Das Ergebnis besteht dann aus den J-Werten jeder Gruppe, jeweils mit dem Wert, den f_i zu dieser Gruppe liefert.

Die Beispiele 5.4 werden hier formuliert als:

Beispiel 5.7 (siehe Beispiel 5.4)

1. *Zu jeder Abteilung das durchschnittliche Gehalt ihrer Angestellten*
   $\Phi[\texttt{<1>},\texttt{Avg}_2]$ $(\{$ ang.Abt,ang.Gehalt $|$ ANG(ang) $\})$
   Betrachtet man die entsprechende SQL-Anfrage, so ist die Ähnlichkeit des Φ-Operators zum **group by**-Konstrukt evident:

   > **select**   ang.Abt, **avg(ang.Gehalt)**
   > **from**   ANG ang
   > **group by** 1

2. Die "mißglückte" Version dieser Anfrage mit der Duplikateliminierung ist in diesem Kalkül vermutlich nicht formulierbar:
   Da eine aggregierende Funktion nicht Zielterm eines Alpha sein darf, ist die Lösung 5.4 (2) in diesem Kalkül nicht korrekt. Folglich muß der Φ-Operator verwendet werden. Seine Anwendung ermöglicht aber keine Eliminierung der Duplikate, ohne daß die Information der Abteilungsnummer verlorengeht.

3. *Das höchste Durchschnittsgehalt aller Abteilungen*
   $\Phi[\texttt{<>},\texttt{MAX}_2]$ $\left(\Phi[\texttt{<1>},\texttt{Avg}_2](\{$ ang.Abt,ang.Gehalt $|$ ANG(ang) $\})\ \right)$
   Diese Anfrage übersteigt bereits die Ausdrucksfähigkeit von SQL, ist hier aber dennoch formulierbar. □

Die Definition der **Terme** und **Formeln** bleibt ansonsten gegenüber [Klu82] unverändert. Die **atomaren Formeln** werden, wie bereits erwähnt, um spezielle Prädikate '$\equiv$', '$\bot$' und '$\bot$' erweitert.

Auch wenn Terme der Art $f_i(\alpha)$ nicht als Zielterme in Alphas auftreten dürfen, so können sie dennoch zur Bildung von Formeln verwendet werden. Folglich ist die Anfrage 5.5 auch weiterhin in [Bül87] korrekt.

5.3 Kalküle für nicht-normalisierte Relationen

Das NF^2-Modell (NF^2 = Non-First-Normal-Form) ist eine direkte Erweiterung des Relationenmodells. Modelliert wird ebenfalls mit Relationenschemata, wobei die Attribute allerdings nicht mehr der ersten Normalform (1NF) genügen müssen, d.h. die Wertebereiche der Attribute müssen nicht mehr atomar, sondern können auch strukturiert sein. Seit der Einführung des NF^2-Modells gibt es mehrere unterschiedliche Definitionen dieses Datenmodells. In dieser Arbeit sind drei grundsätzliche Richtungen von Interesse, welche die Aufhebung der 1NF betreffen:

1. [ÖÖM87] läßt nur *mengenwertige Attribute* über der fest vorgegebenen Menge $SORT_{DT}$ von Datentypen zu, d.h. der Wert eines Attributs kann eine Menge von atomaren Werten sein.

2. Demgegenüber erlauben [ScS86] und [RKS88] *relationenwertige Attribute*, also Attribute, die als Wert wieder eine Relation haben können. Das führt zur Bildung von geschachtelten Relationen in beliebiger Tiefe. In dieser Richtung ist auch die 'Database Logic' von Jacobs [Jac82] anzusiedeln, obwohl Jacobs einer ganz anderen Motivation folgte und versuchte, einen einheitlichen Formalismus für die drei klassischen Datenmodelle zu definieren.

3. Der allgemeinste Ansatz ist in [AbB88] zu finden. Er erlaubt die Bildung sogenannter *komplexer Objekte* ('complex objects') mit Hilfe einer Tupelbildung (**prod**) und einer Mengenbildung (**set**). Sie sprechen deshalb von einem 'Complex Object'-Modell. Der grundlegende Unterschied zu [RKS88] ist, daß eine Tupelbildung nicht immer von einer Mengenbildung (d.i. eine Relationenbildung) gefolgt sein muß; es lassen sich also auch Tupel von Tupeln oder Mengen von Mengen direkt modellieren.
   Erweiterungen des 'Complex Object'-Ansatzes um Multimengen und Listen werden in [PiA86, PiT86] vorgeschlagen. Multimengen können Duplikate eines Elements enthalten. Listen besitzen weiter eine implizite Numerierung, so daß auf einzelne Listenelemente über ihre Positionsnummer direkt zugegriffen werden kann. Einen entsprechenden Kalkül gibt es allerdings zu diesem Modell nicht. Die deskriptive, SQL-ähnliche Anfragesprache HDBL ('**H**eidelberg **D**ata **B**ase **L**anguage') ist jedoch sehr eng an einen nicht expliziten Multimengen-Kalkül angelehnt.

Diesen drei grundsätzlichen Richtungen liegen folglich auch unterschiedliche Kalküle zugrunde.

5.3.1 Der Relationenkalkül mit mengenwertigen Attributen

Özsoyoglu [ÖÖM87] verwendet ein Datenmodell, welches das Relationenmodell um mengenwertige Attribute erweitert. Insofern besteht es (zu gegebenen Datentypen) aus einer Menge REL^+-$TYPE$ von (erweiterten) Relationenschemata und einer Menge $ATTR$ von (evtl. mengenwertigen) Attributen. Jedes Schema $r \in REL^+$-$TYPE$ hat die Form $r(a_1{:}d'_1,...,a_n{:}d'_n)$ mit $a_i \in ATTR$ und $d'_i \equiv d$ oder $d'_i \equiv set(d_i)$ mit $d_i \in SORT_{DT}$ (für i=1,...,n). Dem Schema r ist damit eine feste Sorte $prod(d'_1,...,d'_n)$ zugeordnet.

Eine mögliche Modellierung zur Abteilungsdatenbank aus Abschnitt 5.2 sieht dann wie folgt aus:

ABT (Nr : int, Name : string, *Ang : set(int)) [14]
ANG (ANr: int, AName: string, Gehalt: int)

Die Beziehung der Angestellten zu einer Abteilung läßt sich direkt durch das mengenwertige Attribut *Ang ausdrücken.

Der auf diesem Modell aufbauende Kalkül von Özsoyoglu [ÖÖM87] ist in dem Sinne abgeschlossen, daß jede Anfrage wieder eine Relation der obigen Definition darstellt. So sinnvoll diese Eigenschaft aus theoretischer Sicht auch sein mag, um so negativer beeinflußt sie den strukturellen Aufbau des Kalküls. Unter allen in diesem Kapitel vorgestellten Kalkülen besitzt dieser den kompliziertesten syntaktischen Aufbau. So werden beispielsweise *- und s-Terme, Typ-1- und Typ-2-Formeln sowie 'atomic', 'target' und 'general alphas' unterschieden. Wir stellen deshalb den Kalkül in einer komprimierten Version vor, ohne jedoch seine Struktur zu verfälschen.

Der Kalkül ist im wesentlichen eine direkte Erweiterung von [Klu82]. Verzichtet man auf mengenwertige Attribute, so decken sich beide Kalküle. Der Einbau der mengenwertigen Attribute spiegelt sich in den folgenden Erweiterungen gegenüber [Klu82] wider:

- Den mengenwertigen **Termen** der Art $x.{*}a$ mit einem mengenwertigen Attribut *a (*-Terme genannt).

- Den zusätzlichen **atomaren Formeln** (Prädikaten) $t \in t_1$ (Elementabfrage), $t_1 \subseteq t_2$ (Mengeninklusion) und $t_1{=}t_2$ (Mengengleichheit) für einen Term t der Sorte $d \in SORT_{DT}$ und *-Termen t_1, t_2 der Sorte $set(d)$.

- Einer **Bereichsformel**, die es erlaubt, Mengen von Mengen distributiv zu vereinigen und die Ergebnismenge als Bereich zu verwenden:
  Sind α_j Alphas der Form $\{\ y_j.{*}a_j \mid \rho_j(y_j)\ \}$ (für j=1,...,k) ohne freie Variablen und mit mengenwertigen Attributen $*a_j$, d.h. mengenwertig von einer Sorte $set(d)$, so ist $\alpha_1(x,{*}) \lor \ ... \ \lor \alpha_k(x,{*})$ eine Bereichsformel über x. Jedes Alpha α_j wird zu einer Menge $\{\ \{k_{1,1},...,k_{1,r_1}\}\ ,\ ...\ ,\ \{k_{p,1},...,k_{p,r_p}\}\ \}$ von Mengen ausgewertet. Die Bereichsformel $\alpha_j(x,{*})$ bewirkt dann die Auflösung der inneren Mengenklammern; es entsteht die Menge $\{k_{1,1},...,k_{1,r_1}\ ,\ ...\ ,\ k_{p,1},...,k_{p,r_p}\ \}$. Die-

---

[14]Mengenwertige Attribute werden in [ÖÖM87] durch einen vorangestellten Stern '*' gekennzeichnet.

ser Vorgang wird im allgemeinen als *distributive Vereinigung* bezeichnet. Die Variable x wird somit an eine Menge von elementaren Werten gebunden.

Diese Form von Bereichsformeln kann zur "Entschachtelung" ('**unnest**') der Relation ABT verwendet werden:

Beispiel 5.8

1. *Umformung von ABT in eine 1NF-Relation (Entschachtelung von ABT)*

$$\dashv\ \texttt{abt.Nr, abt.Name, x.1}\ \mid\ \texttt{ABT(abt)}\ \wedge\ \{\texttt{abt'.*Ang}\mid\texttt{ABT(abt')}\}\texttt{(x,*)}$$
$$\wedge\ \texttt{x.1}\in\texttt{abt.*Ang}\ \vdash$$

Die Variable x wird hier an die Menge aller in ABT vorhandenen Angestelltennummern gebunden. Die Anfrage

$$\dashv\ \texttt{abt.Nr, abt.Name, x.1}\ \mid\ \texttt{ABT(abt)}\ \wedge\ \{\texttt{abt'.*Ang}\mid\texttt{ABT(abt')}\}\texttt{(x)}$$
$$\wedge\ \texttt{x.1}\in\texttt{abt.*Ang}\ \vdash$$

ist dagegen syntaktisch falsch. Das liegt daran, daß x im Gegensatz zu oben an Mengen von Mengen gebunden ist, d.h. x nimmt jeweils die Menge aller Angestelltennummern einer Abteilung an; der Term x.1 besitzt dadurch die Sorte set(int), was bzgl. der Anwendung der Elementabfrage nicht korrekt ist.

□

Gegenüber [Klu82] gibt es auch eine neue Definition der Alphas, die sicherstellt, daß jedes Alpha – und damit auch jede Anfrage – wieder eine NF^2-Relation aus $REL^+\text{-}TYPE$ gemäß dem Modell ist:

Alphas:

(i) Ist $r \in REL^+\text{-}TYPE$ ein Relationenschema der Sorte $\mathsf{prod}(\mathsf{d}'_1,...,\mathsf{d}'_n)$, so ist r ein Alpha derselben Sorte.

(ii) Sind t ein Term der Sorte d, $\rho_j(\mathsf{x}_j)$ Bereichsformeln über den Variablen x_j (j=1,...,k), ϕ eine Formel und die x_j die einzigen freien Variablen im Term t, so ist $\{\ \mathsf{t}\ \mid\ \rho_1(\mathsf{x}_1)\ \wedge\ ...\ \wedge\ \rho_k(\mathsf{x}_k)\ \wedge\ \phi\ \}$ ein Alpha der Sorte d.

(iii) Sind t_i entweder Terme der Sorten d_i oder $\mathsf{set}(\mathsf{d}_i)$ bzw. Alphas vom Typ (ii) der Sorten d_i, jeweils mit $\mathsf{d}_i \in SORT_{DT}$ (i=1,...,n), $\rho_j(\mathsf{x}_j)$ Bereichsformeln über den Variablen x_j (j=1,...,k), ϕ eine Formel und die x_j die einzigen freien Variablen in den Termen t_i, so ist $\{\ \mathsf{t}_1,...,\mathsf{t}_n\ \mid\ \rho_1(\mathsf{x}_1)\ \wedge\ ...\ \wedge\ \rho_k(\mathsf{x}_k)\ \wedge\ \phi\ \}$ ein Alpha der Sorte $\mathsf{prod}(\mathsf{d}'_1,...,\mathsf{d}'_n)$ mit $\mathsf{d}'_i \equiv \mathsf{d}_i$, $\mathsf{d}'_i \equiv \mathsf{set}(\mathsf{d}_i)$ bzw. $\mathsf{d}'_i \equiv \mathsf{set}(\mathsf{d}_i)$, je nach Art von t_i. □

Punkt (iii) der Definition von Alphas garantiert, daß jeder Zielterm t_i eine der Sorten d oder set(d) mit $\mathsf{d} \in SORT_{DT}$ hat. Besitzt ein Zielterm t_i die Sorte set(d), so kann er ein *-Term der Form x.*a (mit einem mengenwertigen Attribut *a), oder aber ein Alpha $\{\ \mathsf{x.a}\ \mid\ ...\ \}$ der Form (ii) (mit einem elementaren Attribut a) sein:

$$\dashv\ \texttt{abt.Name, \{abt'.*Ang}\mid\texttt{ABT(abt')}\ \wedge\ \texttt{abt'.Name=abt.Name\}}\ \mid\ \texttt{ABT(abt)}\ \vdash$$

ist somit syntaktisch falsch (und damit keine korrekte Anfrage), da der Zielterm
{ abt'.*Ang | ... } kein Alpha der Form (ii) ist. Das Ergebnis der Anfrage
hätte die Sorte prod(string, set(set(int))), was kein Relationenschema im Sinne von
[ÖÖM87] darstellt!

Neben den Entschachtelungen werden in NF^2-Modellen zum Beweis der Mächtigkeit
gerne Anfragen formuliert, die 1NF-Relationen zu NF^2-Relationen schachteln
(Schachtelung 'nest') oder NF^2-Tupel durch bestimmte Werte zu einem mengenwertigen Attribut qualifizieren:

Beispiel 5.8 (Fortsetzung)

2. *Zu jedem Angestelltennamen die Nummern der Angestellten, die diesen Namen
   haben (Schachtelung von ANG bzgl. AName)*

$$\{\ \texttt{ang.AName, \{ ang'.ANr | ANG(ang') } \land \texttt{ang'.AName=ang.AName} \}$$
$$|\ \texttt{ANG(ang)}\ \}$$

3. *Alle Abteilungen, die u.a. einen Angestellten mit Namen 'Schmidt' beschäftigen*

$$\{\ \texttt{abt.Nr, abt.Name | ABT(abt)} \land$$
$$\exists\ \texttt{ANG(ang) (ang.ANr} \in \texttt{abt.*Ang} \land \texttt{ang.AName='Schmidt')}\ \}\quad \Box$$

Bezüglich aggregierender Funktionen bietet der Kalkül gegenüber [Klu82] keine Neu-
heiten. Als Argument einer Funktion f_i sind weiterhin nur Alphas zugelassen. Es
ist folglich nicht möglich, mengenwertige Attribute *a direkt als Argument einer
aggregierenden Funktion zu verwenden:

Beispiel 5.9

1. *Zu jeder Abteilung die Anzahl der Angestellten*

$$\{\ \texttt{abt.Nr, Cnt}_1\texttt{\{ x.1 | \{abt'.*Ang|ABT(abt')\}(x,*)} \land \texttt{x.1} \in \texttt{abt.*Ang} \}$$
$$|\ \texttt{ABT(abt)}\ \}$$

Diese Anfrage sieht sehr esoterisch aus, aber die naheliegende Lösung

2. $\{\ \texttt{abt.Nr, Cnt}_1\texttt{(abt.*Ang) | ABT(abt)} \}$

   ist syntaktisch nicht korrekt, da abt.*Ang – obwohl mengenwertig – kein Alpha
   ist. $\Box$

5.3.2 Die 'Database Logic' von Jacobs

Jacobs' Intention [Jac82] war es, einen einheitlichen formalen Rahmen für die drei
klassischen Datenmodelle, das Relationen-, das Netzwerk- und das hierarchische Modell, festzulegen. Auf seinem Formalismus definierte er einen Logikkalkül, die 'Database Logic', der für diese drei Datenmodelle verwendet werden kann.

Ausgangspunkt der 'Database Logic' ist eine Menge *NAME* von Namen und *RULE*
von Regeln. Ein Datenbankschema besteht dann aus Regeln der Form

$n = (n_1,...,n_m) \in RULE$ mit $n,n_1,...,n_m \in NAME$.

Die Namen n auf den linken Seiten heißen Namen **höherer Ordnung** und repräsentieren *strukturierte Objekttypen* n. Jeder dieser Objekttypen hat die mit $n_1,...,n_m$ benannten Bestandteile. Die Namen n_i können dabei selbst wieder auf der linken Seite einer Regel auftreten. Ist das der Fall, so stellt der Name im Sinne des EER-Modells eine mengenwertige Komponente $n_i : n \rightarrow set(n_i)$ des Objekttyps n dar, die auf Objekte des Typs n_i verweist. Der Name n_i ist dabei sowohl Bezeichner der Komponente als auch ein eigener Objekttyp (mit der Regel $n_i = (...)$).

Andererseits treten **Namen der Ordnung Null** nur auf rechten Seiten auf. Sie entsprechen elementaren Attributen, sind also nicht weiter strukturiert und bekommen einen festen Datentyp d, $d \in SORT_{DT}$, als Wertebereich zugeordnet. Wir ergänzen dementsprechend in den Regeln die Namen der Ordnung Null zu $n_i{:}d$.

Generell müssen die Namen höherer Ordnung und der Ordnung Null voneinander verschieden sein.

Jede Regel $n = (n_1,...,n_m)$ läßt sich somit interpretieren als ein Objekttyp n mit dem Schema $n(n_1{:}s_1,...,n_m{:}s_m)$, wobei $s_i \equiv d_i$ für einen Namen $n_i{:}d_i$ der Ordnung Null bzw. $s_i \equiv set(n_i)$ für einen Namen höherer Ordnung ist ($i=1,...,m$). Einer Regel kann folglich eine Sorte $prod(s_1,...,s_m)$ zugeordnet werden.

Die Abteilungsdatenbank läßt sich in der 'Database Logic' modellieren durch die Regeln

```
ABT = (Nr  : int, Name  : string, ANG)
ANG = (ANr: int, AName: string, Gehalt: int, ANG)
```

Das Auftreten von ANG in der ersten Regel beschreibt, daß jede Abteilung aus einer Menge von ANG-Objekten besteht, neben den üblichen Attributen Nr und Name. Im Gegensatz zu Abschnitt 5.2 ist die Abteilungsdatenbank um eine Angestelltenhierarchie erweitert, modelliert durch eine rekursive zweite Regel. Jeder Angestellte hat neben einer Nummer, einem Namen und einem Gehalt auch eine Menge von Untergebenen, die selbst wieder Angestellte sind. Beide Regeln entsprechen im obigen Sinne den folgenden Schemata der Objekttypen ABT und ANG:

```
ABT (Nr  : int, Name  : string, ANG: set(ANG))
ANG (ANr: int, AName: string, Gehalt: int, ANG: set(ANG))
```

Jacobs zeigt in [Jac82], daß die drei klassischen Datenmodelle in seinem Metamodell ausdrückbar sind, indem die Form der Regeln eingeschränkt wird. Zum Beispiel sind Relationenschemata $r(a_1{:}d_1,...,a_m{:}d_m)$ Regeln der Form $r = (a_1{:}d_1,...,a_m{:}d_m)$, d.h. jeder Attributname a_i ($i=1,...,m$) ist ein Name der Ordnung Null mit dem ihm zugeordneten Datentyp d_i.

Im Prinzip läßt sich auch das NF^2-Modell als Spezialfall der 'Database Logic' auffassen, wenn man Rekursionen in den Regeln ausschließt. Die Namen höherer Ordnung auf einer rechten Seite können dann als relationenwertige Attribute aufgefaßt werden. Insofern ist die Einordnung der 'Database Logic' unter den NF^2-Varianten gerechtfertigt.

Der 'Database Logic'-Kalkül ist wie die anderen Kalküle sortenorientiert. Als Sorten der Logik werden die Namen aus *NAME* verwendet. Somit sind die Variablen **x** des Kalküls an Namen $n \in NAME$ gebunden, was durch die Notation x_n kenntlich gemacht wird. Ist n ein Name höherer Ordnung, so kann x_n die Objekte des Typs n annehmen, andernfalls die Werte des dem Namen n zugeordneten Datentyps **d**. Zu beachten ist aber, daß die Sorten der Variablen ausschließlich durch das Schema festgelegt sind. Es gibt keine Möglichkeit, Variablen an andere Sorten wie z.B. $\text{prod}(n_1,...,n_m)$ zu binden.

Der Aufbau des Kalküls ist an den des Prädikatenkalküls angelehnt.

Terme:

(i) Konstanten **k** eines zum Namen n zugeordneten Datentyps $d \in SORT_{DT}$ sind Terme der Sorte n.

(ii) Ist **x** eine Variable zum Namen $n \in NAME$, so ist x_n ein Term der Sorte n. □

Atomare Formeln:

(i) Sind π: $d_1,...,d_n \in PRED_{DT}$ ein Datenprädikat, die Namen n_i von der Ordnung Null mit den ihnen zugeordneten Datentypen d_i und t_i Terme der Sorten n_i (i=1,...,n), so ist $\pi(t_1,...,t_n)$ eine atomare Formel.

(ii) Sind t_1,t_2 zwei Terme derselben Sorte, so ist $t_1 = t_2$ eine atomare Formel.

(iii) Sind $n = (n_1,...,n_m)$ eine Regel, t ein Term der Sorte n und t_i Terme der Sorten n_i (i=1,...,m), so ist $t(t_1,...,t_m)$ eine atomare Formel.

(iv) Sind t_1, t_2 zwei Terme der Sorten n_1, n_2 und gilt $n_2 \rightarrow^+ n_1$ [15] so ist $s(t_1,t_2)$ eine atomare Formel. □

Die Form (iii) der atomaren Formeln hat die Wirkung einer Bereichsformel. Sie stellt sicher, daß die Terme $t_1,...,t_m$ ein Objekt des Typs n konstituieren. Der Typ (iv) findet bei Rekursionen in Regeln sinnvollen Einsatz. Das Prädikat $s(t_2,t_1)$ ist erfüllt, wenn t_2 ein Objekt des Typs n_2 repräsentiert, das direkt oder indirekt ein Objekt t_1 des Typs n_1 enthält. Beispiele zu beiden Konzepten erfolgen später.

Formeln sind wie im Tupelkalkül aus Abschnitt 5.2.1 definiert.

---

[15] Die Relation '$\rightarrow$' ist wie folgt definiert: Ist $n=(n_1,...,n_m)$ eine Regel, so gilt $n \rightarrow n_i$ für i=1,...,m; '$\rightarrow^+$' ist dann die transitive Hülle von '$\rightarrow$'.

Anfragen:

Ist ϕ eine Formel mit den freien Variablen $x_{n_1},...,x_{n_k}$, so ist $\{\, x_{n_1},...,x_{n_k} \mid \phi \,\}$ eine Anfrage. $\qquad\qquad\square$

Die Anfragen aus Beispiel 5.1 lauten in diesem Kalkül:

Beispiel 5.10 (siehe Beispiel 5.1)

1. *Namen der Angestellten, die mehr als 3000 verdienen, zusammen mit den Namen der Abteilungen, in denen sie arbeiten*

$$\{\, x_{AName}, y_{Name} \mid \exists(x_{ANG})\, \exists(x_{ANr})\, \exists(x_{Gehalt})\, \exists(x'_{ANG})\, \exists(y_{ABT})\, \exists(y_{Nr})$$
$$(x_{ANG}(x_{ANr}, x_{AName}, x_{Gehalt}, x'_{ANG})\, \wedge$$
$$y_{ABT}(y_{Nr}, y_{Name}, x_{ANG})\, \wedge\, x_{Gehalt} > 3000)\, \}$$

Die Variable x_{AName} ist an die unendliche Menge der Datentypausprägung zu **string** gebunden, auch wenn die Notation x_{AName} suggeriert, daß x_{AName} nur die aktuell gespeicherten **AName**-Werte annehmen kann. Erst durch die atomare Formel $x_{ANG}(x_{ANr}, x_{AName}, x_{Gehalt}, x'_{ANG})$ vom Typ (iii) wird sichergestellt, daß die "Datenvariable" x_{AName} nur an aktuelle **AName**-Werte aus **ANG** gebunden ist. Die Verwendung von x_{ANG} in beiden atomaren Formeln $y_{ABT}(..., x_{ANG})$ und $x_{ANG}(...)$ wirkt wie ein "join", der **ABT** und **ANG** miteinander verbindet.

2. *Die Vereinigung der Angestellten- und Abteilungsnamen*

$$\{\, x_{AName} \mid \exists(x_{ANG})\, \exists(x_{ANr})\, \exists(x_{Gehalt})\, \exists(x'_{ANG})\, \exists(y_{ABT})\, \exists(y_{Nr})\, \exists(y_{ANG})$$
$$(x_{ANG}(x_{ANr}, x_{AName}, x_{Gehalt}, x'_{ANG})\, \vee\, y_{ABT}(y_{Nr}, x_{AName}, y_{ANG}))\, \}$$

Die Variable x_{AName} kann in $y_{ABT}(...)$ direkt verwendet werden, da sie eine (zu **Name** von **ABT**) passende Sorte hat.

3. *Alle Namen, die nicht als Angestelltennamen auftreten*

$$\{\, x_{Aname} \mid \forall(x_{ANG})\, \forall(x_{ANr})\, \forall(x_{Gehalt})\, \forall(x'_{ANG})$$
$$\neg\, (x_{ANG}(x_{ANr}, x_{AName}, x_{Gehalt}, x'_{ANG}))\, \}\quad\square$$

Aus Beispiel 5.10 (3) läßt sich unmittelbar folgern, daß Jacobs' Kalkül unsicher ist.

Mit der 'Database Logic' lassen sich auch Objekttypen (das sind eigentlich NF^2-Relationen) entschachteln:

Beispiel 5.11 (siehe Beispiel 5.8)

1. *Entschachtelung von ABT*

$$\{\, y_{Nr}, y_{Name}, x_{ANr} \mid \exists(y_{ABT})\, \exists(x_{ANG})\, \exists(x_{AName})\, \exists(x_{Gehalt})\, \exists(x'_{ANG})$$
$$(y_{ABT}(y_{Nr}, y_{Name}, x_{ANG})\, \wedge\, x_{ANG}(x_{ANr}, x_{AName}, x_{Gehalt}, x'_{ANG})\,)\, \}$$

2. Schachtelungen sind in diesem Kalkül nicht möglich, da Variablen nur an *vorhandene*, nicht aber an von der Modellbildung her mögliche Objekttypen gebunden werden können.

3. *Alle Abteilungen, die u.a. einen Angestellten mit Namen 'Schmidt' beschäftigen*

$$\{\ y_{Nr},y_{Name}\ |\ \exists(y_{ABT})\ \exists(x_{ANG})\ \exists(x_{ANr})\ \exists(x_{Gehalt})\ \exists(x'_{ANG})$$
$$(y_{ABT}(y_{Nr},y_{Name},x_{ANG})\ \wedge\ x_{ANG}(x_{ANr},\text{'Schmidt'},x_{Gehalt},x'_{ANG}))\ \}\qquad\Box$$

Mit der Form (iv) der atomaren Formeln kann man in einer rekursiven Modellierung wie der Angestelltenhierarchie in beliebiger Stufe "herabsteigen":

Beispiel 5.12　*Alle (direkten und indirekten) Untergebenen des Angestellten 'Meier'*

$$\{\ x_{AName}\ |\ \exists(x_{ANG})\ \exists(x_{ANr})\ \ \exists(x_{Gehalt})\ \exists(y_{ANG})$$
$$\exists(x'_{ANG})\ \exists(x'_{ANr})\ \ \exists(x'_{Gehalt})\ \exists(y'_{ANG})$$
$$(x_{ANG}(x_{ANr},x_{AName},x_{Gehalt},y_{ANG})\ \wedge$$
$$x'_{ANG}(x'_{ANr},\text{'Meier'},x'_{Gehalt},y'_{ANG})\ \wedge\ s(x_{ANG},x'_{ANG})\ )\ \}\qquad\Box$$

Das Prädikat $s(x_{ANG},x'_{ANG})$ ist erfüllt, wenn x'_{ANG} einen Untergebenen x_{ANG} besitzt. Insofern läßt sich die transitive Hülle der Untergebenenbeziehung berechnen. Diese Möglichkeit beschränkt sich allerdings nur auf rekursive Modellierungen ($n \rightarrow^+ n$) im Datenmodell.

Anfragen mit aggregierenden Funktionen lassen sich nicht formulieren. Diese Aussage ist auch für die nachfolgenden NF^2-Kalküle gültig.

5.3.3　Der NF^2-Kalkül

Jacobs' Formalismus wird von Roth [RKS88] als formale Grundlage benutzt, um eine weit verbreitete Variante des NF^2-Modells, das Relationenmodell mit relationenwertigen Attributen, zu definieren. Gegenüber [Jac82] verbietet [RKS88] somit Rekursionen in den Regeln: Es darf also nicht $n \rightarrow^+ n$ für einen Namen $n \in NAME$ gelten (mit der Relation '$\rightarrow$' aus Abschnitt 5.3.2).

Aus der Modellierung der Angestelltenhierarchie muß demnach die rekursive ANG-Regel abgeändert werden. Das erreicht man beispielsweise dadurch, daß die Untergebenenbeziehung durch die Angestelltennummern ausgedrückt wird:

```
ABT  = (Nr:  int, Name:  string, ANG)
ANG  = (ANr: int, AName: string, Gehalt: int, UNTG)
UNTG = (ANr: int)
```

Die Angestelltenhierarchie wird dadurch nicht mehr direkt modelliert; dem Attribut (Namen) ANr von UNTG wird implizit unterstellt, daß es Angestelltennummern aus ANG darstellt.

Das Verbot der rekursiven Regeln erlaubt eine hierarchische Sichtweise des Objekttyps ABT. ABT ist ein NF^2-Schema mit dem relationenwertigen Attribut Ang, d.h. der Wertebereich von Ang ist eine Relation ANG, wobei ANG selbst wieder ein relationenwertiges Attribut UNTG besitzt.

In der NF^2-Terminologie wird **ABT** auch als **externes NF^2-Schema** bezeichnet: **ABT** tritt selbst auf keiner rechten Seite einer Regel auf. Hingegen sind **ANG** und **UNTG** nur untergeordnete **interne** Schemata. Um diese Struktur zu verdeutlichen, wird **ABT** dargestellt als

> **ABT (Nr: int, Name: string,**
>   **ANG (ANr: int, AName: string, Gehalt: int,**
>   **UNTG (ANr: int)**   **))**

Jedes (interne oder externe) Schema besitzt somit eine Sorte $s \equiv \text{prod}(s_1,...,s_n)$ aus einer Menge $SORT^{NF}$, die wie folgt definiert ist:

> Es gilt $s \in SORT^{NF}$, wenn $s \equiv \text{prod}(s_1,...,s_n)$ mit $s_i \equiv d_i \in SORT_{DT}$ oder
> $s_i \equiv \text{set}(s_i')$ mit $s_i' \in SORT^{NF}$ für $i=1,...,n$ ist.

Insofern hat **ABT** die Sorte

> **prod(int, string, set(prod(int, string, int, set(prod(int))))).**

Der Kalkül von [RKS88] ist von der Art her sehr verschieden von [Jac82] und orientiert sich am Tupelkalkül von [Ull82]. Während Jacobs Variablen nur an Namen bindet, lassen [RKS88] Variablen über beliebigen aus Datentypen mittels **set** und **prod** gebildeten Sorten **s** zu, sofern diese ein korrektes NF^2-Schema darstellen. Diese Tatsache verleiht dem Kalkül zusätzliche Möglichkeiten. Der Kalkül ist im einzelnen wie folgt aufgebaut:

Terme:

(i) Konstanten **k** eines Datentyps $d \in SORT_{DT}$ sind Terme der Sorte **d**.

(ii) Sind **x** eine Variable der Sorte $\text{prod}(s_1,...,s_n) \in SORT^{NF}$ und $i \in 1..n$, so ist **x.i** ein Term der Sorte **s**.   □

Atomare Formeln:

(i) Sind **r** ein externes NF^2-Schema der Sorte $\text{prod}(s_1,...,s_n) \in SORT^{NF}$ und **x** eine Variable derselben Sorte, so ist **r(x)** eine atomare Formel.

(ii) Sind $\pi: d_1,...,d_n \in PRED_{DT}$ ein Datenprädikat und t_i Terme der Sorten d_i ($i=1,...,n$), so ist $\pi(t_1,...,t_n)$ eine atomare Formel.

(iii) Sind **x** eine Variable der Sorte $\text{prod}(s_1,...,s_n) \in SORT^{NF}$ mit $s_i \equiv \text{set}(s')$ für ein $i \in 1..n$ und **x'** eine Variable der Sorte **s'**, so ist **x'** $\in$ **x.i** eine atomare Formel.

(iv) Sind **x** eine Variable der Sorte $\text{prod}(s_1,...,s_n) \in SORT^{NF}$ und **x'** eine Variable der Sorte $\text{prod}(s_1',...,s_m') \in SORT^{NF}$, ist $s_i \equiv s_j' \equiv d \in SORT_{DT}$ für ein $i \in 1..n$, $j \in 1..m$, und ist **k** eine Konstante dieser Sorte **d**, so sind **x.i=x'.j**, **x.i=k** und **k=x'.j** atomare Formeln.

(v) Sind **x** eine Variable der Sorte $\text{prod}(s_1,...,s_n) \in SORT^{NF}$ mit $s_i \equiv \text{set}(s')$ für ein $i \in 1..n$ und ϕ eine Formel mit (mindestens) einer freien Variablen **y** der Sorte **s'**, so ist **x.i** = **{ y:s'** | ϕ **}** eine atomare Formel.   □

Formeln und **Anfragen** sind wie im Tupelkalkül definiert.

Zu beachten ist, daß $\{$ **y:s**$'$ $\mid$ ϕ $\}$ kein Term ist, wohl aber in Vergleichen der Form
(v) (und auch nur dort) verwendet werden darf.

Sieht man einmal von diesen mengenwertigen Termen $\{$ **y:s**$'$ $\mid$ ϕ $\}$ in Formeln ab,
so ähnelt der Kalkül sehr stark dem Tupelkalkül. In der Tat sind alle Anfragen
des Tupelkalküls auch hier korrekte Anfragen, natürlich 1NF-Relationen voraussetz-
zend. Die Tatsache, daß Variablen aus **prod** und **set** gebildete Sorten haben können,
ermöglicht bereits, beliebige Schachtelungen und Entschachtelungen zu formulieren.

Beispiel 5.13 (siehe Beispiel 5.8, 5.11)

1. *Entschachtelung von ABT (über die Stufen ANG und UNTG)*

```
{ x:prod(int,string,int,string,int,int) |
    ∃(abt) (ABT(abt) ∧ x.1 =abt.Nr ∧ x.2=abt.Name ∧
     ∃(ang) (ang∈abt.ANG ∧
             x.3=ang.ANr ∧ x.4=ang.AName ∧ x.5=ang.Gehalt ∧
             ∃(untg) (untg∈ang.UNTG ∧ x.6=untg.ANr)         ) ) }
```

   Zu beachten ist, daß die Variable **ang** nicht an das interne Schema **ANG** gebunden
   werden darf. Es muß also der "Einstieg" zu **ANG** über das externe NF^2-Schema
   ABT mittels **ang∈abt.ANG** vorgenommen werden.

2. *Schachtelung von ANG bzgl. AName*

```
{ x:prod(string,set(prod(int))) |
    ∃(abt) (ABT(abt) ∧ ∃(ang) (ang∈abt.ANG ∧
    x.1 = ang.AName ∧
    x.2 = { nr:prod(int)|∃(ang')(ang'∈abt.ANG ∧
                         nr.1=ang'.ANr ∧
                         ang'.AName=ang.AName) } ) ) }
```

3. *Alle Abteilungen, die u.a. einen Angestellten 'Schmidt' beschäftigen*

```
{ x:prod(int,string) |
        ∃(abt) (ABT(abt) ∧ x.1=abt.Nr ∧ x.2=abt.Name ∧
        ∃(ang) (ang∈abt.ANG ∧ ang.AName='Schmidt') ) }    □
```

Da der Kalkül eine direkte Erweiterung des Tupelkalküls [Ull82] ist und alle Tupel-
kalkülanfragen auch hier gültig sind, ist er ebenfalls unsicher. [RKS88] charakterisieren sichere Anfragen ('safe formulas') analog zu Ullman auf semantische Art und
Weise. Insbesondere garantiert ihr Sicherheitsbegriff auch eine endliche Auswertung
von Termen der Form $\{$ **y:s**$'$ $\mid$ ϕ $\}$.

5.3.4 Der 'Complex Object'-Kalkül

Das 'Complex Object'-Modell von Abiteboul und Beeri [AbB88] ist das allgemeinste der hier vorgestellten NF^2-Modelle. Mit Datentypen als atomaren Objekttypen beginnend, lassen sich mittels **set** und **prod** in beliebiger Kombination höhere Objekttypen bilden. Während das NF^2-Modell nur relationenwertige Attribute zuläßt, sind im 'Complex Object'-Modell auch Attribute mit einem Wertebereich der Sorte **prod(prod(s))** oder **set(set(s))** mit beliebigen Sorten **s** erlaubt.

Ausgehend von Datentypen $SORT_{DT}$ und Attributen $ATTR$ wird die Menge $TYPE$ komplexer Objekttypen wie folgt formal definiert:

(i) Jeder Datentyp $d \in SORT_{DT}$ ist ein (atomarer) Objekttyp in $TYPE$ mit der Sorte **d**.

(ii) Sind $o_1,...,o_n \in TYPE$ Objekttypen und $a_1,...,a_n \in ATTR$ Attributnamen, so ist $[a_1{:}o_1,...,a_n{:}o_n]$ ein (Tupel-) Objekttyp in $TYPE$ mit der Sorte $prod(o_1,...,o_n)$.

(iii) Sind $o \in TYPE$ ein Objekttyp und $a \in ATTR$ ein Attributname, so ist { a:o } ein (Mengen-) Objekttyp in $TYPE$ mit der Sorte **set(o)**.

(iv) Ist $o \in TYPE$ ein Objekttyp und $a \in ATTR$ ein Attributname, so ist **a:o** ein (benannter) Objekttyp in $TYPE$ mit der Sorte **o**. $\quad\square$

Analog zu [RKS88] werden externe Objekttypen, die also selbst nicht zur Bildung eines Typs in $TYPE$ verwendet werden, explizit ausgezeichnet.

Die Abteilungsdatenbank läßt sich in in dieser Notation als ein komplexer, externer Objekttyp **ABT** modellieren:

```
ABT : { [Nr: int, Name: string,
         ANG : { [Anr: int, AName: string, Gehalt: int,
                 UNTG : { Nr: int }              ] } ] }
```

Die [ ]-Klammern entsprechen dabei der **prod**-Bildung und die { }-Klammern der **set**-Bildung. Ihrer Kombination sind keinerlei Grenzen gesetzt. So ist beispielsweise **UNTG : { Nr: int }** hier möglich, in [RKS88] aber verboten.

Der in [AbB88] definierte Kalkül ist eine systematische Erweiterung von [RKS88], der insbesondere Variablen und Terme beliebiger Sorten **s** im Sinne der Modellbildung zuläßt.

Terme:

(i) Konstanten **k** eines Datentyps $d \in SORT_{DT}$ sind Terme der Sorte **d**.

(ii) Ist **x** eine Variable einer beliebigen Sorte **s**, so ist **x** ein Term derselben Sorte.

(iii) Ist **t** ein Term der Sorte $prod(s_1,...,s_n)$ und ist $i \in 1..n$, so ist **t.i** ein Term der Sorte s_i.

(iv) Ist ϕ eine Formel mit einer freien Variablen **x** der Sorte **s**, so ist $\{$ **x:s** $\mid$ ϕ $\}$ ein Term der Sorte **set(s)**.   □

Atomare Formeln:

   (i) Ist **o** ein externer Objekttyp und **t** ein Term der Sorte **o**, so ist **o(t)** eine atomare Formel.

   (ii) Sind π: $d_1,\ldots,d_n$ ϵ $PRED_{DT}$ ein Datenprädikat und t_i Terme der Sorten d_i (i=1,...,n), so ist $\pi(t_1,\ldots,t_n)$ eine atomare Formel.

   (iii) Sind t_1, t_2 zwei Terme derselben Sorte **s**, so ist $t_1{=}t_2$ eine atomare Formel.

   (iv) Sind **t** ein Term der Sorte **s** und t_{set} ein Term der Sorte **set(s)**, so ist $t \in t_{set}$ eine atomare Formel.   □

Formeln und **Anfragen** sind wie in [RKS88] definiert.

Der Kalkül enthält den von [RKS88], d.h. alle Anfragen aus Abschnitt 5.3.3 sind korrekte Anfragen. Die Besonderheit dieses Kalküls ist, daß er das 'Complex Object'-Modell unterstützt, was bzgl. der Anfrageformulierung die Berechnung der transitiven Hülle mit sich bringt:

Beispiel 5.14 (siehe Beispiel 5.12)

Alle (direkten und indirekten) Untergebenen des Angestellten 'Meier'

```
⊣ x:prod(int,string) |  ∃(abt)(ABT(abt) ∧
    ∃(ang)(ang∈abt.ANG ∧ x.1=ang.ANr ∧ x.2=ang.AName) ∧          (*)
    ∃(pset:set(int)) (x.1∈pset ∧
      ∀(i:int)(i∈pset ⇔                                          (**)
          ∃(ang)(ang∈abt.ANG ∧ i∈ang.UNTG ∧
              (ang.AName='Meier' ∨ ang.ANr∈pset)) )) ) ⊢ □
```

Die Formel (*) $\exists$(ang)(...) fordert, daß **x** die Nummer und den Namen eines Angestellten annimmt. Die Formel (**) $\forall$(i:int))(...) legt fest, daß die Variable **pset** genau die Nummern der direkten und indirekten Untergebenen des Angestellten mit Namen 'Meier' enthält. Diese Formulierung ist allerdings in dieser Form nur dann korrekt, wenn die Ausprägung zur Modellierung eine Hierarchie darstellt. Enthält die Ausprägung jedoch Zyklen, beispielsweise so, daß der Angestellte 2 Untergebener von sich selbst ist, so muß die Menge **pset** nicht notwendig minimal sein: Es gibt auch eine Belegung von **pset**, die neben der korrekten Menge der Untergebenen auch die ungewünschte Nummer 2 enthält. In diesem Fall ist eine Formel hinzuzufügen, die die Minimalität von **pset** fordert.

Diese Anfrage läßt sich im Kalkül von [RKS88] nicht formulieren, da dort nur Elementabfragen der Form $x'{\in}x.i$ mit Variablen x' und **x** (entsprechender Sorte) zugelassen sind. Auch wenn diese Einschränkung gegenüber $t{\in}t_{set}$ mit beliebigen Termen t, t_{set} nur unwesentlich erscheint, so wirkt sie sich doch sehr bedeutsam auf die Funktionalität aus.

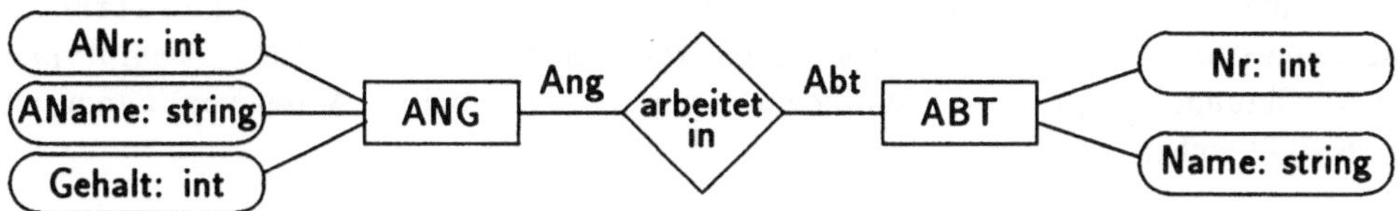

Abbildung 3: *ER-Schema zur Abteilungsdatenbank*

Im Gegensatz zu [Jac82] erlaubt der 'Complex Object'-Kalkül auch rekursive Anfragen, die sich nicht nur auf in der Modellierung vorhandene Rekursionen beziehen. So läßt sich die transitive Hülle jeder durch eine Anfrage gegebenen Relation berechnen.

Wie im Kalkül von Roth [RKS88] können auch hier unsichere Anfragen formuliert werden. Während aber [RKS88] sichere Anfragen semantisch charakterisiert, stellt [AbB88] eine syntaktisch eingeschränkte Variante vor, die einerseits nur sichere Anfragen erlaubt, aber andererseits dieselbe Mächtigkeit besitzt. Diese Variante verwendet wie der Relationenkalkül von [Cod72] Bereichsformeln ('range formulas'), deren Aufbau aber wesentlich komplexer ist. Einzelheiten können in [AbB88] nachgelesen werden.

Der Vollständigkeit halber sei noch der Prolog-orientierte Kalkül von [BaK86] erwähnt, der vom Prinzip her ebenfalls auf dem 'Complex Object'-Modell basiert. Da sich der Kalkül in seiner Syntax grundlegend von den bislang diskutierten Kalkülen unterscheidet, soll er hier nicht vorgestellt werden.

5.4 Kalküle für Entity-Relationship-Ansätze

5.4.1 Der ER-Kalkül

Der von Atzeni und Chen in [AtC81] definierte ER-Kalkül basiert auf dem klassischen ER-Modell von [Che76], d.h. er beruht auf Entitytypen (e $\in$ *E-TYPE*), Relationshiptypen (r(n_1:e_1,...,n_m:e_m) $\in$ *R-TYPE*) und elementaren Attributen (a $\in$ *ATTR*) der Form a: e $\rightarrow$ d oder a: r $\rightarrow$ d mit d $\in$ *SORT*$_{DT}$.

Eine mögliche Modellierung der Abteilungsdatenbank ist dann in Abbildung 3 als ER-Diagramm gegeben.

Das Ziel von [AtC81] war es, den Begriff der relationalen Vollständigkeit [Ull82] auf das ER-Modell zu übertragen, um somit einen Maßstab für die Mächtigkeit von ER-basierten Anfragesprachen festzulegen.

Der Kalkül ist im Vergleich zu den bisher vorgestellten Kalkülen sehr einfach aufgebaut und bietet keine komplexen Formulierungsmöglichkeiten. Um so mehr verwundert es, daß die ersten ER-Anfragesprachen wie [Sho78, Poo78] dem recht einfachen Kriterium der durch den Kalkül definierten *ER-Vollständigkeit* nicht genügen konnten.

Der Aufbau des Kalküls gliedert sich wieder in Terme, atomare Formeln und Formeln.
Variablen sind sortengebunden; als Sorten stehen nur Entity- und Relationshiptypen
zur Verfügung. Aufgrund der endlichen Ausprägungen beider Arten von Typen ist
der Kalkül sicher.

Terme:

(i) Jede Variable x einer Sorte s ($s \in$ *E-TYPE* $\cup$ *R-TYPE*) ist ein Term der Sorte
s.

(ii) Ist x eine Variable zu einem Entitytyp $e \in$ *E-TYPE* und ist $a: e \rightarrow d \in ATTR$
ein Attribut von e mit dem Wertebereich $d \in SORT_{DT}$, so ist $x.a$ ein Term der
Sorte d.

(iii) Ist x eine Variable zu einem Relationshiptyp $r(n_1:e_1,\ldots,n_m:e_m) \in$ *R-TYPE*, so
ist $x.e_i$ (für i=1,...,m) ein Term der Sorte e_i [16]. $\Box$

Atomare Formeln bestehen aus Vergleichen '=' zwischen Termen derselben Sorte.
Für datenwertige Terme gibt es die üblichen Datenprädikate $\pi \in PRED_{DT}$, wie z.B.
'<' oder '$\geq$'.

Formeln haben den üblichen Aufbau, siehe z.B. Abschnitt 5.2.1.

Anfragen:

Sind x_j Variablen der Sorten s_j, $s_j \in$ *E-TYPE* $\cup$ *R-TYPE* (j=1,...,k), ϕ eine
Formel, die nur die Variablen $x_1,\ldots,x_k$ enthält, und $i_1,\ldots,i_p \in 1..k$ ($p \geq 1$), so ist
$\{ x_{i_1},\ldots,x_{i_p} \mid (x_1:s_1) \wedge \ldots \wedge (x_k:s_k) \wedge \phi \}$ eine Anfrage. $\Box$

Alle überhaupt verwendeten Variablen müssen als $(x_1:s_1) \wedge \ldots \wedge (x_k:s_k)$ deklariert werden, insbesondere die in der Formel ϕ als $\exists(x)$ und $\forall(x)$ quantifizierten
Variablen. Diese Liste übernimmt die Aufgabe von Bereichsformeln, indem jedes
x_j an einen endlichen Wertebereich s_j gebunden wird. Nur Variablen aus der Liste
dürfen als Zielterme benutzt werden. Das Ergebnis einer Anfrage besteht aus den
Entities und Beziehungen (zu einem Relationshiptyp), die den Zielvariablen $x_{i_1},\ldots,x_{i_p}$
zugeordnet sind. Es besteht also nicht die Möglichkeit, auf einzelne Attribute zu pro-
jizieren, wodurch der Kalkül die Mächtigkeit der Relationenalgebra (im übertragenen
Sinne) nicht erreicht: Der Kalkül ist gewissermaßen nicht relational vollständig, obwohl er ER-Vollständigkeit explizieren soll!

Die einzige prinzipielle Neuerung gegenüber dem (sicheren) Tupelkalkül [Cod72] ist
die Berücksichtigung von Relationshiptypen. Das folgende Beispiel zeigt, wie Relationshiptypen dazu benutzt werden können, miteinander in Beziehung stehende
Entities zu verbinden:

---

[16]Aus [AtC81] geht nicht hervor, was passiert, wenn ein Entitytyp e mehrmals an r teilnimmt,
also $e = e_i = e_j$ mit $i \neq j$ gilt.

Beispiel 5.15

Alle Angestellten, die mehr als 3000 verdienen, zusammen mit den Abteilungen, in denen sie arbeiten

```
{ ang, abt | (ang:ANG) ∧ (abt:ABT) ∧ (ai:arbeitet-in) ∧
             ∃(ai) (ai.ANG=ang ∧ ai.ABT=abt ∧ ang.Gehalt>3000) }
```

Eine Relationship-Variable **ai** wird existentiell gebunden, und die Namen **Ang** und **Abt** der beteiligten Entitytypen dazu verwendet, die teilnehmenden Entities in Beziehung zu setzen.   □

[AtC81] legt dem ER-Modell weder eine formale Definition noch eine formale Semantik zugrunde. Infolgedessen besitzt der Kalkül auch keine formale Semantikdefinition. Zum Beispiel bleibt ungeklärt, was das Ergebnis einer Relationship-Variable ist: Werden die an konkreten Beziehungen beteiligten Entities ausgegeben, und wenn ja, in welcher Form?

5.4.2 Der ERC-Kalkül

Der ERC-Kalkül von Parent [PRYS89] basiert auf dem Entity-Relationship-Complex-Modell (ERC-Modell) [PaS89], das ursprünglich in [PaS84] eingeführt wurde. Als grundlegende Erweiterung gegenüber dem ER-Modell [Che76] werden *komplexe Attribute* eingeführt. Komplexe Attribute können einen Wertebereich haben, der sich durch Anwendung der Konstruktoren [ ] und { } auf vordefinierte Datentypen $d \in SORT_{DT}$ bilden läßt. Ihre Definition gleicht den komplexen Objekten von [AbB88] bis auf die Tatsache, daß der Konstruktor { } der Multimengenbildung (**bag**) entspricht.

Die in den komplexen Objekttypen auftretenden Namen werden als Attribute in [PaS89] bezeichnet. Der Begriff "komplexes Attribut" soll somit besagen, daß eine Schachtelung von derartigen Attributen möglich ist. Da es sich im Prinzip um eine komplexe Attributdomäne handelt, werden wir im folgenden auch den Begriff *komplexe Domäne* verwenden.

Da das ERC-Modell eine echte Obermenge des klassischen ER-Modells [Che76] ist, ist natürlich die Modellierung in Abbildung 3 weiterhin korrekt und sinnvoll. Ungeachtet dessen stellen wir eine Modellierung unter Verwendung komplexer Attribute vor, anhand derer die Kalkülkonzepte zur Unterstützung der komplexen Attribute demonstriert werden können. Ein dem komplexen Objekttyp aus Abschnitt 5.3.4 entsprechender Entitytyp **ABT** ist in Abbildung 4 als ERC-Diagramm dargestellt.

Doppellinien repräsentieren den { }-Konstruktor, während einfache Linien elementare Attribute darstellen. Hierbei ist **Ang** ein wie folgt definiertes komplexes Attribut:

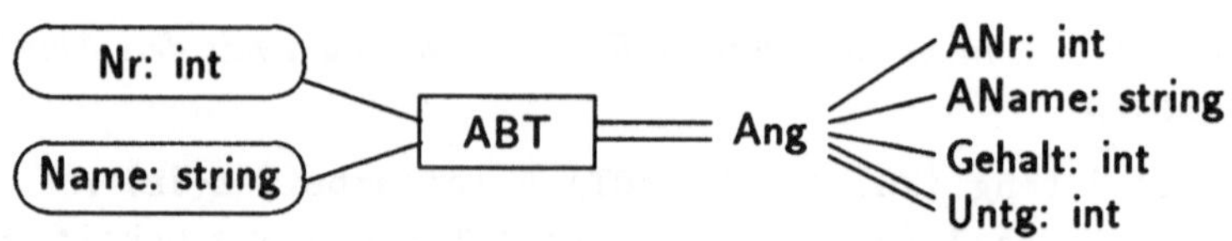

Abbildung 4: *ERC-Schema zur Abteilungsdatenbank*

Ang : { [ANr: int, AName: string, Gehalt: int, Untg: {int}] } .

Selbstverständlich kann **Untg** weiter strukturiert sein, jedoch sind Rekursionen im Sinne **Untg**: {**Ang**} ausgeschlossen. Verglichen mit dem EER-Modell sind die komplexen Attribute vom Prinzip her eine andere Form benutzerdefinierter Datentypen, unter ausschließlicher Verwendung von **prod** und **bag**, wobei als Datenoperationen nur die Attributnamen zulässig sind.

Parent definiert in [PRYS89] mehrere Kalküle für das ERC-Modell. Hier ist nur der allgemeine Kalkül von Interesse, da dieser am mächtigsten ist. Als eingeschränkte Varianten werden noch ein sicherer Kalkül vorgestellt sowie ein Kalkül, der äquivalent zur in [PaS84, PaS85] definierten Algebra ist.

Die Verwendung komplexer Attribute im Sinne komplexer Objekte [AbB88] legt nahe, deren Handhabung zu adaptieren. Wohl aus Gründen der angestrebten Äquivalenz zu einer ERC-Algebra kann von [PRYS89] nicht die gesamte Funktionalität von [AbB88] übernommen werden, vielmehr erfolgt eine Anlehnung an [RKS88]. Diese Verwandtschaft wird offensichtlich, wenn die NF^2-typischen Anfragen im ERC-Kalkül reformuliert werden:

Beispiel 5.16 (siehe Beispiele 5.8, 5.11, 5.13)

1. *Entschachtelung von ABT (über die Stufen Ang und Untg)*

```
{ x:[1:int,2:string,3:int,4:string,5:int,6:int] |
   ∃(abt) (ABT(abt) ∧ x.1=abt.Nr ∧ x.2=abt.Name ∧
        ∃(ang) (ang∈abt.Ang ∧ x.3=ang.ANr ∧ x.4=ang.AName ∧
             x.5=ang.Gehalt ∧
             ∃(u) (u∈ang.Untg ∧ x.6=u) ) ) }
```

2. *Schachtelung von ABT bzgl. AName*

```
{ x:[1:string,2:{int}] |
   ∃(abt) (ABT(abt) ∧ ∃(ang) (ang∈abt.Ang ∧
        x.1 = ang.AName ∧
        x.2 = {no:int | ∃(ang')(ang'∈abt.Ang ∧ no=ang'.ANr ∧
                            ang'.AName=ang.AName) }      )) }
```

3. *Alle Abteilungen, die u.a. einen Angestellten mit Namen 'Schmidt' beschäftigen*

```
{ x:[1:int,2:string] |
    ∃(abt) (ABT(abt) ∧ x.1=abt.Nr ∧ x.2=abt.Name ∧
           ∃(ang) (ang∈abt.Ang ∧ ang.AName='Schmidt') ) }          □
```

Ungeachtet der Ähnlichkeit, unterscheiden sich doch die formalen Definitionen der Kalküle sehr gravierend. Ein Grund dafür ist in den erlaubten Sorten für Variablen zu suchen. Im ERC-Kalkül können Variablen an Entitytypen, Relationshiptypen und komplexen Domänen gebunden werden. Auf dieser Grundlage werden Terme gebildet.

Terme:

(i) Konstanten **k** eines Datentyps **d** ϵ *TYPE* sind Terme der Sorte **d**.

(ii) Ist **x** eine Variable der Sorte **e** ϵ *E-TYPE*, **r** ϵ *R-TYPE* oder **d'** ϵ *TYPE*, so ist **x** ein Term dieser Sorte.

(iii) Sind **x** eine Variable der Sorte **e** ϵ *E-TYPE* oder **r** ϵ *R-TYPE* und **a**: **e**/**r** → **d'** ein Attribut mit **d'** ϵ *TYPE*, so ist **x.a** ein Term der Sorte **d'**.

(iv) Ist **t** ein Term der Sorte **d'** ϵ *TYPE* mit **d'** $\equiv$ $[a_1:d'_1,\ldots,a_n:d'_n]$ oder **d'** $\equiv$ { [$a_1:d'_1,\ldots,a_n:d'_n$] }, so ist **t.a$_i$** ein Term der Sorte **d'$_i$** bzw. **bag(d'$_i$)** für alle i ϵ 1..n.

(v) Ist **t** ein Term der Sorte **d'** ϵ *TYPE* mit **d'** $\equiv$ { **d''** }, so ist **Card(t)** ein Term der Sorte **int**.   □

Spezifisch für den Kalkül sind die sogenannten *Attributketten* ('attribute chains'), eine Kombination von (iii) und (iv). Attributketten erlauben die Hintereinanderschaltung von Attributen auch über Mehrwertigkeit hinweg. Zum Beispiel bestimmt **abt.Ang.AName** die Multimenge aller Angestelltennamen in der Abteilung **ABT**. Obwohl **abt.Ang** eine Multimenge von Angestellten liefert und im strengen mathematischen Sinne die Anwendung des Attributs **AName** nicht erfolgen kann, wird diese Form im Kalkül zugelassen. Nichtsdestoweniger handelt es sich hierbei um "syntaktischen Zucker", der zum Beispiel in [AbB88] auch gleichwertig als { **y** | ∃(ang) (ang∈abt.Ang ∧ y=ang.AName } notiert werden kann.

Aggregierende Funktionen werden vom ERC-Kalkül nur in einer sehr rudimentären Form als Zählfunktion **Card** bereitgestellt. Im Gegensatz zur kongruenten Funktion **Cnt** ist sie nur auf mehrwertige Attributketten beschränkt (v). Insbesondere ist die signifikante Kombination von **Card** und { ... } nicht möglich.

Atomare Formeln, *atoms* in [PRYS89] genannt, werden in drei Kategorien unterteilt:

- *Deklarative Atome* ('declarative atoms'):

    (i) Ist **x** eine Variable der Sorte **e** ϵ *E-TYPE*, so ist **e(x)** ein deklaratives Atom für **x**.

(ii) Sind x_r eine Variable der Sorte $r(n_1{:}e_1,\ldots,n_m{:}e_m) \in R\text{-}TYPE$ und x_i Variablen der Sorten e_i ($i=1,\ldots,m$), so ist $r(x_r,n_1/x_1,\ldots,n_m/x_m)$ ein deklaratives Atom für x_r.

(iii) Sind x eine Variable der Sorte $d' \in TYPE$ und t ein Term der Sorte d'' mit $d'' \equiv [\, a_1{:}d_1',\ldots,a_n{:}d_n'\,]$, wobei $d_i' \equiv \{\, d'\,\}$ für ein $i \in 1..n$, so ist $x \in t.a_i$ ein deklaratives Atom für x.

- *Zuweisungsatome* ('assignment atoms'):

  (i) Sind x eine Variable der Sorte $e \in E\text{-}TYPE$ oder $d' \in TYPE$, a ein Attribut $a{:}\ e/d' \to d''$, und t ein Term der Sorte d'', so ist $x.a{=}t$ ein Zuweisungsatom.

  (ii) Sind x eine Variable der Sorte $d' \in TYPE$, und t ein Term derselben Sorte, so ist $x{=}t$ ein Zuweisungsatom.

  (iii) Sind x eine Variable der Sorte $e \in E\text{-}TYPE$ oder $d' \in TYPE$, a ein Attribut $a{:}\ e/d' \to bag(d'')$, y eine Variable der Sorte d'', und ϕ eine Formel mit (mindestens) einer freien Variable y, so ist $x.a = \{\, y \mid \phi(y)\,\}$ ein Zuweisungsatom.

- *Vergleichsatome* ('comparison atoms') erlauben die übliche Anwendung von Datenprädikaten π auf Terme.   □

Bemerkenswert ist, daß das deklarative Atom $r(x_r,n_1/x_1,\ldots,n_m/x_m)$ zwei Zwecken dient. Zunächst einmal stellt es ein Prädikat dar, das fordert, daß die Entity-Variablen x_i in einer Beziehung des Typs r zueinander stehen. Des weiteren wird eine Relationship-Variable x_r an den Relationshiptyp r gebunden, mit der man auf die Attribute des Typs in der Form $x_r.a$ zugreifen kann.

Die Zuweisungsatome tragen eine etwas irreführende Bezeichnung, da keine Zuweisung im Sinne imperativer Programmiersprachen erfolgt. Begründet ist der Name dadurch, daß durch ein Zuweisungsatom eine Strukturgleichheit der linken und rechten Seite der "Zuweisung" '=' gefordert wird, die sich auch auf Kardinalitäten, etc. überträgt. Im Prinzip verbirgt sich aber kein neues Konzept dahinter; die Arbeitsweise wird in [AbB88, RKS88] schlichtweg als atomare Formel realisiert.

Die Definition der **Formeln** ist wie üblich.

Anfragen:

Ist ϕ eine Formel, die genau eine freie Variable x der Sorte $d' \in TYPE$ besitzt, und $\gamma \equiv 1$ oder $\gamma \equiv *$, so ist $\{\, (\gamma)\ x{:}d' \mid \phi\,\}$ eine Anfrage.   □

Der Indikator γ zeigt an, ob Duplikate aus dem Anfrageergebnis (Multimenge!) eliminiert werden sollen ($\gamma = 1$) oder nicht ($\gamma = *$). Das Ergebnis einer Anfrage hat die durch den Typ der Zielvariablen definierte Struktur und konstituiert einen neuen Entitytyp, der komplexe Attribute gemäß d' besitzt, die durch Zuweisungsatome festgelegt sind. Der Resultat-Entitytyp ist nicht vom ERC-Schema isoliert, sondern wird in das Relationship-Geflecht eingebettet, so daß die Entities des Ergebnisses an Beziehungen teilnehmen. Diese Konzept ist äußerst nützlich hinsichtlich einer Weiterverwendung des Ergebnisses, was insbesondere für Sichten eine sinnvolle Anwendung findet. Allerdings ist es bedauernswert, daß die Kalküldefinition diesen wichtigen Sachverhalt nicht formal erfaßt.

Die reinen ER-Konzepte werden selbstverständlich ebenfalls geeignet unterstützt. indem Relationshiptypen als deklarative Atome verwendet werden. Das Beispiel 5.15 läßt sich somit bzgl. des ER-Diagramms 3 aus Abschnit 5.4.1 wie folgt formulieren:

Beispiel 5.17 (siehe Beispiele 5.1, 5.2, 5.10, 5.15)

1. *Alle Angestellten, die mehr als 3000 verdienen, zusammen mit den Abteilungen, in denen sie arbeiten*

   ```
   { (*) x:[1:string,2:string] | ∃(abt) ∃(ang) ∃(ai)
     (ABT(abt) ∧ ANG(ang) ∧ arbeitet-in(ai,Abt/abt,Ang/ang) ∧
      x.1=abt.Name ∧ x.2=ang.AName ∧ ang.Gehalt>3000 )          }
   ```

   `arbeitet-in(ai,Abt/abt,Ang/ang)` ist ein als deklaratives Atom verwendeter Relationshiptyp. `x.1=abt.Name` und `x.2=ang.AName` sind Zuweisungsatome, die das Ergebnis zu einem Entitytyp mit den Attributen 1 und 2 werden läßt.   □

Zum Abschluß der Diskussion soll noch einmal ein Vergleich zu den ähnlichen Kalkülen [RKS88] und [AbB88] gezogen werden. Obwohl die Definition der komplexen Attribute gemäß dem Muster von [AbB88] aufgebaut ist, sind die Handhabung und auch die Funktionalität dem Kalkül von Roth angelehnt [RKS88]. Zum Beispiel ist `{ y | φ(y) }` kein Term, eine Verwendung kann nur in der Konstellation `x.a ∈ { y | φ(y) }` erfolgen. Weder `t = { y | φ(y) }` noch `t ∈ { y | φ(y) }` mit beliebigen Termen `t` sind zulässig. Als eine unmittelbare Konsequenz läßt sich auch die transitive Hülle nicht berechnen. Wie in [RKS88] hapert es an der fehlenden Form $t_1 \in t_2$ von deklarativen Atomen.

Die Ähnlichkeit setzt sich auch bei der Sicherheit fort. Der ERC-Kalkül ist unsicher, allerdings werden auch Regeln definiert, die Sicherheit garantieren.

5.4.3 Der EER-Kalkül

Der ursprünglich zum EER-Modell in [HoG88] definierte und anschließend in [Hoh89, Hoh90, GoH91] erweiterte EER-Kalkül ist ein sicherer Kalkül, d.h. jede syntaktisch korrekte Anfrage liefert ein endliches Ergebnis. Im Prinzip enthält er alle hier vorgestellten Kalküle, sofern man das EER-Modell auf die den jeweiligen Modellen unterliegenden Strukturen einschränkt und von der Formulierung unsicherer Anfragen einmal absieht.

Die folgende Diskussion des EER-Kalküls verwendet ein eigenes, unter Ausnutzung EER-spezifischer Modellierungsmittel erweitertes EER-Diagramm der Abteilungsdatenbank (Abbildung 5).

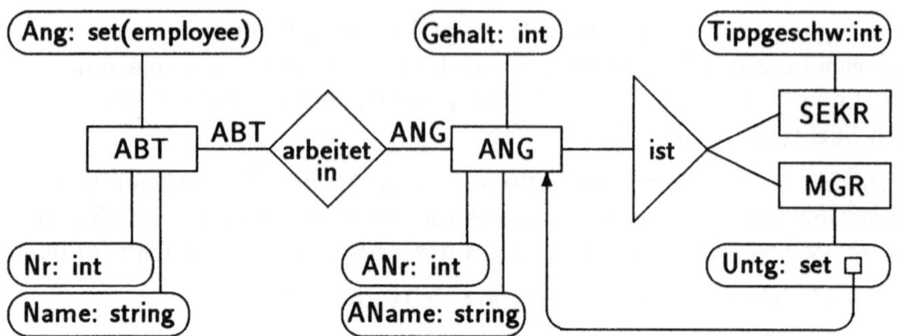

Abbildung 5: EER-Schema zur Abteilungsdatenbank

Um einerseits einen angemessenen Vergleich zu den anderen Kalkülen zu ermöglichen, aber andererseits auch die EER-spezifischen Konzepte zum Einsatz zu bringen, ist die abstrakte Beziehung 'Angestellter arbeitet in Abteilung' zweifach modelliert, einmal als Relationshiptyp **arbeitet-in** und einmal als mengenwertiges Attribut **Ang: ABT** → **set(employee)** mit einem komplexen Datentyp

$$\textsf{employee} \equiv \textsf{prod(int,string,int,set(int))}$$

und den zugehörigen Datenoperationen

ENo : employee → int,	**EName**: employee → string,	
Salary: employee → int und	**Subs** : employee → set(int).	

Die Datenoperation **Subs** ist eine NF^2-nahe Modellierung der Angestelltenhierarchie, die zusätzlich als Komponente **Untg: MGR** → **set(ANG)** EER-konformer nachgebildet wird. Zudem wird eine Typkonstruktion **ist(ANG ; SEKR,MGR)** verwendet, die alle Angestellten in Manager(innen) und Sekretär(innen) partitioniert.

Der EER-Kalkül schlägt die Richtung von [Cod72, Klu82, Bül87, ÖÖM87] ein. Ähnlich diesen Vorschlägen, insbesondere dem von [Klu82], wird der hierarchische Aufbau der Prädikatenlogik

Terme ⟶ Atomare Formeln ⟶ Formeln

verlassen und die rekursive Struktur

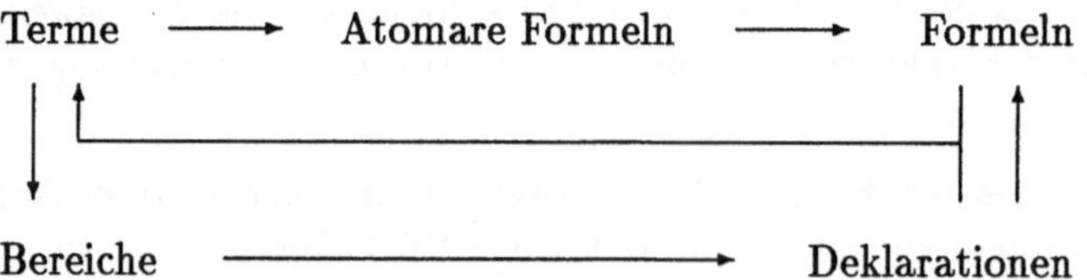

vorgeschlagen. Als neue syntaktische Konzepte sind gegenüber dem Kalkül von Klug [Klu82] der Bereich und die Deklaration hinzugekommen, wobei die Deklarationen mit den dortigen Bereichsformeln verwandt sind. Auf die Alphas wird verzichtet; sie treten implizit als Terme wie auch als Bereiche auf.

Die rekursive Struktur des Kalküls ist durch den Aufbau der sogenannten **Multiterme** der Form

$$\{\!\!\{\ t_1,\ldots,t_n\ |\ \delta_1\ \wedge\ldots\wedge\ \delta_k\ \wedge\ \phi\ \}\!\!\}$$

begründet. Jeder Multiterm besteht aus den Zieltermen t_i, den Deklarationen δ_j der Form $(x_j:\rho_j)$, die eine Variable x_j an einen Bereich ρ_j binden, und einer qualifizierenden Formel ϕ. Weiter benutzen Quantifizierungen Deklarationen, um die quantifizierten Variablen an Bereiche zu binden. Als Bereiche ρ können wiederum spezielle Terme verwendet werden.

Multiterme ähneln den Alphas (der Form $\{\ \ldots\ \}$) von Klug, jedoch werden sie im Gegensatz zu den Alphas zu Multimengen $\{\!\!\{\ \ldots\ \}\!\!\}$ ausgewertet; Duplikate bleiben folglich erhalten. In der Diskussion in Abschnitt 5.2.3 zeigte sich, daß gerade die durch Alphas verursachte, unerwünschte Duplikateliminierung bei der Verwendung von aggregierenden Funktionen Probleme bereitet.

Beispiel 5.18 (siehe Beispiel 5.3) *Das Durchschnittsgehalt aller Angestellten*

1. `Avg (BtS `$\{\!\!\{$` Gehalt(ang) | (ang:ANG) `$\}\!\!\}$`)`

2. `Avg ( `$\{\!\!\{$` Gehalt(ang) | (ang:ANG) `$\}\!\!\}$`)`   □

(2) entspricht syntaktisch der Anfrage 5.3 (1), obwohl sie die Semantik von 5.3 (2) besitzt. Sollen Duplikate aus einer Multimenge eliminiert werden, so steht die Standardoperation BtS ('Bag to Set') zur Verfügung, die aus der Multimenge eine Menge erzwingt. Somit ist auch die "mißglückte" Anfrage 5.3 (1) als (1) formulierbar.

Die Auswertung von Multitermen zu Multimengen vereinfacht die Duplikatkontrolle ganz wesentlich. Im Gegensatz zu [Klu82] (und auch zu [Bül87, ÖÖM87]) kann der EER-Kalkül auf indizierte aggregierende Funktionen f_i verzichten. Der Grund für die Einführung der Indizierung war, daß eine Zusatzinformation in der Zielliste eines Alphas benötigt wurde, um Duplikate des zu aggregierenden Terms zu erhalten. Diese Aufgabe übernimmt jetzt implizit die Multimenge. Insofern erübrigt sich auch der alternative Φ-Operator von [Bül87].

Im folgenden sollen die einzelnen syntaktischen Kategorien kurz erläutert werden. Eine formale Definition des Kalküls in Syntax und Semantik wird in Kapitel 6 gegeben.

Terme:

Ein wichtiger Unterschied zu [Klu82] ist, daß der EER-Kalkül nicht zwischen Termen und Alphas unterscheidet. Alphas (bzw. hier Multiterme $\{\!\!\{\ \ldots\ \}\!\!\}$) sind spezielle

Terme. Infolgedessen können sie selbst wieder als Zielterm eines Multiterms auftreten, woraus beliebige geschachtelte Anfragen resultieren, wie sie in den NF^2-Kalkülen möglich sind.

Beispiel 5.19 (siehe Beispiele 5.8, 5.11, 5.13, 5.16)

2. *Zu jedem Angestelltennamen die Nummern der Angestellten, die diesen Namen haben (Schachtelung von ANG bzgl. AName)*

```
BtS─[ AName(ang),
        ─[ANr(ang')|(ang':ANG)∧AName(ang')=AName(ang)} | (ang:ANG) ]─   □
```

Mit Attributen $a \in ATTR$ und auch Komponenten $c \in COMP$, ob elementar oder mehrwertig, können Terme der Form a(t) bzw. c(t) gebildet werden, wobei der Term t die entsprechende Sorte haben muß. Insofern können Attribute und Komponenten in ihrer Eigenschaft als Operationen auch hintereinandergeschaltet werden. Sind c: e $\to$ e' eine Komponente und a: e' $\to$ d ein Attribut, so ist a(c(t)) ein Term der Sorte d. Im Gegensatz zu [PRYS89] lassen sich solche Ketten nicht über mehrwertige Komponenten hinweg anwenden: EName(Ang(abt)) wäre kein korrekter Term.

Im Gegensatz zu [ÖÖM87] können mengenwertige Terme auch direkt in aggregierenden Funktionen verwendet werden:

Beispiel 5.20 (siehe Beispiel 5.9)

1. *Zu jeder Abteilung die Anzahl der Angestellten*

```
─[ Nr(abt), Cnt(Ang(abt)) | (abt:ABT) }─                          □
```

In dieser Form ist die Berechnung in [ÖÖM87] nicht möglich.

Des weiteren können beliebige Datenoperationen ω: $d_1,\ldots,d_n \to d \in OPNS_{DT}$ zur Termbildung herangezogen werden. Somit sind insbesondere die vordefinierten arithmetischen Operationen wie Addition ('+') oder Multiplikation ('*'), aber auch Nicht-Standard-Operationen wie **distance** verwendbar.

Weitere spezielle Terme können mittels der durch Sortenausdrücke induzierten Operationen (siehe Definition 4.11 in Kapitel 4) gebildet werden. Neben den aggregierenden Funktionen fallen hierunter

- die listenspezifischen Operationen, wie die Auswahl **Sel** des i-ten Elements aus einer Liste ähnlich [PiA86] oder die Menge der Positionen **Pos** eines Elements in einer Liste,

- Operationen auf Multimengen wie die Bestimmung der Häufigkeit **Occ** eines Elements in einer Multimenge oder

- die Konvertierungsfunktionen **BtS**, **LtS** und **LtB**.

Diese Funktionen lassen sich auch kombiniert einsetzen, soweit die Typregeln eingehalten werden. Insbesondere aggregierende Funktionen lassen sich auf einfache Weise hintereinanderschalten:

Beispiel 5.21 (siehe Beispiele 5.4, 5.7)

1. *Zu jeder Abteilung das durchschnittliche Gehalt ihrer Angestellten*

   $\dashv\!\lbrack$ `Nr(abt), Avg-[Gehalt(ang)|(ang:ANG)`$\wedge$`arbeitet-in(ang,abt)]`

   $\quad\quad\quad\quad\quad\quad\quad\quad\quad\quad\quad\quad\quad$ `| (abt:ABT) ]`$\vdash$

2. $\dashv\!\lbrack$ `Nr(abt), Avg(BtS-[Gehalt(ang)|(ang:ANG)`$\wedge$`arbeitet-in(ang,abt)])`

   $\quad\quad\quad\quad\quad\quad\quad\quad\quad\quad\quad\quad\quad$ `| (abt:ABT) ]`$\vdash$

3. *Das höchste Durchschnittsgehalt aller Abteilungen*

   `Max-[ Avg-[Gehalt(ang)|(ang:ANG)`$\wedge$`arbeitet-in(ang,abt)] | (abt:ABT) ]`$\vdash$

   $\hfill\square$

Zur Unterstützung der Typkonstruktionen $t(i_1,...,i_n\ ;\ o_1,...,o_m)$ werden spezielle Typkonvertierungen vorgeschlagen. Der Term $i_k(t_j)$ bestimmt zu einem durch den Term t_j gegebenen "Entity" o_j des Ausgangstyps o_j ($j\ \epsilon\ 1..m$) das entsprechende Entity im Eingangstyp i_k ($k\ \epsilon\ 1..n$). Ist das Entity o_j kein Exemplar des Typs i_k (im Sinne der Typkonstruktion), d.h. ist $I_{CONSTRUCTION}(c)(o_j)\notin I_{E-TYPE}(i_k)$, so wird der Term $i_k(t_j)$ zu undefiniert ($\bot$) ausgewertet. Zum Beispiel konvertiert der Term `ANG(m)` einen Manager `m` (vom Typ `MGR`) in einen Angestellten, den er/sie im Sinne der Typkonstruktion darstellt. Derartige Typkonvertierungen können als "handgemachte" Vererbung aufgefaßt werden: `Gehalt(ANG(m))` bestimmt das Gehalt eines Managers. Umgekehrt läßt sich auch der Manager zu **ang** bestimmen durch `∃(m:MGR) (ANG(m)=ang)`. Ist **ang** aber nur ein einfacher Angestellter, so wird der Term **m** zu undefiniert ('$\bot$') ausgewertet.

Atomare Formeln:

Zu den atomaren Formeln gehören beliebige Datenprädikate $\pi(t_1,\ldots,t_n)$ mit $\pi\colon d_1,\ldots,d_n\ \epsilon\ PRED_{DT}$. Des weiteren können Terme t_1,t_2 derselben Sorte miteinander in Formeln $t_1=t_2$ verglichen werden, und $t\in t_s$ erlaubt die Abfrage, ob ein Term t in einer Menge, Multimenge oder Liste t_s vorkommt.

Relationshiptypen können wie in [PRYS89] dazu verwendet werden, Entities in Beziehung zu setzen. Jeder Relationshiptyp $r(n_1\colon e_1,\ldots,n_m\colon e_m)$ kann somit als Prädikat $r(t_1,\ldots,t_m)$ eingesetzt werden, siehe die Formel `arbeitet-in(abt,ang)` in Beispiel 5.21.

Gegenüber [Bül87] beharrt der EER-Kalkül auf einer 2-wertigen Logik. Um dennoch Nullwerte bei der Termauswertung zu erlauben, gibt es einen Test auf "undefiniert": $\partial(t)$ liefert WAHR, wenn der Term t zu $\bot$ ausgewertet wird, und FALSCH sonst. Damit bleiben prinzipiell alle Möglichkeiten von [Bül87] erhalten.

Beispiel 5.22 (siehe Beispiel 5.6)

1. `Cnt -[ ANr(ang) | (ang:ANG)` $\wedge$ `(Gehalt(ang)>3000` $\vee$ `∂(Gehalt(ang)) ]`

2. `Cnt -[ ANr(ang) | (ang:ANG)` $\wedge$ `Gehalt(ang)>3000 ]` $\hfill\square$

Formeln ϕ sind im Prinzip wie im Kalkül von [Klu82] aufgebaut, wobei jeder quantifizierten Variablen explizit ein (Werte-) Bereich zugeordnet wird.

Bereiche ρ haben die grundlegende Eigenschaft, zu einer endlichen Menge ausgewertet zu werden. Somit können nur Anfragen mit einem endlichen Ergebnis formuliert werden. Demzufolge scheiden Datentypen mit ihren im allgemeinen unendlichen Ausprägungen als Bereiche aus. Die einfachste Form eines Bereichs ist wie in [AtC81] ein Entity- oder Relationshiptyp.

Beispiel 5.23 (siehe Beispiel 5.15)

Alle Angestellten, die mehr als 3000 verdienen, zusammen mit den Abteilungen, in denen sie arbeiten

```
{ AName(ang), Name(ABT(ai)) | (ai:arbeitet-in) ∧
                    ∃(ang:ANG) (ANG(ai)=ang ∧ Gehalt(ang)>3000) }
```

Die Verwendung einer Relationship-Variable **ai** ermöglicht den Zugriff auf Attribute von Relationships. Anders als in [PRYS89] ist mit der Deklaration einer Relationship-Variable keine atomare Formel verbunden, die Entities in Beziehung setzt; hierzu sind Vergleiche **ANG(ai)=ang** unter Benutzung von Rollennamen notwendig.   □

Beliebige mengenwertige Terme können als Bereich verwendet werden, also insbesondere Multiterme der Form BtS-{ ... }. Multimengen- oder listenwertige Terme sind jedoch nicht zulässig aus Gründen, die in Kapitel 6 erläutert werden. Das folgende Beispiel benutzt den mengenwertigen Term **Ang(abt)** als Bereich in einer existentiellen Quantifizierung:

Beispiel 5.24 (siehe Beispiele 5.8, 5.11, 5.13, 5.16)

3. *Alle Abteilungen, die u.a. einen Angestellten mit Namen 'Schmidt' beschäftigen*
```
{ Nr(abt), Name(abt) | (abt:ABT) ∧
                    ∃(ang:Ang(abt)) (AName(ang)='Schmidt') }    □
```

Der NF^2-Kalkül von [AbB88] hat gezeigt, daß mit Hilfe von Potenzmengen-artigen Termen die transitive Hülle einer Relation berechnet werden kann. Die Berücksichtigung des Aspekts der Sicherheit führt zu Bereichen der Form **set**(ρ), wobei ρ selbst wieder ein beliebiger Bereich sein kann.

Beispiel 5.25 (siehe Beispiele 5.12, 5.14)

Alle (direkten und indirekten) Untergebenen des Angestellten 'Meier'

```
{ ANr(ang), AName(ang) | (ang:ANG) ∧ ∃(aset:set(ANG)) (ang∈aset ∧
  ∀(ang':ANG)(ang'∈aset ⇔
            ∃(vorg:ANG)((AName(vorg)='Meier'∨vorg∈aset)
                    ∧ ang'∈Untg(MGR(vorg))         ))) }    □
```

Die Variable **aset** enthält die Menge der gesuchten Angestellten. Die Bildung der Menge erfolgt durch die Teilformel $\forall$(**ang'**:**ANG**)(...).

Deklarationen δ haben schließlich den Zweck, die Variablen an endliche Bereiche ρ zu binden. Strukturell unterscheiden sich die Deklarationen des EER-Kalküls von den Bereichsformeln von [Cod72, Klu82, Bül87, ÖÖM87] dadurch, daß sie explizit zwischen der zu deklarierenden Variablen **x** einerseits, und dem dieser Variablen zuzuordnenden Bereich ρ andererseits differenzieren. (**x**:ρ) ist die Grundform einer Deklaration $\delta(\mathbf{x})$, wobei ρ ein gültiger Bereich ist. Analog zu [Cod72] sind auch Disjunktionen $\delta_1(\mathbf{x}) \lor \ldots \lor \delta_k(\mathbf{x})$ von typkompatiblen Deklarationen derselben Variablen **x** erlaubt.

Beispiel 5.26 (siehe Beispiele 5.1, 5.2, 5.10)

  2. *Die Vereinigung der Angestellten- und Abteilungsnamen*

$$\{\!\!\{\ \mathtt{nr}\ |\ (\mathtt{nr:BtS}\{\!\!\{\mathtt{ANr(ang)}|\mathtt{(ang:ANG)}\}\!\!\}\ \lor\ \mathtt{nr:BtS}\{\!\!\{\ \mathtt{Nr(abt)}|\mathtt{(abt:ABT)}\}\!\!\})\}\!\!\}$$

$\square$

Der Verzicht auf Datentypen als Bereichen aus Gründen der Sicherheit erfordert die Einführung von Deklarationsfolgen der Form

$$(\mathbf{x}_0:\rho_1(\mathbf{x}_1,\ldots,\mathbf{x}_k));(\mathbf{x}_2:\rho_2(\mathbf{x}_2,\ldots,\mathbf{x}_k));\ldots;(\mathbf{x}_k:\rho_k),$$

bei der jeder Bereich ρ_j (j=1,...,k) von den nachfolgend deklarierten Variablen $\mathbf{x}_{j+1},...,\mathbf{x}_k$ abhängt.

Beispiel 5.27 (siehe Beispiele 5.8, 5.11, 5.13, 5.16)

  1. *Entschachtelung von ABT (über die Stufen Ang und Subs)*

$$\{\!\!\{\ \mathtt{Nr(abt)},\ \mathtt{Name(abt)},\ \mathtt{ANr(ang)},\ \mathtt{AName(ang)},\ \mathtt{u}\ |$$
$$(\mathtt{u:Subs(ang)});(\mathtt{ang:Ang(abt)});(\mathtt{abt:ABT})\ \}\!\!\}$$

  2. *Umformung von ABT in eine 1NF-Relation (Entschachtelung von ABT)*

$$\{\!\!\{\ \mathtt{Nr(abt)},\ \mathtt{Name(abt)},\ \mathtt{ang}\ |\ (\mathtt{ang:Ang(abt)});(\mathtt{abt:ABT})\ \}\!\!\} \qquad \square$$

So bestimmt auf diese Weise (**ang**:**Ang**(**abt**));(**abt**:**ABT**) alle Angestelltennummern, ohne die Variable **ang** an den Datentyp int binden zu müssen: Die Variable **abt** wird zuerst an alle Abteilungen gebunden, bevor **ang** für jeden **abt**-Wert jeweils alle Nummern von Angestellten dieser Abteilung durchläuft. Insgesamt wird **ang** an alle aktuell gespeicherten Angestelltennummern (das sind nur endlich viele) gebunden. Insofern stellen die Deklarationsfolgen eine allgemeinere Form der distributiven Vereinigung { **abt**.***Ang** | **ABT**(**abt**) }(**ang**,*****) in [ÖÖM87] dar (siehe auch Beispiel 5.8 (1)). Die Deklaration (**u**:**Subs**(**ang**));(**ang**:**Ang**(**abt**));(**abt**:**ABT**) ergänzt die Folge um eine Deklaration der Variablen **u**, die wiederum an alle Nummern der Untergebenen aller Angestellten **ang**, die einer Abteilung **abt** angehören, gebunden wird.

6 Ein allgemeiner Kalkül

Die Syntax und Semantik des im vorangegangenen Kapitel vorgestellten EER-Kalküls soll in diesem Kapitel formal definiert werden. Um auch für andere Datenmodelle verwendet werden zu können, liegt dem Kalkül der Begriff einer allgemeinen Datenbank-Signatur (Definition 4.21) zugrunde. Somit ist der Kalkül für alle Datenmodelle definiert, die in diesen formalen Rahmen passen. Insbesondere ist er für das EER-Modell (bzgl. einer EER-Signatur $DB^{EER}(DT)$) wie auch für das Relationenmodell (bzgl. einer relationalen Signatur $DB^{REL}(DT)$) verwendbar. Beide Varianten werden im folgenden als EER-Kalkül bzw. REL-Kalkül bezeichnet. Darüber hinaus ist der allgemeine Kalkül auch für die anderen beiden klassischen Datenmodelle, für das funktionale Modell [BuN84], für die unterschiedlichen Varianten des NF^2-Modells und auch für andere ER-Ansätze, vor allem die Erweiterungen [EWH85, MMR86, TYF86], geeignet.

In Abschnitt 6.1 definieren wir den in dieser Weise verallgemeinerten Anfragekalkül. Anschließend zeigen wir in Abschnitt 6.2 zwei wichtige Eigenschaften des Kalküls, die Sicherheit und die relationale Vollständigkeit, und gehen auf die Besonderheiten der relationalen Variante des Kalküls ein. Abschließend werden in Abschnitt 6.3 Anwendungen des Kalküls vorgestellt und speziell die Definition der strukturellen Restriktionen aus Abschnitt 3.2.2 vertieft.

6.1 Bestandteile des Kalküls

In diesem Abschnitt werden wir den auf dem Begriff einer Datenbank-Signatur basierenden Kalkül formal definieren. Die Einschränkung des Kalküls auf den Spezialfall einer EER-Signatur läßt uns den in Abschnitt 5.4.3 diskutierten EER-Kalkül [HoG88, GoH91] erhalten. Die syntaktischen Bestandteile des Kalküls wie auch deren (bislang intuitiv gegebene) Semantik werden formal definiert, wobei die strikte Unterscheidung zwischen Syntax und Semantik beibehalten wird. Ausgangspunkt der Definitionen sind Variablen und Belegungen.

Definition 6.1 (Variablen und Belegungen)

Seien eine Datenbank-Signatur $DB(DT)$, ein Datenbankzustand σ zu $DB(DT)$ und eine abzählbare Menge VAR von Variablen mit einer Funktion $type: VAR \rightarrow EXPR(SORT)$, $SORT = SORT_{DT} \cup SORT_{DB}$, gegeben. Für $x \in VAR$ mit $type(x)=s$ werde kurz $x \in VAR_s$ geschrieben.

Die **Menge der Belegungen** $ASSIGN$ **über** VAR ist definiert als

$$ASSIGN := \{\ \alpha \mid \alpha \in |FUN|, \text{ so daß für jede Sorte } s \in EXPR(SORT) \text{ gilt:}$$
$$\alpha: VAR_s \rightarrow (\sigma_{SORT})_{EXPR(SORT)}(s) \qquad \}\qquad \square$$

$VAR = \overset{s}{\bigcup} VAR_s$ ($s \in EXPR(SORT)$) ist eine abzählbare Menge von sortengebundenen Variablen, d.h. jede Variable $x \in VAR$ erhält durch *type* eine eindeutige Sorte s, $s = type(x) \in EXPR(SORT)$, zugeordnet. Eine Belegung $\alpha \in ASSIGN$ belegt dann jede Variable $x \in VAR_s$ mit einem Wert aus der Ausprägung der ihr zugeordneten Sorte, d.i. ein Wert aus $(\sigma_{SORT})(s)$ bzgl. des aktuellen Zustands σ.

Die folgenden Definitionen führen (in Analogie zu den Definitionen aus Kapitel 4) die syntaktischen Kategorien

$$TERM, FORMULA, RANGE, DECL \text{ und } QUERY$$

der syntaktisch korrekten Terme, Formeln, Bereiche, Deklarationen bzw. Anfragen ein. Die Abhängigkeit des Kalküls von der Datenbank-Signatur $DB(DT)$ zeigt sich dadurch, daß die Syntax des Kalküls von den in Definition 4.24 eingeführten syntaktischen Mengen der Sorten ($SORT$), Operationen ($OPNS$) und Prädikate ($PRED$) abhängt.

Jeder syntaktischen Kategorie ist eine entsprechende semantische Funktion

$$\mu[TERM], \mu[FORMULA], \mu[RANGE], \mu[DECL] \text{ und } \mu[QUERY]$$

zugeordnet, welche die Bedeutung der Kategorien festlegt, indem sie jedes syntaktische Element in Abhängigkeit eines Datenbankzustands $\sigma \in \mu[DB(DT)]$, $\sigma = (\sigma_{SORT}, \sigma_{OPNS}, \sigma_{PRED})$, auswertet. Die Auswertung erfolgt darüber hinaus im Kontext einer Belegung α; Belegungen versehen (freie) Variablen mit Werten und spielen im Zusammenhang mit Multitermen eine wichtige Rolle, da sie gewissermaßen die Multimengeneigenschaft des Ergebnisses technisch realisieren.

Aufgrund der rekursiven Struktur des Kalküls ist keine lineare Entwicklung des Kalküls möglich. Sowohl die Definition der Syntax wie auch der Semantik der einzelnen Kategorien sind wechselseitig voneinander abhängig. Die informelle Erläuterung des EER-Kalküls in Abschnitt 5.4.3 sollte aber helfen, die aus der Rekursivität resultierenden Vorverweise zu überbrücken.

6.1.1   Terme

Die Variablen sind die elementaren Einheiten der Terme. Jede Variable $x \in VAR_s$ ist ein Term. Mittels Operationen $\omega \in OPNS$ lassen sich aus den Variablen komplexere Terme aufbauen. $\{\!\!\{\, t_1, \ldots, t_n \mid \delta_1 \wedge \ldots \wedge \delta_k \wedge \phi \,\}\!\!\}$ sind die bekannten multimengenwertige Terme (Multiterme).

Definition 6.2 (Terme)

Sei eine Datenbank-Signatur $DB(DT)$ gegeben. Die **Syntax der Terme** ist gegeben durch eine Menge $TERM \in |SET|$ sowie die Hilfsfunktionen $sort: TERM \to EXPR(SORT)$ und $free: TERM \to \mathcal{F}(VAR)$. Für $t \in TERM$ mit $sort(t) = s$ werde $t \in TERM_s$ notiert.

TERM, *sort* und *free* sind folgendermaßen definiert:

(i) Ist $\mathbf{x} \in VAR_\mathbf{s}$, dann ist $\mathbf{x} \in TERM_\mathbf{s}$ mit *free*($\mathbf{x}$) := $\{\mathbf{x}\}$.

(ii) Ist ω: $\mathbf{s}_1,...,\mathbf{s}_n \to \mathbf{s} \in OPNS$ und $\mathbf{t}_i \in TERM_{\mathbf{s}_i}$ (i=1,...,n), dann ist
$\omega(\mathbf{t}_1,...,\mathbf{t}_n) \in TERM_\mathbf{s}$ mit free($\omega(\mathbf{t}_1,...,\mathbf{t}_n)$) := free($\mathbf{t}_1$) $\cup$ ... $\cup$ free($\mathbf{t}_n$).

(iii) Sind $\mathbf{t}_i \in TERM_{\mathbf{s}_i}$ (i=1,...,n, n$\geq$1), $\delta_j \in DECL$ [17] (j=1,...,k, k$\geq$0),
$\phi \in FORMULA$ [18], und gilt *decl*(δ_i) $\cap$ *decl*(δ_j) = $\emptyset$ für i$\neq$j,
decl(δ_i) $\cap$ free(δ_j) = $\emptyset$ für alle i,j, dann ist
$\{\!\!\{\ \mathbf{t}_1,....,\mathbf{t}_n\ |\ \delta_1 \wedge\ ...\ \wedge\ \delta_k \wedge\ \phi\ \}\!\!\} \in TERM_{\mathrm{prod}(\mathbf{s}_1,...,\mathbf{s}_n)}$ mit
free($\{\!\!\{\ \mathbf{t}_1,...,\mathbf{t}_n\ |\ \delta_1 \wedge\ ...\ \wedge\ \delta \wedge\ \phi\ \}\!\!\}$) :=
$(\ $free($\delta_1$) $\cup$ ... $\cup$ free(δ_k) $\cup$ free($\mathbf{t}_1$) $\cup$ ... $\cup$ free($\mathbf{t}_n$) $\cup$ free(ϕ) $)$
$-\ (\ decl(\delta_1) \cup\ ...\ \cup\ decl(\delta_k)\ ).$

Keine anderen Zeichenreihen sind Terme.

Die Semantik der Terme bzgl. eines Datenbankzustands σ und einer Be-
legung α ist eine Funktion $\mu[TERM](\sigma,\alpha)$: $TERM_\mathbf{s} \to (\sigma)_{EXPR(SORT)}(\mathbf{s})$, so daß:

(i) $\mu[TERM](\sigma,\alpha)(\mathbf{x})$:= $\alpha(\mathbf{x})$.

(ii) $\mu[TERM](\sigma,\alpha)(\omega(\mathbf{t}_1,...,\mathbf{t}_n))$:=
$\sigma_{OPNS}(\omega)\ (\ \mu[TERM](\sigma,\alpha)(\mathbf{t}_1),...,\mu[TERM](\sigma,\alpha)(\mathbf{t}_n)\ )$.

(iii) $\mu[TERM](\sigma,\alpha)(\{\!\!\{\ \mathbf{t}_1,...,\mathbf{t}_n\ |\ \delta_1 \wedge\ ...\wedge\ \delta_k \wedge\ \phi\ \}\!\!\})$:=
$\{\!\!\{\ (\ \mu[TERM](\sigma,\alpha')(\mathbf{t}_1)\ ,\ ...\ ,\ \mu[TERM](\sigma,\alpha')(\mathbf{t}_n)\ )\ |$
$\alpha' \in ASSIGN$ ist eine Belegung mit $\alpha'(\mathbf{x})$=$\alpha(\mathbf{x})$ für jede Variable
$\mathbf{x} \in VAR - (decl(\delta_1) \cup\ ...\ \cup\ decl(\delta_k))$, so daß $\delta_j \in \mu[DECL](\sigma,\alpha')$
für j=1,...,k und $\phi \in \mu[FORMULA](\sigma,\alpha')$ gelten. $\}\!\!\}$

$\square$

Aus den Variablen $\mathbf{x} \in VAR$ (Terme der Form (i)) lassen sich durch Anwendung der
Operationen $\omega \in OPNS$ komplexere Terme (ii) aufbauen. Gemäß der Definition 4.24
können Operationen sowohl Datenoperationen ($\in OPNS_{DT}$), durch Sortenausdrücke
induzierte Operationen wie **Min**, **Max** oder **BtS** ($\in OPNS(SORT)$) als auch Objektoperationen des Datenmodells ($\in OPNS_{DB}$) wie Attribute, Komponenten, Rollennamen oder Konvertierungsoperationen (im Falle des EER-Modells) sein. Konstanten
$\mathbf{k}$ der spezifizierten Datentypen $\mathbf{d}$ werden der Einfachheit halber als nullstellige Funktionen $\mathbf{k}$: $\to \mathbf{d}$ aufgefaßt.

Multiterme $\{\!\!\{... \}\!\!\}$ sind Terme der Form (iii). Sie verursachen einen rekursiven Aufbau des Kalküls, der zur Folge hat, daß die Definition der Terme bereits auf die
Definitionen der Deklarationen und Formeln vorverweist (siehe Fußnoten).

---

[17]Siehe Definition 6.11
[18]Siehe Definition 6.6

Um die Anwendung einer Operation ω: $s_1,...,s_n \rightarrow s$ auf "korrekte" Operanden, das sind Terme der Sorten $s_1,...,s_n$, festzulegen, erhalten alle Terme t eine Sorte $sort(t)$ zugeordnet. Die Sorte einer Variablen $x \in VAR_s$ ist ihr Typ s. Bei den Termen $\omega(t_1,...,t_n)$ ist die Sorte durch die Zielsorte s der Operation ω festgelegt, und Multiterme erhalten die Sorte $\mathsf{bag(prod}(s_1,...,s_n))$, sofern die Zielterme t_i die Sorten s_i (i=1,...,n) haben. Des weiteren ist sicherzustellen, daß eine Variable erst nach ihrer Deklaration innerhalb eine Gültigkeitsraumes verwendet werden darf. Als technisches Hilfsmittel werden hierzu Hilfsfunktionen *free* und *decl* zur Ermittlung der freien bzw. deklarierten Variablen mitgeführt. Zum Verständnis ein kleines Beispiel als Vorgriff auf die Deklarationen: $\mathtt{(1:LAND)}$ ist eine einfache Deklaration der Variablen 1. Somit ist $decl(\mathtt{(1:LAND)}) = \{1\}$. Der verwendete Bereich $\mathtt{LAND}$ enthält keine freie Variable, was zu $free(\mathtt{(1:LAND)}) = \emptyset$ führt. Zu beachten ist, daß Deklarationen selbst auch freie Variablen enthalten dürfen, wie das Beispiel $\mathtt{(p:LtS(Minister(1)))}$ zeigt. Hier gilt $free(\mathtt{(p:LtS(Minister(1))))} = \{1\}$ und $decl(\mathtt{(p:LtS(Minister(1))))} = \{p\}$.

Die Semantik $\mu[TERM]$ eines Terms, häufig auch als *Auswertung* des Terms bezeichnet, hängt sowohl vom aktuellen Datenbankzustand σ als auch von einer (durch den Kontext gegebenen) Belegung α ab. Die Belegung α belegt alle in einem Term "frei" vorkommenden (nicht deklarierten) Variablen x mit einem Wert.

Die intuitive Semantik eines einfachen Multiterms

$$\{\!\!\{\ t_1,...,t_n \mid \delta_1 \wedge \ ... \ \wedge \delta_k \wedge \phi\ \}\!\!\}$$

mit $\delta_j \equiv (x_j:\rho_j)$ läßt sich im Pseudocode beschreiben durch:

Ergebnis := $\{\!\!\{\ \}\!\!\}$;
for each x_1 ***in*** $\mu[RANGE](\sigma,\alpha)(\rho_1)$ ***do***

   . . .

   for each x_k ***in*** $\mu[RANGE](\sigma,\alpha)(\rho_k)$ ***do***
     if $\mu[FORMULA](\sigma,\alpha)(\phi)$ *erfüllt*
     then *Ergebnis* := *Ergebnis* $\oplus$ $(\mu[TERM](\sigma,\alpha)(t_1),...,\mu[TERM](\sigma,\alpha)(t_n))$
     fi;

Dabei sei "$\mu[RANGE](\sigma,\alpha)(\rho_j)$" die Auswertung des Bereichs ρ_j und "$\mu[FORMULA](\sigma,\alpha)(\phi)$" die Auswertung der Formel ϕ im aktuellen Datenbankzustand σ bzgl. einer Belegung α; $\oplus$ ist die Vereinigung von Multimengen unter Erhaltung der Duplikate.

Als Folge der bislang konsequenten Trennung zwischen Syntax und Semantik ist $\{\!\!\{\ ... \ \}\!\!\}$ die syntaktische Notation eines Multiterms (im Kalkül) im Gegensatz zur "semantischen" Multimenge $\{\!\!\{\ ... \ \}\!\!\}$ der Metasprache.

Die folgenden Beispiele beziehen sich alle auf die EER-Variante des Kalküls und die "Stadt-Land-Fluß"-Modellierung aus Abbildung 1 bzw. die EER-Signatur aus Beispiel 4.15.

Bemerkung 6.3

Es wird im folgenden angenommen, daß jede Variable den "richtigen" Typ *type* hat.
Dieser Typ kann immer aus dem Kontext seiner Deklaration abgeleitet werden. Ist
beispielsweise die Variable 1 als (1:LAND) deklariert, so hat 1 (bzw. sollte 1 haben)
den Typ LAND.   □

Beispiel 6.4 (Terme)

1. *Das Durchschnittsalter aller Personen, die älter als 35 sind*

   Avg($\{$ Alter(p) | (p:PERSON) $\wedge$ Alter(p)>35 $\}$)

   ist ein korrekter Term t der Form (ii): t $\equiv$ Avg(t_1).
   Der Term t_1 hat die Form (iii): $t_1 \equiv \{$ t_2 | δ_2 $\wedge$ ϕ_2 $\}$,

   wobei $t_2 \equiv$ Alter(t_3), $t_3 \equiv$ p, $\delta_2 \equiv$ (p:PERSON), $\phi_2 \equiv$ Alter(p)>35.

   Die Sorten *sort* der Terme t, t_1, t_2 und t_3 lassen sich wie folgt bestimmen:

$$sort(t_3) = type(\text{p}) = \qquad \text{PERSON}$$
$$sort(t_2) = \text{int} \qquad \text{da Alter : PERSON} \rightarrow \text{int,}$$
$$sort(t_1) = \qquad\qquad \text{bag(prod(int))} = \text{bag(int)} \,^{19} \qquad \text{und}$$
$$sort(t) = \text{real} \qquad \text{da Avg :} \qquad\qquad \text{bag(int)} \rightarrow \text{real.}$$

   Für die freien Variablen der Terme gilt:

$$free(t_3) = free(t_2) = \{\text{p}\}$$
$$free(t_1) = (\; free(t_2) \cup free(\phi_2) \cup free(\delta_2) \;) - decl(\delta_2)$$
$$\qquad\quad = (\; \{\text{p}\} \cup \{\text{p}\} \cup \{ \; \} \;) - \{\text{p}\} = \emptyset$$
$$free(t) = free(t_1) = \emptyset$$

   Der Term besitzt folglich keine freien Variablen.

   Angenommen im Zustand σ gibt es vier Personen (und zusätzlich die "unde-
   finierte" Person $\bot$), $\sigma(\text{PERSON}) = \{\underline{\text{p}}_1,\underline{\text{p}}_2,\underline{\text{p}}_3,\underline{\text{p}}_4\} \cup \{\bot\}$, wobei $\underline{\text{p}}_1$, $\underline{\text{p}}_4$ beide
   40, $\underline{\text{p}}_2$ 30 und $\underline{\text{p}}_3$ 70 Jahre alt sind, d.h. $\sigma(\text{Alter})(\underline{\text{p}}_1) = \sigma(\text{Alter})(\underline{\text{p}}_4) = 40$,
   $\sigma(\text{Alter})(\underline{\text{p}}_2) = 30$ und $\sigma(\text{Alter})(\underline{\text{p}}_3) = 70$ (und natürlich $\sigma(\text{Alter})(\bot) = \bot$).

   Gemäß der intuitiven Semantik wird der (innere) Multiterm t_1 wie folgt ausgewertet: Für jedes p in PERSON wird, sofern das Alter von p größer als 35 ist,
   das Alter von p bestimmt.

   Technisch geschieht die Auswertung $\mu[TERM](\sigma,\alpha)$ des Terms t_1 folgendermaßen:

---

[19]Siehe Definition 4.6.

$\mu[TERM](\sigma,\alpha)(\mathbf{t_1})$

$\qquad = \{\!\!\{ \; \mu[TERM](\sigma,\alpha')(\mathbf{t_2}) \mid \alpha' \text{ ist eine Belegung mit } \alpha'(\mathbf{x})=\alpha(\mathbf{x}) \text{ für alle}$
$\qquad\qquad\qquad\qquad \mathbf{x}\neq\mathbf{p}, \text{ so daß } (\mathbf{p{:}PERSON}) \in \mu[DECL](\sigma,\alpha')$
$\qquad\qquad\qquad\qquad \text{und } \mathbf{Alter(p)>35} \in \mu[FORMULA](\sigma,\alpha') \qquad \}\!\!\}$

$\qquad = \{\!\!\{ \; \mu[TERM](\sigma,\alpha')(\mathbf{t_2}) \mid \alpha' \text{ ist eine Belegung mit } \alpha'(\mathbf{x})=\alpha(\mathbf{x})$
$\qquad\qquad\qquad \text{für alle } \mathbf{x}\neq\mathbf{p}, \text{ so daß } \alpha'(\mathbf{p}) \in \sigma(\mathbf{PERSON}) \text{ und}$
$\qquad\qquad\qquad \big(\mu[TERM](\sigma,\alpha')(\mathbf{Alter(p)}), \mu[TERM](\sigma,\alpha')(35) \big) \in \sigma(\mathbf{>}) \}\!\!\}$

$\qquad = \{\!\!\{ \; \sigma(\mathbf{Alter}) (\; \mu[TERM](\sigma,\alpha')(\mathbf{p}) \;) \mid \alpha' \text{ ist eine Belegung mit } \alpha'(\mathbf{p})=\underline{\mathbf{p}}_i$
$\qquad\qquad (i \in 1..4) \text{ oder } \alpha'(\mathbf{p})=\bot \text{ und } \sigma(\mathbf{Alter}) (\; \mu[TERM](\sigma,\alpha')(\mathbf{p}) \;) > 35 \qquad \}\!\!\}$

$\qquad = \{\!\!\{ \; \sigma(\mathbf{Alter})(\alpha'(\mathbf{p})) \mid \alpha' \text{ ist eine Belegung mit } \alpha'(\mathbf{p})=\underline{\mathbf{p}}_i \; (i \in 1...4) \text{ oder}$
$\qquad\qquad\qquad \alpha'(\mathbf{p})=\bot \text{ und } \sigma(\mathbf{Alter})(\alpha'(\mathbf{p})) > 35 \qquad \}\!\!\}$

$\qquad = \{\!\!\{ \; \sigma(\mathbf{Alter})(\underline{\mathbf{p}}_i) \mid i \in 1..4 \text{ und } \sigma(\mathbf{Alter})(\underline{\mathbf{p}}_i) > 35 \}\!\!\}$

$\qquad = \{\!\!\{ \; 40, 70, 40 \}\!\!\}$

Somit ist:

$$\mu[TERM](\sigma,\alpha)(\mathbf{t}) = \sigma(\mathbf{Avg})(\mu[TERM](\sigma,\alpha)(\mathbf{t_1}))$$
$$= \sigma(\mathbf{Avg})(\{\!\!\{40,70,40\}\!\!\})$$
$$= 50.0.$$

Die Auswertung $\mu[TERM](\sigma,\alpha)(\mathbf{t})$ ist hier unabhängig von der Belegung α; es gibt keine freien Variablen zu belegen. Die Anzahl der Belegungen α' innerhalb des Multiterms ist ein Maß für die Kardinalität der Multimenge. Hier erfüllen genau drei Belegungen α': $\mathbf{p} \mapsto \underline{\mathbf{p}}_i$ (i=1,3,4) die Formel ϕ_2, und für jede dieser Belegungen α' wird das Alter der Person $\alpha'(\mathbf{p})$ bestimmt.

Gäbe es im Zustand σ zwei Länder $\underline{\mathbf{l}}_1$ und $\underline{\mathbf{l}}_2$, so würde die Multimenge durch den Term $\{\!\!\{ \mathbf{Alter(p)} \mid (\mathbf{p{:}PERSON}) \wedge (\mathbf{l{:}LAND}) \wedge \mathbf{Alter(p)>35} \}\!\!\}$ zu $\{\!\!\{40,70,40,40,70,40 \}\!\!\}$ "verdoppelt", weil es nunmehr sechs Belegungen α', α': $\mathbf{p} \mapsto \underline{\mathbf{p}}_i$, α': $\mathbf{l} \mapsto \underline{\mathbf{l}}_j$ für i=1,3,4 und j=1,2 gibt.

2. $\mathbf{Land(fd)}$, $\mathbf{Fluß(fd)}$, $\mathbf{Länge(fd)}$

sind allesamt Terme der Form (ii). Die verwendete freie Variable $\mathbf{fd}$ ist selbst ein Term der Form (i) mit der Sorte **fließt-durch**. Zu gegebener Belegung α, die $\mathbf{fd}$ mit einer konkreten Beziehung $\alpha(\mathrm{fd}) \in \sigma(\textbf{fließt-durch})$ belegt, bestimmen die Terme jeweils das an der Beziehung teilnehmende Land, den teilnehmenden Fluß bzw. die Länge des Verlaufs dieses Flusses in diesem Land. Der Term $\mathbf{Land(fd)}$ besitzt die Sorte **LAND**, so daß beispielsweise das Attribut $\mathbf{LName}$ angewendet werden kann: $\mathbf{LName(Land(fd))}$ ist dann ein Term, der den Namen des an $\alpha(\mathrm{fd})$ teilnehmenden Landes bestimmt.

3. `StName(Hauptstadt(l))`

   ist ein Term der Form (ii) mit der freien Variablen l. $\mu[TERM](\sigma,\alpha)$ bestimmt
   zu jedem Land $\underline{l}$, das der Variablen l durch α zugewiesen wird ($\underline{l}=\alpha(l)$), den
   Namen der Hauptstadt dieses Landes. Der Term hat die Sorte **string**, da

   Hauptstadt : LAND → STADT →   und
   StName   :   STADT → string   ist.

4. `distance ( centre(StGeo(st)),centre(StGeo(st')) )`

   ist ein Term, der die Anwendung von Datenoperationen zeigt. Er hat die Sorte
   real, da

   StGeo   : STADT → circle,
   centre :   circle → point   und
   distance :   point,point → real   ist.

   Beide Variablen **st, st'** sind frei. Der Term bestimmt den Abstand der Mit-
   telpunkte der die Städte $\alpha(\text{st})$, $\alpha(\text{st'})$ repräsentierenden Kreise.

5. $\text{FLUSS}_{\text{sind,GEWÄSSER}}(g)$

   ist ein Term der Sorte **FLUSS** mit einer freien Variablen **g**. Der Term verwendet
   eine Typkonvertierung (*CONVERSION* in Bemerkung 4.22), die das Gewässer
   $\alpha(\text{g})$ in den ihm (im Sinne der Typkonstruktion) entsprechenden Fluß konvertiert. Ist das Gewässer $\alpha(\text{g})$ aber ein See oder ein Meer, so wird der Term zu
   $\perp_{\text{FLUSS}}$ ausgewertet.

6. `Cnt(Minister(l))`

   bestimmt die Anzahl der Minister des Landes $\alpha(\text{l})$. Dieser Term beinhaltet
   die Anwendung der aggregierenden Funktion Cnt auf den listenwertigen Term
   `Minister(l)`.

7. $\{$ `LName(l)` | `(l:LAND)` $\wedge$ `(l:STADT)` $\}$

   ist kein korrekter Term, da die Variable l zweimal innerhalb eines
   Gültigkeitsbereichs deklariert ist: $decl((\text{l}:\text{LAND})) \cap decl((\text{l}:\text{STADT})) \neq \emptyset$. Das
   widerspricht auch der Vereinbarung, daß jede Variable genau *einen* Typ hat.

   $\square$

Bemerkung 6.5

Im Gegensatz zu [Klu82, Bül87, ÖÖM87] kann nicht nur die Formel ϕ in einem
Multiterm $\{$ $t_1,\ldots,t_n$ | $\delta_1(x_1)$ $\wedge$ $\ldots$ $\wedge$ $\delta_k(x_k)$ $\wedge$ ϕ $\}$ neben den x_j weitere
freie Variablen enthalten, sondern auch die Zielterme t_i und die Deklarationen δ_j.
Das erlaubt beispielsweise einen Term der Art

$\dashv\!\!\lbrack\!\lbrack$ LName(l), $\lbrace\!\lbrace$ PName(p),LEinw(l) | (p:LtS(Minister(l))) $\rbrace\!\rbrace$ | (l:LAND) $\rbrack\!\rbrack\vdash$

mit *free*(LEinw(l)) $= \{l\} = $ *free*((p:LtS(Minister(l)))), der sonst zum Beispiel als

$\dashv\!\!\lbrack\!\lbrack$ LName(l),
   $\lbrace\!\lbrace$ PName(p),LEinw(l') | (p:PERSON)$\wedge$(l':LAND)$\wedge$p$\in$Minister(l')$\wedge$l'=l $\rbrace\!\rbrace$
                                  | (l:LAND) $\rbrack\!\rbrack\vdash$

hätte formuliert werden müssen. Beide Terme berechnen *"zu jedem Land l den Namen und eine Multimenge bestehend aus dem Namen eines jeden Ministers des Landes sowie der Einwohnerzahl"*. Der erste Term verwendet einen Multiterm als Zielterm und "schachtelt" das Ergebnis zu

$$\lbrace\!\lbrace\ (ln_1,\lbrace\!\lbrace(p_{i_1},le_1),...,(p_{i_q},le_1)\rbrace\!\rbrace),\ (ln_2,\lbrace\!\lbrace(p_{j_1},le_2),...,(p_{j_r},le_2)\rbrace\!\rbrace),\ ...\ \rbrace\!\rbrace.$$

Bezogen auf die intuitive Semantik von oben werden zu jedem l in LAND die Terme LName(l) und $\lbrace\!\lbrace$ PName(p),LEinw(l) | ... $\rbrace\!\rbrace$ ausgewertet. Das "außen" deklarierte l wird gewissermaßen in den inneren Multiterm "hineingereicht"; der innere Multiterm wird also zu jedem Wert für l ausgewertet, was der Gruppierung (*group by l*) in SQL [Dat89] entspricht. Gemäß des festgelegten Gültigkeitsbereichs ist l im inneren Multiterm gültig.

Die syntaktischen Einschränkungen zu Multitermen fordern, daß zum einen eine Variable nicht mehrfach innerhalb eines Multiterms deklariert werden darf ($decl(\delta_i) \cap decl(\delta_j) = \emptyset$), und zum anderen, daß die Menge der deklarierten und die der freien Variablen disjunkt sein müssen ($decl(\delta_i) \cap free(\delta_j) = \emptyset$). Die letztere Bedingung vermeidet Probleme mit dem Gültigkeitsbereich der Variablen, die zu Mißverständnissen führen können. Zum Beispiel verletzt $\lbrace\!\lbrace$ PName(p), LName(l) | (p:LtS(Minister(l))) $\wedge$ (l:LAND) $\rbrace\!\rbrace$ diese Bedingung: l ist in der ersten Deklaration frei und in der zweiten deklariert. Insofern ist es fraglich, welchen Gültigkeitsbereich (l:LAND) hat: Bezieht er die Deklaration (p:LtS(Minister(l))) mit ein oder nicht? Nichtsdestoweniger können beide Effekte durch unterschiedliche explizite Deklarationsformen ausgedrückt werden. $\Box$

6.1.2 Formeln

Die Terme lassen sich durch Prädikate π: $s_1,...,s_n \in PRED$ und Gleichungen zu atomaren Formeln der Art $\pi(t_1,...,t_n)$ bzw. $t_1 = t_2$ zusammensetzen. Zu den Prädikaten zählen sowohl die Datenprädikate $PRED_{DT}$, die Objektprädikate $PRED_{DB}$ als auch das $\in$-Prädikat für Sortenausdrücke. Das zusätzliche Prädikat ∂ testet, ob ein Term "definiert" ist, d.h. nicht zu $\bot$ ausgewertet worden ist. ∂ ist erforderlich, da $\bot$ zwar ein Element jeder Sortenausprägung, aber im allgemeinen kein korrekter Term ist, der einen Vergleich $t \neq \bot$ erlauben würde!

Beliebige Formeln werden durch Anwendung der üblichen Konnektive '$\neg$' ("nicht") und '$\wedge$' ("und") wie auch des Existenz-Quantors '$\exists$' ("es existiert") gebildet.

Definition 6.6 (Formeln)

Sei eine Datenbank-Signatur *DB(DT)* gegeben. Die **Syntax der Formeln** ist gegeben durch eine Menge *FORMULA* ϵ |SET| und eine Hilfsfunktion *free* : *FORMULA* $\rightarrow \mathcal{F}(VAR)$.

FORMULA und *free* sind folgendermaßen definiert:

(i) Ist π: $s_1,...,s_n \epsilon PRED$, und $t_i \epsilon TERM_{s_i}$ (i=1,...,n), dann ist $\pi(t_1,\ldots,t_n) \epsilon$ *FORMULA* mit $free(\pi(t_1,\ldots,t_n)) := free(t_1) \cup \ldots \cup free(t_n)$.

(ii) Sind t_1, $t_2 \epsilon TERM_s$ mit einer Sorte $s \epsilon SORT_{DB}$, dann ist $t_1{=}t_2 \epsilon$ *FORMULA* mit $free(t_1{=}t_2) := free(t_1) \cup free(t_2)$.

(iii) Ist $t \epsilon TERM_s$ mit einer Sorte $s \epsilon SORT_{DB}$, dann ist $\partial(t) \epsilon$ *FORMULA* mit $free(\partial(t)) := free(t)$.

(iv) Ist $\phi \epsilon$ *FORMULA*, dann ist $\neg(\phi) \epsilon$ *FORMULA* mit $free(\neg(\phi)) := free(\phi)$.

(v) Sind ϕ_1, $\phi_2 \epsilon$ *FORMULA*, dann ist $(\phi_1 \wedge \phi_2) \epsilon$ *FORMULA* mit $free(\phi_1 \wedge \phi_2) := free(\phi_1) \cup free(\phi_2)$.

(vi) Sind $\phi \epsilon$ *FORMULA* und $\delta \epsilon DECL$, dann ist $\exists\delta(\phi) \epsilon$ *FORMULA* mit $free(\exists\delta(\phi)) := (free(\phi) - decl(\delta)) \cup free(\delta)$.

Keine anderen Zeichenreihen sind Formeln.

Die **Semantik der Formeln bzgl. eines Datenbankzustands** σ **und einer Belegung** α ist eine Relation $\mu[FORMULA](\sigma,\alpha) \subseteq FORMULA$, so daß

(i) $\pi(t_1,\ldots,t_n) \epsilon \mu[FORMULA](\sigma,\alpha)$ *gdw*

        $\left(\mu[TERM](\sigma,\alpha)(t_1),..., \mu[TERM](\sigma,\alpha)(t_n) \right) \epsilon \sigma_{PRED}(\pi)$.

(ii) $(t_1{=}t_2) \epsilon \mu[FORMULA](\sigma,\alpha)$ *gdw*

        $\mu[TERM](\sigma,\alpha)(t_1) = \mu[TERM](\sigma,\alpha)(t_n)$.

(iii) $\partial(t) \epsilon \mu[FORMULA](\sigma,\alpha)$ *gdw*

        $\mu[TERM](\sigma,\alpha)(t) \neq \perp_s$.

(iv) $\neg(\phi) \epsilon \mu[FORMULA](\sigma,\alpha)$ *gdw*

        nicht $\phi \epsilon \mu[FORMULA](\sigma,\alpha)$.

(v) $(\phi_1 \wedge \phi_2) \epsilon \mu[FORMULA](\sigma,\alpha)$ *gdw*

        $\phi_1 \epsilon \mu[FORMULA](\sigma,\alpha)$ und $\phi_2 \epsilon \mu[FORMULA](\sigma,\alpha)$.

(vi) $\exists\delta(\phi) \epsilon \mu[FORMULA](\sigma,\alpha)$ *gdw*

        es eine Belegung $\alpha' \epsilon ASSIGN$ gibt mit $\alpha'(x) = \alpha(x)$ für jede Variable $x \epsilon VAR - decl(\delta)$, so daß $\phi \epsilon \mu[FORMULA](\sigma,\alpha')$ und $\delta \epsilon \mu[DECL](\sigma,\alpha')$ gelten.

                                                                 $\square$

Die Menge der freien Variablen einer atomaren Formel (i) - (iii) setzt sich aus den
freien Variablen der verwendeten Terme zusammen. In den Formelbildungen (iv) und
(v) werden die freien Variablen der Teilformeln weitergereicht. Im Fall (vi) bleibt eine
Variable aus ϕ frei, wenn sie nicht in δ deklariert wird. Da auch Deklarationen freie
Variablen besitzen dürfen, werden diese zur Menge ($free(\phi)$ - $decl(\delta)$) hinzugefügt.

Bemerkung 6.7

1. Um die Lesbarkeit von Formeln in den Beispielen zu erhöhen, werden weitere
   Konnektive und Quantoren als syntaktische Abkürzungen eingeführt:

   - Die logischen Konnektive '$\vee$', '$\Rightarrow$' und '$\Leftrightarrow$' werden definiert als

     $$(\phi_1 \vee \phi_2) := \neg(\phi_1 \wedge \phi_2)$$
     $$(\phi_1 \Rightarrow \phi_2) := (\neg(\phi_1) \vee \phi_2)$$
     $$(\phi_1 \Leftrightarrow \phi_2) := ((\phi_1 \Rightarrow \phi_2) \wedge (\phi_2 \Rightarrow \phi_1))$$

   - Der All-Quantor '$\forall$' ist definiert als

     $$\forall \delta(\phi) := \neg \left(\exists(\delta)\, (\neg(\phi)) \right)$$

   Im übrigen gelten die üblichen Einsparungsregeln für Klammern, die aufgrund der Kommutativität und Assoziativität von '$\wedge$' und '$\vee$' sowie der Prio-
   ritätsreihenfolge $\forall/\exists$, $\neg$, $\wedge/\vee$, $\Rightarrow/\Leftrightarrow$ (mit abnehmender Bindungsstärke) möglich
   sind. So wird $\phi_1 \wedge \phi_2 \wedge \phi_3$ anstelle von $(\phi_1 \wedge (\phi_2 \wedge \phi_3))$ oder $\neg\phi_1 \wedge \phi_2$ anstelle
   von $(\neg(\phi_1) \wedge \phi_2)$ geschrieben.

2. Zur einfacheren Schreibweise werden Relationshiptypen $r(n_1{:}e_1,...,n_m{:}e_m)$ in
   R-TYPE auch als Prädikate $r(t_1,\ldots,t_m)$ zugelassen. Die Definition eines
   derartigen Prädikats ist

   $$r(t_1,\ldots,t_m) := \exists(x_r{:}r)\ (n_1(x_r){=}t_1 \wedge \ldots \wedge n_m(x_r){=}t_m),$$

   d.h. die zu konkreten Entities e_i ausgewerteten Terme t_i (i=1,...,m) müssen in
   einer Beziehung des Typs r stehen, um die Formel zu erfüllen.

3. Der Einfachheit halber wird eine in Multitermen $\{\!\!\{ \ldots \}\!\!\}$ weggelassene Formel als
   WAHR interpretiert. So ist zum Beispiel `Avg(`$\{\!\!\{$ `Alter(p) | (p:PERSON)` $\}\!\!\}$`)`
   ein korrekter Term. Im Prinzip müßte eine Tautologie, z.B. k=k, mit beliebiger
   Konstante **k** als Formel verwendet werden.

Diese Vereinfachungen ließen sich selbstverständlich mit in die Definition der Formeln aufnehmen. Wir verzichten jedoch darauf, um die Kalküldefinition minimal zu
halten.   □

Beispiel 6.8 (Formeln)

1. `cut(StGeo(st),StGeo(st'))`

   ist eine atomare Formel vom Typ (i) mit den freien Variablen **st** und **st'**, die das Datenprädikat **cut: circle,circle** benutzt. Die Formel ist bzgl. eines Zustands σ und einer Belegung α erfüllt, wenn die Städte $\alpha(\text{st})$ und $\alpha(\text{st'})$ nicht-disjunkte Kreis-Repräsentationen besitzen.

2. `p ∈ Minister(l)`

   ist eine Formel mit den freien Variablen **p** und **l**. Sie ist erfüllt, wenn die Belegung α der Variablen **p** eine Person $\alpha(\text{p})$ zuweist, die Minister des Landes $\alpha(\text{l})$ ist.

3. `¬∂(Präsident(l))`

   testet, ob der Präsident des l durch α zugewiesenen Landes "unbekannt" ist, also ob $\mu[TERM](\sigma,\alpha)(\text{Präsident(l)}) = \sigma(\text{Präsident})(\alpha(\text{l})) = \perp_{\text{PERSON}}$ ist.

   $\square$

6.1.3 Bereiche

Jede Variable **x** hat einen fest zugeordneten Typ $type(\mathbf{x})$, der die Sorte der Werte angibt, die **x** durch Belegungen annehmen kann. Als Typ einer Variablen ist jede beliebige Sorte **s**, $\text{s} \in EXPR(SORT)$, zulässig. Einige Sorten wie z.B. **int** besitzen aber unendliche Ausprägungen. Um den Problemen mit unsicheren Anfragen auszuweichen, ist es ratsam, die unendliche Menge der möglichen Werte zur Sorte **s** auf eine endliche Teilmenge der aktuell gespeicherten Werte zur Sorte **s** einzuschränken, und diese eingeschränkte Teilmenge als Wertebereich einer Variablen zu verwenden. Das erfolgt mittels Deklarationen $(\mathbf{x}{:}\rho)$, die eine Variable $\mathbf{x} \in VAR_\mathbf{s}$ an einen Bereich ρ (als endliche Teilmenge der Ausprägung von **s**) binden. Natürlich müssen der Typ **s** der Variablen und die Sorte $range(\rho)$ des Bereichs übereinstimmen.

Als Bereich einer Variablen sind bislang Objektsorten (z.B. Entity- und Relationshiptypen) verwendet worden, die ja in jedem Zustand eine endliche Ausprägung besitzen. Da Datentypen im allgemeinen unendliche Exemplarmengen haben, sind sie keine zulässigen Bereiche. Dafür sind mengenwertige Terme Bereiche, ebenso wie der **set**-Konstruktor zur Bereichsbildung eingesetzt werden kann.

Definition 6.9 (Bereiche)

Sei eine Datenbank-Signatur $DB(DT)$ gegeben. Die **Syntax der Bereiche** ist gegeben durch eine Menge $RANGE \in |\text{SET}|$ sowie die Hilfsfunktionen $range : RANGE \rightarrow EXPR(SORT)$ und $free : RANGE \rightarrow \mathcal{F}(VAR)$. Für $\rho \in RANGE$ mit $range(\rho) = \mathbf{s}$ werde $\rho \in RANGE_\mathbf{s}$ notiert.

RANGE, *range* und *free* sind folgendermaßen definiert:

(i) Ist $s \in SORT_{DB}$, dann ist $s \in RANGE_s$ mit $free(s) := \emptyset$.

(ii) Ist $t \in TERM_{set(s)}$, dann ist $t \in RANGE_s$ mit $free(t) := free_{TERM}(t)$.

(iii) Ist $\rho \in RANGE_s$, dann ist $set(\rho) \in RANGE_{set(s)}$ mit $free(set(\rho)) := free(\rho)$.

Keine anderen Zeichenreihen sind Bereiche.

Die Semantik der Bereiche bzgl. eines Datenbankzustands σ **und einer Belegung** α ist eine Funktion $\mu[RANGE](\sigma,\alpha) \in |FUN|$ mit $\mu[RANGE](\sigma,\alpha) : RANGE_s \rightarrow (\sigma)_{EXPR(SORT)}(s)$, so daß:

(i) $\mu[RANGE](\sigma,\alpha)(s) := \sigma_{SORT}(s)$.

(ii) $\mu[RANGE](\sigma,\alpha)(t) := \mu[TERM](\sigma,\alpha)(t)$.

(iii) $\mu[RANGE](\sigma,\alpha)(set(\rho)) := \mathcal{F}(\mu[RANGE](\sigma,\alpha)(\rho))$. □

Aufgrund des Satzes 6.15 (s.u.) können beliebige mengenwertige Terme als Bereiche benutzt werden, insbesondere also auch Terme der Form BtS $\{ \dots \}$. Multimengen- und listenwertige Terme werden als Bereiche nicht zugelassen, da sich die Vielfältigkeit eines Elements in einer Multimenge bzw. einer Liste nur mit erheblichen technischen Aufwand handhaben läßt. Das Beispiel 6.14 (9) wird zeigen, daß sich der Effekt derartiger Bereiche auch auf andere Weise realisieren läßt und sich somit keinerlei Einschränkungen hinsichtlich der Mächtigkeit ergeben.

Die freien Variablen eines Terms t sind ebenfalls freie Variablen des Bereichs $\rho \equiv t$, d.h. die Bereiche der Form (ii) (und damit evtl. auch die Bereiche $set(\rho)$ der Form (iii)) werden in einem von außen kommenden Kontext ausgewertet.

Da die Potenzmenge einer endlichen Menge wieder eine endliche Menge ist, sind auch Potenzmengen $set(\rho)$ über einem Bereich ρ erlaubt. Diese Bereiche $set(\rho)$ erlauben die Berechnung der transitiven Hülle, da hierdurch Variablen an Teilmengen einer beliebigen (endlichen) Menge gebunden werden können. Bei **bag** und **list** tritt das Problem auf, daß es trotz einer endlichen Menge ρ unendlich viele Multimengen und Listen über ρ geben kann, zum Beispiel $<\underline{e}>$, $<\underline{e},\underline{e}>$, $<\underline{e},\underline{e},\underline{e}>$, ... wenn ρ ein Entitytyp **e** mit mindestens einem Exemplar $\underline{e}$ ist. Aus diesem Grund sind $bag(\rho)$ und $list(\rho)$ als Bereiche ungeeignet.

Beispiel 6.10 (Bereiche)

1. LtS(Minister(1))

   ist ein Bereich der Form (ii) mit $range(\text{LtS(Minister(1))})=$PERSON, da $sort(\text{LtS(Minister(1))})=$set(PERSON). Der Bereich enthält die freie Variable 1 und wird zur Menge der Minister des 1 durch α zugewiesenen Landes ausgewertet:

$$\mu[RANGE](\sigma,\alpha)(\texttt{LtS(Minister(l))})) = \mu[TERM](\sigma,\alpha)(\texttt{LtS(Minister(l))})$$
$$= \sigma(\texttt{LtS})(\sigma(\texttt{Minister})(\alpha(\texttt{l})))$$
$$= \{\ \underline{p}_1,\underline{p}_2,...,\underline{p}_k\ \}$$

(sofern $\underline{p}_1$, $\underline{p}_2$, ..., $\underline{p}_k \in \sigma(\texttt{PERSON})$ alle Minister des Landes $\underline{l}$, $\underline{l} = \alpha(\texttt{l})$, sind). Der Term `Minister(l)` kann nicht als Bereich verwendet werden, da er nicht mengen-, sondern listenwertig ist.

2. `BtS{ p | (p:PERSON) ∧ p ∈ Minister(l) }`

   ist ein syntaktisch von (1) verschiedener, aber semantisch äquivalenter Bereich.

3. `set(PERSON)`

   ist ein Bereich der Form (iii), der selbst wieder den Bereich `PERSON` vom Typ (i) verwendet. Ist σ ein Zustand mit drei Personen, $\sigma(\texttt{PERSON}) = \{\ \underline{p}_1, \underline{p}_2, \underline{p}_3\ \}$, so gilt:

$$\mu[RANGE](\sigma,\alpha)(\texttt{PERSON}) \qquad = \sigma(\texttt{PERSON}) = \{\ \underline{p}_1,\underline{p}_2,\underline{p}_3\ \}$$
$$\mu[RANGE](\sigma,\alpha)(\texttt{set(PERSON)}) = \mathcal{F}\,(\mu[RANGE](\sigma,\alpha)(\texttt{PERSON}))$$
$$= \big\{\ \varnothing,\ \{\underline{p}_1\},\ \{\underline{p}_2\},\ \{\underline{p}_3\},\ \{\underline{p}_1,\underline{p}_2\},\ \{\underline{p}_1,\underline{p}_3\},$$
$$\{\underline{p}_2,\underline{p}_3\},\ \{\underline{p}_1,\underline{p}_2,\underline{p}_3\}\ \big\}$$

Das heißt, eine als `(pset:set(Person))` deklarierte Variable `pset` kann die Werte (Mengen) $\varnothing$, $\{\underline{p}_1\}$, $\{\underline{p}_2\}$, $\{\underline{p}_3\}$, ..., $\{\underline{p}_1,\underline{p}_2,\underline{p}_3\}$ annehmen. $\square$

Die Bereiche der Form (iii) ermöglichen die Berechnung der transitiven Hülle einer "mathematischen Relation" (vgl. auch Beispiel 5.25.

Wird beispielsweise in Abbildung 1 der Entitytyp `PERSON` um eine Komponente `Vorgesetzter: PERSON → PERSON` ergänzt, so fordert die Formel

```
∀(p:PERSON) ∀(pset:set(PERSON))
 ( ∀(vorg:PERSON) (vorg ∈ pset ⟺
                   (Vorgesetzter(p)=vorg ∨
                    ∃(vorg':pset) (Vorgesetzter(vorg')=vorg)))
   ⇒ ¬(p ∈ pset)                                              ) ,
```

daß keine Person (direkt oder indirekt) Vorgesetzter von sich selbst ist. Zu gegebener Belegung α legt die Teilformel `∀(vorg:PERSON)(...)` eine Menge $\alpha(\texttt{pset})$ der direkten und indirekten Vorgesetzten von $\alpha(\texttt{p})$ fest [20]: `vorg` ist in der Menge enthalten, wenn er direkter Vorgesetzter von `p` oder Vorgesetzter einer der (auch indirekten) Vorgesetzten `vorg'` von `p` ist. Die Formel `¬(p ∈ pset)` stellt dann sicher, daß p nicht in dieser Menge $\alpha(\texttt{pset})$ seiner eigenen Vorgesetzten ist.

---

[20]Stellt die Vorgesetztenbeziehung keine Hierarchie dar, d.h. enthält sie Zyklen, so gibt es mehrere Belegungen von `pset`, welche die Teilformel erfüllen. Die kleinste dieser Mengen enthält genau die direkten und indirekten Vorgesetzten von $\alpha(\texttt{p})$.

6.1.4 Deklarationen

Ein Bereich ρ fungiert in einer Deklaration $(x:\rho)$ als Wertebereich der Variablen
x. So bindet beispielsweise $(\texttt{str:BtS\{ StName(st) | (st:STADT) \})}$ die Variable
str an die endliche Menge der gespeicherten Städtenamen, während $(\texttt{str:string})$
unendlich viele Werte für **str** ermöglichen würde und somit *nicht* erlaubt ist.

Die Form $(x:\rho)$ der Deklarationen ist jedoch nicht ausreichend, wenn beispielsweise

  (i) die Variable **str** an die Menge aller in **STADT** oder als Bestandteil **city** einer
      Adresse vorkommenden Städtenamen oder

  (ii) die Variable **a** an die Adressen aller Personen gebunden werden soll.

Ursache beider Probleme ist die Tatsache, daß Datensorten keine zulässigen Bereiche
sind und somit $(\texttt{str:string})$ bzw. $(\texttt{a:address})$ nicht deklariert werden können.
Auch die Verwendung von Multitermen als Bereiche hilft in diesen Fällen nicht weiter.

Um (i) dennoch zu ermöglichen, werden die aus Kapitel 5 bekannten Disjunktionen
der Form $(x:\rho_1 \vee ... \vee x:\rho_n)$ als Deklarationen zugelassen (vgl. Beispiel 6.12 (2)).
Zu Punkt (ii) werden sogenannte Deklarationsfolgen $\delta_1;...;\delta_k$ eingeführt (vgl. Beispiel
6.12 (1)):

Definition 6.11 (Deklarationen)

Sei eine Datenbank-Signatur $DB(DT)$ gegeben.   Die **Syntax der Deklara-
tionen** ist gegeben durch eine Menge $DECL \in |SET|$ und die Hilfsfunktionen
$free, decl : DECL \rightarrow \mathcal{F}(VAR)$.

$DECL$, $free$ und $decl$ sind folgendermaßen definiert:

  (i) Sind $x \in VAR_s$, $\rho_1,...,\rho_n \in RANGE_s$ (n$\geq$1),
      und ist $x \notin free(\rho_1) \cup ... \cup free(\rho_n)$, dann ist $(x:\rho_1 \vee ... \vee x:\rho_n) \in DECL$
      mit $free((x:\rho_1 \vee ... \vee x:\rho_n)) := free(\rho_1) \cup ... \cup free(\rho_n)$
      und $decl((x:\rho_1 \vee ... \vee x:\rho_n)) := \{x\}$.

  (ii) Sind $x \in VAR_s$, $\rho_1,...,\rho_n \in RANGE_s$ (n$\geq$1), und $\delta \in DECL$ mit
      $(free(\rho_1) \cup ... \cup free(\rho_n)) \cap decl(\delta) \neq \emptyset$ und $x \notin free(\delta) \cup decl(\delta)$,
      dann ist $(x:\rho_1 \vee ... \vee x:\rho_n);\delta \in DECL$ mit
      $free((x:\rho_1 \vee ... \vee x:\rho_n);\delta) :=$
      $$(free(\rho_1) \cup ... \cup free(\rho_n) \cup free(\delta)) - decl(\delta), \text{ und}$$
      $decl((x:\rho_1 \vee ... \vee x:\rho_n);\delta) := decl(\delta) \cup \{x\}$.

Keine anderen Zeichenreihen sind Deklarationen.

Die **Semantik der Deklarationen bzgl.** eines Datenbankzustands σ und
einer Belegung α ist eine Relation $\mu[DECL](\sigma,\alpha) \subseteq DECL$, so daß

(i) $(\mathbf{x}:\rho_1 \lor \ldots \lor \mathbf{x}:\rho_n) \in \mu[DECL](\sigma,\alpha)$ *gdw*

   $\alpha(\mathbf{x}) \in \mu[RANGE](\sigma,\alpha)(\rho_1)$ oder ... oder $\alpha(\mathbf{x}) \in \mu[RANGE](\sigma,\alpha)(\rho_n)$.

(ii) $(\mathbf{x}:\rho_1 \lor \ldots \lor \mathbf{x}:\rho_n);\delta \in \mu[DECL](\sigma,\alpha)$ *gdw*

   $\delta \in \mu[DECL](\sigma,\alpha)$ und

   $\alpha(\mathbf{x}) \in \mu[RANGE](\sigma,\alpha)(\rho_1)$ oder ... oder $\alpha(\mathbf{x}) \in \mu[RANGE](\sigma,\alpha)(\rho_n)$.

□

Die Idee der Deklarationsfolgen $\delta_1;\ldots;\delta_k$ mit $\delta_j \equiv (\mathbf{x}_j:\rho_j)$ ist, Folgen der Form

$$(\mathbf{x}_1:\rho_1(\mathbf{y}_1,\mathbf{x}_2,\ldots,\mathbf{x}_k));(\mathbf{x}_2:\rho_2(\mathbf{y}_2,\mathbf{x}_3,\ldots,\mathbf{x}_k));\ldots;$$
$$(\mathbf{x}_{k-1}:\rho_{k-1}(\mathbf{y}_{k-1},\mathbf{x}_k));(\mathbf{x}_k:\rho_k(\mathbf{y}_k))$$

zu erlauben, bei der jeder Bereich ρ_j (j=1,...,k-1) mindestens eine freie Variable aus der Menge $\{\mathbf{x}_{j+1},...,\mathbf{x}_k\}$ der bereits vorher (rechts) deklarierten Variablen enthalten muß. Jeder Bereich ρ_j kann aber auch weitere (mehrere) freie Variablen $\mathbf{y}_j$ besitzen. Die Bindung der Variablen $\mathbf{x}_j$ an Wertebereiche geschieht dann in der folgenden Form:

$\mathbf{x}_k$ kann (wie bisher) alle Werte aus ρ_k annehmen, d.h.
$\alpha(\mathbf{x}_k) \in \mu[RANGE](\sigma,\alpha)(\rho_k)$. Für jeden dieser Werte $\alpha(\mathbf{x}_k)$ wird $\mu[RANGE](\sigma,\alpha)(\rho_{k-1})$ bestimmt, so daß

$\mathbf{x}_{k-1}$ die Werte aus ρ_{k-1} in Abhängigkeit von $\alpha(\mathbf{x}_k)$ annimmt,

usw.

Die syntaktischen Einschränkungen bzgl. der freien und deklarierten Variablen verhindern wieder Konflikte bei der Festlegung des Gültigkeitsbereichs (vergleiche auch Bemerkung 6.5). So darf beispielsweise eine in einer Deklaration zu deklarierende Variable nicht bereits frei in dieser Deklaration vorkommen $(\mathbf{x} \notin free(\rho_j))$.

Beispiel 6.12 (Deklarationen)

1. `(a:LtS(Adr(p)));(p:PERSON)`

   Jede Belegung α, will sie die Deklaration erfüllen, muß die Zuweisungen

   $$\alpha : \mathrm{p} \mapsto \underline{\mathrm{p}}, \underline{\mathrm{p}} \in \sigma(\mathsf{PERSON}) \qquad \text{und}$$
   $$\alpha : \mathrm{a} \mapsto \underline{\mathrm{a}}, \underline{\mathrm{a}} \in \mu[RANGE](\sigma,\alpha)\,(\mathsf{LtS(Adr(p))}) = \sigma(\mathsf{LtS})\,(\sigma(\mathsf{Adr})(\alpha(\mathrm{p})))$$
   $$= \sigma(\mathsf{LtS})\,(\sigma(\mathsf{Adr})(\underline{\mathrm{p}}))$$

   durchführen: p wird eine aktuelle Person $\underline{\mathrm{p}}$ zugewiesen, und a erhält eine der Adressen $\underline{\mathrm{a}}$ dieser Person. Betrachtet man die Menge aller Belegungen α, die diese Deklaration erfüllen, so wird p an die Menge aller aktuell gespeicherten Personen und a an die gewünschte Menge der Adressen aller dieser Personen gebunden. Beide Deklarationen sind eng aneinander gekoppelt, d.h. Bedingungen an p wirken sich automatisch auf a aus. So ist beispielsweise im Multiterm $\{\,\mathrm{a}\ |\ \mathtt{(a:LtS(Adr(p)));(p:PERSON)} \land \mathsf{Age(p)}{\geq}35\,\}$ die Variable a an die Adressen der Personen, die älter als 35 sind, gebunden.

2. (str : BtS{ StName(st)) | (st:STADT) } ∨
   str : BtS{ city(a) | (a:LtS(Adr(p)));(p:PERSON) })

   ist eine Deklaration der Variablen str vom Typ string. Die Deklaration bindet str an die Namen aller in STADT und als Teil einer Adresse gespeicherten Städte. Sie enthält keine freien Variablen.

3. (f:BtS{ f | (f:FLUSS) ∧ fließt-durch(f,l) });(l:LAND)

   enthält keine freien Variablen. Die Deklaration bindet f an alle Flüsse, die ein Land durchfließen. Diese Deklaration ist semantisch verschieden von

   (f:BtS{ f | (f:FLUSS) ∧ (l:LAND) ∧ fließt-durch(f,l) })

   Es besteht der subtile Unterschied, daß die zweite Deklaration (aufgrund von BtS) die äußere Variable f an einen Fluß genau einmal bindet, während in der ersten Deklaration f an einen Fluß so oft gebunden wird, wie er Länder durchfließt: fließt der Fluß f durch die drei Länder l_1, l_2 und l_3, so wird für jedes l_i (i=1,...,3) der Term BtS{ f | ... } zu einer Menge (von Flüssen) ausgewertet; jede dieser dieser Mengen enthält den Fluß f, so daß es dann drei Belegungskombinationen α: f ↦ f, α: l ↦ l_i für die (äußere) Variable f gibt.

   In beiden Fällen besteht kein Namenskonflikt zwischen der innen und außen deklarierten Variablen f; der Gültigkeitsbereich beider Variablen ist eindeutig bestimmt.

4. (p:LtS(Minister(l)));(rg:Regionen(l))

   ist keine korrekte Deklaration, da rg in (rg:Regionen(l)) deklariert wird, aber nicht in (p:LtS(Minister(l))) frei vorkommt. Die beabsichtigte Deklaration kann aber – und soll auch – als Konjunktion (p:LtS(Minister(l))) ∧ (rg:Regionen(l)) formuliert werden! In beiden Fällen ist l eine freie Variable.

5. (p:LtS(Minister(l)));(rg:Regionen(l));(l:LAND)

   ist dagegen eine korrekte Deklaration, da sowohl (rg:Regionen(l)) als auch (p:LtS(Minister(l))) die nachfolgend deklarierte Variable l verwenden. Auch diese Deklarationsfolge ließe sich – allerdings wesentlich umständlicher – in Konjunktionen

   (p:LtS(Minister(l)));(l:LAND) ∧ (rg:Regionen(l'));(l':LAND)

   mit einer hinzuzufügenden Formel l=l' aufspalten. □

6.1.5   Anfragen

Im Prinzip kann jeder Term ohne freie Variablen als Anfrage aufgefaßt werden; das
Verbot freier Variablen stellt dabei sicher, daß der Term nur in Abhängigkeit eines Zustands σ, aber unabhängig von einem durch eine Belegung α gegebenen Kontext ausgewertet wird. Zusätzlich fordern wir, daß das Ergebnis der Anfrage gewissermaßen
"ausdruckbar" sein muß, d.h. es muß aus Datenwerten aufgebaut sein. Insofern darf
die Sorte des Anfrage-Terms ein nur aus Datensorten gebildeter Sortenausdruck sein.

Definition 6.13 (Anfragen)

Sei eine Datenbank-Signatur *DB(DT)* gegeben. Die **Syntax der Anfragen** ist
gegeben durch eine Menge $QUERY_s \in |SET|$, die folgendermaßen definiert ist:

Ist $t \in TERM_s$ mit $s \in \text{EXPR}(\text{SORT}_{DT})$ und $\text{free}(t) = \emptyset$, dann ist $t \in QUERY_s$.

Keine anderen Zeichenreihen sind Anfragen.

Die **Semantik der Anfragen bzgl. eines Datenbankzustands** σ ist eine Funktion $\mu[QUERY](\sigma) : QUERY_s \rightarrow (\sigma)_{EXPR(SORT_{DT})}(s)$, so daß für eine beliebige
Belegung $\varepsilon \in ASSIGN$ [21] gilt:

$$\mu[QUERY](\sigma)(t) := \mu[TERM](\sigma,\varepsilon)(t) \qquad\qquad \Box$$

Beispiel 6.14 (Anfragen)

1. *Die Namen aller italienischen Flüsse*

```
-{ FName(f) | (f:FLUSS) ∧
              ∃(l:LAND) (LName(l)='Italien' ∧ fließt-durch(f,l)) }-
```

Eine alternative Anfrage unter Verwendung einer Relationship-Variable und
Rollennamen als Operatoren ist

```
-{ FName(Fluß(fd)) | (fd:fließt-durch)∧LName(Land(fd))='Italien' }-
```

Sie liefert das gleiche Ergebnis, sofern es nur genau ein Land mit dem Namen
'Italien' gibt. Andernfalls treten Unterschiede in der Anzahl der Duplikate auf.

2. *Namen der Flüsse, die Frankreich durchfließen, zusammen mit der Länge ihres
   Verlaufs innerhalb Frankreichs*

```
-{ FName(Fluß(fd)), Länge(fd) | (fd:fließt-durch) ∧
                          LName(Land(fd))='Frankreich' }-
```

---

[21]Im Prinzip kann jede beliebige Belegung als initiale Belegung ε der Termauswertung verwendet
werden, da die Anfrage keine freien Variablen enthält und somit unabhängig von einer Belegung ist.

3. *Namen der Regionen Frankreichs*

   `{ name(rg) | (rg:Regionen(l));(l:LAND) ∧ LName(l)='Frankreich' }`

   Die Anfrage

   `{ name(Regionen(l)) | (l:LAND) ∧ LName(l)='Frankreich' }`

   ist syntaktisch fehlerhaft, da die Datenoperation **name** nicht auf den Datentyp **regions = set(region)** anwendbar ist.

4. *Adressen der Minister der demokratischen Länder*

   a) `{ a | (a:LtS(Adr(p)));(p:LtS(Minister(l)));(l:LAND) ∧`
   $$\text{Regform(l)='demokratisch' }$$

   liefert die Adressen aller Minister jedes demokratischen Landes:

   $$\{\!\!\{ \underbrace{\text{Adresse}_{1,1}, ..., \text{Adresse}_{1,k_1}}_{\text{Adressen von Minister 1}}, ..., \underbrace{\text{Adresse}_{n,k}, ..., \text{Adresse}_{n,k_n}}_{\text{Adressen von Minister n}} \}\!\!\}$$

   b) `{ Adr(p) | (p:LtS(Minister(l)));(l:LAND) ∧`
   $$\text{Regform(l)='demokratisch' }$$

   liefert zu jedem Minister eines demokratischen Landes die Liste seiner Adressen:

   $$\{\!\!\{ \underbrace{< \text{Adresse}_{1,1}, ..., \text{Adresse}_{1,k_1} >}_{\text{Adressen von Minister 1}}, ..., \underbrace{< \text{Adresse}_{n,k}, ..., \text{Adresse}_{n,k_n} >}_{\text{Adressen von Minister n}} \}\!\!\}$$

   c) `{ { Adr(p) | (p:LtS(Minister(l))) } |`
   $$\text{(l:LAND) ∧ Regform(l)='demokratisch' }$$

   liefert zu jedem demokratischen Land eine Multimenge, die zu jedem Minister dieses Landes die Liste seiner Adressen enthält:

   $$\{\!\!\{ \underbrace{\{\!\!\{\text{Adrliste}_{1,1}, ..., \text{Adrliste}_{1,k_1}\}\!\!\}}_{\text{demokratisches Land 1}}, ..., \underbrace{\{\!\!\{\text{Adrliste}_{n,k}, ..., \text{Adrliste}_{n,k_n}\}\!\!\}}_{\text{demokratisches Land n}} \}\!\!\}$$

   mit Adrliste$_{i,j}$ = <Adresse$_1$, ..., Adresse$_{p_{i,j}}$>
   = Liste der Adressen von Minister$_{i,j}$ des Landes i (i ∈ 1..n).

5. *Namen der Minister, die nur Wohnsitze in ihrem Heimatland besitzen*

   `{ PName(p) | (p:LtS(Minister(l)));(l:Land) ∧`
   `        ∀(a:LtS(Adr(p))) ∃(st:STADT) (liegt-in(st,l) ∧`
   `                                    StName(st)=city(a)) }`

6. *Namen der Flüsse, die in die Nordsee münden*

   `{ FName(f) | (f:FLUSS) ∧ ∃(g:GEWÄSSER)`
   `        (MName(MEER`$_{\text{sind,GEWÄSSER}}$`(g))='Nordsee' ∧ mündet-in(f,g)) }`

7. *Zu jedem Land den Namen, den Namen des Präsidenten und die Differenz zwischen der Einwohnerzahl des Landes und der Summe der Einwohnerzahlen der Städte dieses Landes*

```
-[ LName(1), PName(Präsident(1)),
   (LEinw(1) - Sum-[StEinw(st)|(st:STADT)∧liegt-in(st,1)])
                                                | (1:LAND) ]-
```

8. *Bestimme die maximale Einwohnerzahl über allen Ländern mit derselben Regierungsform und berechne den Durchschnittswert dieser Maxima*

```
Avg -[ Max-[ LEinw(1) | (1:LAND) ∧ Regform(1)=f ] |
                            (f:BtS-[ Regform(1) | (1:LAND) ]) ]-
```

Das Ergebnis dieser Anfrage ist verschieden von dem der Anfrage

```
Avg -[ Max-[ LEinw(1) | (1:LAND) ∧ Regform(1)=Regform(1') ] |
                                         (1':LAND) ]-
```

Angenommen, es gäbe drei Länder in LAND. Die demokratischen Länder l_1 und l_2 hätten 10 Mio. bzw. 30 Mio. Einwohner, und das sozialistische Land l_3 60 Mio. Einwohner. Die erste Anfrage berechnet dann zu jeder aktuell gespeicherten Regierungsform f, $f \in$ {'demokratisch', 'sozialistisch'}, die maximale Einwohnerzahl der Länder mit dieser Regierungsform. Der Durchschnittswert der zwei Werte ist 45 Mio. Die zweite Anfrage bestimmt hingegen zu jedem aktuellen Land l_i (i=1,2,3) die durchschnittliche Einwohnerzahl der Länder mit derselben Regierungsform wie dieses Land. Der Durchschnitt der nun drei (!) Werte ist aber 40 Mio.

9. *Zu jedem Land das Durchschnittsalter seiner Minister*

```
-[ LName(1), Avg-[Alter(p) | (p:LtS(Minister(1)))] | (1:LAND) ]-
```

Um genau zu sein, liefert diese Anfrage zu jedem Land das Durchschnittsalter der Personen, die Minister sind. Hat eine Person zwei Ministerposten inne, so wird das Alter dieser Person aufgrund der Duplikateliminierung LtS nur einmal gezählt. Ist nun wirklich das Durchschnittsalter der Minister gewünscht, so läßt sich das formulieren als:

```
-[ LName(1), Avg-[ Alter(p) |
     (i:Pos(Minister(1),p));(p:LtS(Minister(1))) ] | (1:LAND) ]-
```

Die Deklaration (i:Pos(Minister(1),p)) bewirkt dabei, daß jede Person in ihrer Eigenschaft als Minister (evtl. auch mehrmals über die Positionsnummern) berücksichtigt wird.

10. *Die Minister Italiens zusammen mit ihrer Positionsnummer (in der Liste der Minister)*

```
{ PName(Sel(Minister(1),i)),i | (i:Ind(Minister(1)));(1:LAND) ∧
                                         LName(1)='Italien' }
```

oder

```
{ PName(p),i |
    (i:Pos(Minister(1),p));(p:LtS(Minister(1)));(1:LAND)
                                   ∧ LName(1)='Italien' }
```

In der ersten Anfrage wird die Funktion **Ind** benötigt, damit die Variable i an alle relevanten **int**-Werte gebunden werden kann: Die Deklaration (i:int) ist nach den Definitionen 6.9 bzw. 6.11 nicht erlaubt. In der zweiten Anfrage bewirkt **Pos** diesen Effekt. □

6.2 Eigenschaften des Kalküls

Im Vordergrund dieses Abschnitts stehen die für Relationenkalküle definierten Begriffe der Sicherheit und der relationalen Vollständigkeit.

In Kapitel 5 haben wir gesehen, daß es Kalküle gibt, deren Anfragen mitunter ein unendliches Ergebnis liefern. Um insbesondere die Anfragen auszuzeichnen, die ein endliches Ergebnis liefern, wurde in Lehrbüchern der Begriff der 'safe formulas' [Ull82] definiert. Wir werden die hierdurch charakterisierten Anfragen (Formeln) als **sicher** bezeichnen. Jede sichere Anfrage liefert somit ein endliches Ergebnis. Unglücklicherweise ist dieser Sicherheitsbegriff für Anfragen unentscheidbar.

Wir werden zeigen, daß das Problem der Sicherheit für den allgemeinen Kalkül nicht relevant ist, da der Kalkül nur die Formulierung sicherer Anfragen zuläßt. Hinsichtlich einer effektiven Ausführbarkeit des Kalküls ist der Begriff der Sicherheit nicht nur für Anfragen wichtig; auch die Multiterme { ... } sollten ein endliches Ergebnis liefern, um eine sinnvolle Handhabung der aggregierenden Funktionen zu ermöglichen: Kann formal die Summe (**Sum**) einer unendlichen Multimenge als ⊥ definiert werden, so ist diese Vorgehensweise nicht effektiv, muß doch erst einmal erkannt werden, daß der Multiterm zu einer unendlichen Multimenge ausgewertet wird.

Der folgende Satz zeigt, daß die Auswertung jedes Terms immer ein endliches Ergebnis liefert.

Satz 6.15

Jeder Term t ϵ *TERM* wird für eine beliebige Belegung α $\epsilon ASSIGN$ entweder zu einem einzelnen Wert, einer endlichen Menge, Multimenge oder Liste ausgewertet.

Beweis:

Der Beweis wird durch vollständige Induktion über die Tiefe d der Termbildung geführt.

Induktionsanfang: (d=1)

Die Terme der Tiefe 1 sind Variablen $x \in VAR$ oder Konstanten k eines Datentyps.

Jede Variable $x \in VAR$ mit $type(x)=s$, $s \in EXPR(SORT)$, wird zu einem Wert $\alpha(x)$ aus $(\sigma_{SORT})_{EXPR(SORT)})(s)$ ausgewertet. $\alpha(x)$ ist aber für $s \in SORT_{DT}$ eine Konstante, für $s \in SORT_{DB}$ ein Objekt aus $\sigma(s)$ und für einen beliebigen Sortenausdruck $s \in EXPR(SORT)$ über $SORT = SORT_{DT} \cup SORT_{DB}$ aufgrund der Definition 4.6 immer endlich (siehe auch Bemerkung 4.7 (2)).

Eine Konstante k wird (als nullstellige Operation) zu $\mu[DT](k)()$ ausgewertet.

Induktionsannahme:

Jeder Term t' einer Tiefe kleiner als $d+1$ wird entweder zu einem einzelnen Wert, einer endlichen Menge, Multimenge oder Liste ausgewertet.

Induktionsschluß:

Jeder Term t' der Tiefe $d+1$ kann nur die Form (ii) oder (iii) haben:

(ii) $t' \equiv \omega(t_1, \ldots, t_n)$:

   ω kann eine Datenoperation ($\in OPNS_{DT}$), eine Objektoperation ($\in OPNS_{DB}$) oder eine durch Sortenausdrücke induzierte Operation sein ($\in OPNS(SORT)$). In jedem Fall liefert $\mu[TERM](\sigma,\alpha)(t')$ einen einzelnen Wert oder ein endliches Ergebnis, da die Argumentterme t_i (i=1,...,n) nach Induktionsannahme endlich ausgewertet werden und jede der Operationen ein endliches Ergebnis liefert.

(iii) $t' \equiv \{\!\!\{\ t_1, \ \ldots, \ t_n \mid \delta_1 \wedge \ldots \wedge \delta_k \wedge \phi \}\!\!\}$:

   Der Term t' wird zu folgender Multimenge ausgewertet:

$$\mu[TERM](\sigma,\alpha)(t') = \{\!\!\{\ (\mu[TERM](\sigma,\alpha')(t_1),...,\mu[TERM](\sigma,\alpha')(t_n)\ ) \mid$$
$$\alpha' \in ASSIGN \text{ ist eine Belegung mit } \alpha'(x)=\alpha(x) \text{ für}$$
$$\text{jede Variable } x \in VAR - (decl(\delta_1) \cup ... \cup decl(\delta_k)),$$
$$\text{so daß } \delta_j \in \mu[DECL](\sigma,\alpha') \text{ für j=1,...,k und } \phi \in$$
$$\mu[FORMULA](\sigma,\alpha') \text{ gelten} \qquad \}\!\!\}$$

Die Terme t_i (i=1,...,n) haben höchstens eine Tiefe d. Nach Induktionsannahme ist $\mu[TERM](\sigma,\alpha')(t_i)$ zu gegebener Belegung α' entweder ein einzelner Wert oder eine endliche Menge, Multimenge oder Liste. Demnach genügt es zu zeigen, daß es nur eine endliche Anzahl Belegungen $\alpha' \in ASSIGN$ gibt, die der obigen Bedingung genügen.

Die Anzahl der Belegungen α' wird nur durch die Deklarationen δ_j bestimmt; die nicht deklarierten Variablen x, d.h. $x \in VAR - (decl(\delta_1) \cup ... \cup decl(\delta_k))$, werden mit genau einem festen Wert $\alpha'(x) = \alpha(x)$ belegt.

Welche Alpha α' erfüllen nun die Deklarationen $\delta_1,...,\delta_k$?

Jede Deklaration δ_j (j=1,...,k, k$\geq$0) ist von der Form

$$\delta_j \equiv \delta_{j,p_j}(x_{j,p_j}); ...; \delta_{j,1}(x_{j,1})$$

mit $p_j \geq 1$, und jedes $\delta_{j,u}$ (u=1,...,p_j) ist im allgemeinen Fall eine Disjunktion der Form $\delta_{j,u} \equiv (x_{j,u}:\rho^1_{j,u} \lor ... \lor x_{j,u}:\rho^q_{j,u})$ mit q$\geq$1.

Um einer Deklaration δ_j zu genügen, muß jeder der Teile $\delta_{j,u}$ erfüllt sein, d.h. es haben alle Bedingungen $\delta_{j,u} \in \mu[DECL](\sigma,\alpha')$ zu gelten. Das ist der Fall, wenn $\alpha'(x_{j,u}) \in \mu[RANGE](\sigma,\alpha')(\rho^r_{j,u})$ für eines der r $\in$ 1..q zutrifft. Jede Variable $x_{j,u}$ kann folglich nur mit Werten aus der Vereinigung dieser Mengen $\mu[RANGE](\sigma,\alpha')(\rho^r_{j,u})$ belegt werden.

Demnach genügt es zu zeigen, daß jeder Bereich zu einer endlichen Menge ausgewertet wird.

Jeder in einer Deklaration verwendete Bereich $\rho^r_{j,u}$ ist entweder atomar (d.h. eine Objektsorte s $\in$ $SORT_{DB}$), ein mengenwertiger Term t der maximalen Tiefe d oder von der Form $set(\rho)$ mit einem Bereich ρ.

Durch vollständige Induktion über die **set**-Bildung läßt sich ebenfalls zeigen, daß $set^p(\rho)$ für beliebige p $\geq$ 0 immer zu einem endlichen Bereich ausgewertet wird, da $\mathcal{F}(M)$ für eine endliche Menge M immer endlich ist.

Da jedes $\rho^r_{j,u}$ einen endlichen Wertebereich repräsentiert, ist jede in $\delta_{j,u}$ deklarierte Variable $x_{j,u}$ an die Vereinigung der endlichen Bereiche $\rho_{j,u}$ gebunden. Infolgedessen gibt es nur endlich viele Belegungen α', die $x_{j,u}$ mit Werten belegen. Die absolute Anzahl der Belegungen ergibt sich dann aus dem Produkt der möglichen Belegungen über allen (endlich vielen) Variablen, was ebenfalls in einer endlichen Anzahl resultiert.

Zusammenfassend ist jede in den δ_j (j=1,...,k) deklarierte Variable x an eine endliche Wertemenge gebunden, die nur endlich viele Belegungen α' erlaubt, die wiederum die Endlichkeit der Auswertung eines Multiterms garantieren.

$\square$

Da eine Anfrage ein spezieller Term ist, ergibt sich als unmittelbare Folgerung:

Korollar 6.16

Jede Anfrage liefert ein endliches Ergebnis: Der Kalkül ist sicher. $\square$

Ein klassisches Kriterium für die Mächtigkeit relationaler Anfragesprachen ist die **relationale Vollständigkeit**, auch wenn sie mittlerweile den Charakter einer Mindestanforderung hat, weil die Ausdrucksfähigkeit existierender Sprachen diese Forderung übersteigt.

Unterschieden werden die einfache und die strenge relationale Vollständigkeit. Als Vergleichsmaß dient in beiden Fällen die Relationenalgebra (siehe z.B. [Ull82]). Eine Anfragesprache heißt nun **relational vollständig**, wenn sich jeder Term der Relationenalgebra als Folge von Anfragen in der Sprache formulieren läßt; ist darüber hinaus jeder Algebra-Term in einer einzelnen Anfrage formulierbar, so heißt die Sprache **streng relational vollständig**.

Wir zeigen, daß der allgemeine Kalkül streng relational vollständig ist. Der Beweis wird anhand der relationalen Variante des allgemeinen Kalküls durchgeführt.

Satz 6.17

Die relationale Variante des allgemeinen Kalküls ist streng relational vollständig.

Beweis:

Die Behauptung wird durch Reduktion der Relationenalgebra auf den Kalkül bewiesen. Der Beweis erfolgt durch vollständige Induktion über der Anzahl p der Operatoren in einem Term A der Relationenalgebra.

Induktionsanfang: (p=0, keine Operatoren)

Dann ist A entweder eine Konstante **k** des Datentyps **d** oder eine Relation r, $r \in SORT_{DB}^{REL} = REL\text{-}TYPE$.

(i) Jede Relation bestehend aus einer Konstanten **k** kann im Kalkül durch BtS⁅ k | (x:r) ⁆ ausgedrückt werden, wobei r eine beliebige Relation ist. Das Ergebnis des Multiterms enthält n-mal die Konstante **k**, wobei n die Kardinalität der Relation r ist. BtS eliminiert dann die Duplikate von **k**.

(ii) Eine Relation r mit den Attributen $a_1,...,a_n$ wird ausgedrückt durch BtS⁅ $a_1(x),...,a_n(x)$ | (x:r) ⁆.

Die Konvertierungsfunktion BtS ist jeweils notwendig, da Ausdrücke der Relationenalgebra immer eine Menge von Tupeln (d.i. eine Relation), Multiterme aber eine Multimenge liefern.

Induktionsannahme:

Die Aussage gilt für jeden Ausdruck A mit weniger als p+1 Operatoren.

Induktionsschluß:

Seien A_i (i=1,2) zwei Ausdrücke mit höchstens p Operatoren. Nach der Induktionsannahme kann jedes A_i zu einem mengenwertigen Kalkülterm reduziert werden:

$$t_i \equiv BtS⁅ t_1^i,...,t_n^i \mid \delta_1^i \wedge ... \wedge \delta_k^i \wedge \phi^i ⁆ \quad (i=1,2).$$

Zu den einzelnen Operatoren der Relationenalgebra erhält man dann die folgenden Kalkülterme:

(i) $A_1 \cup A_2$ (*Vereinigung*, nur für $n_1 = n_2$ erlaubt) :

    BtS $\{$ $Prj_1(x),\ldots,Prj_{n_1}(x)$ | $(x:t_1 \lor x:t_2)$ $\}$

(ii) $A_1 - A_2$ (*Differenz*, nur für $n_1 = n_2$ erlaubt) :

    BtS$\{$ $Prj_1(x_1),\ldots,Prj_{n_1}(x_1)$ | $(x_1:t_1) \land$
        $\neg \exists(x_2:t_2)$ $(Prj_1(x_1){=}Prj_1(x_2) \land \ldots \land Prj_{n_1}(x_1){=}Prj_{n_1}(x_2))$ $\}$

(iii) $A_1 \times A_2$ (*Kartesisches Produkt*) :

    BtS$\{$ $Prj_1(x_1),\ldots,Prj_{n_1}(x_1),Prj_1(x_2),\ldots,Prj_{n_2}(x_2)$ |
                                 $(x_1:t_1) \land (x_2:t_2)$ $\}$

(iv) $\pi_{i_1,\ldots,i_m}(A_1)$ (*Projektion* auf $i_1,\ldots,i_m \in 1..n_1$) :

    BtS$\{$ $Prj_{i_1}(x),\ldots,Prj_{i_m}(x)$ | $(x:t_1)$ $\}$

(v) $\sigma_\phi(A_1)$ (*Selektion* mit einer Formel $\phi \equiv (i{=}j)$ oder $\phi \equiv (i{=}k)$ und
                       $i,j \in 1..n_1$, k Konstante) :

    BtS $\{$ $Prj_1(x),\ldots,Prj_{n_1}(x)$ | $(x_1:t_1) \land Prj_i(x){=}Prj_j(x)$ $\}$ bzw.
    BtS $\{$ $Prj_1(x),\ldots,Prj_{n_1}(x)$ | $(x_1:t_1) \land Prj_i(x){=}k$ $\}$ $\square$

Wie die meisten der relationalen Anfragesprachen übersteigt auch der erweiterte Relationenkalkül (d.i. die relationale Variante des allgemeinen Kalküls) durch die Einführung der Datenoperationen und der aggregierenden Funktionen die Ausdrucksfähigkeit der Relationenalgebra. Andererseits macht der Beweis von diesen Konzepten keinen Gebrauch: sieht man einmal von den Deklarationen der Form $(x:t)$ mit einem mengenwertigen Term $t \equiv BtS\{ \ldots \}$ ab, so werden nur die Primitive des Tupelkalküls [Ull82, Cod72] verwendet. Selbst diese Deklarationen sind vermeidbar, wenn man der "klassischen Reduktion" des Tupelkalküls in die Relationenalgebra von [Ull82] folgt. Der Beweis ist dann allerdings aufwendiger zu führen.

Abschließen wollen wir diesen Abschnitt mit einigen Bemerkungen zu den einzelnen (Datenmodell-) Varianten des Kalküls.

Prinzipiell ist der Kalkül sehr stark auf das EER-Modell als Hauptanwendung zugeschnitten. So gibt es Listenoperationen wie **Sel**, **Pos**, **Ind**, **LtS** und **LtB**, die von den listenwertigen Attributen und Komponenten herrühren. Der Kalkül bietet selbst keine Konstrukte zur Erzeugung von Listen, es sei denn, entsprechende Operationen auf Sortenausdrücken (z.B. Sortierung **StL**, 'set to list') werden später einmal aufgenommen. Insofern können die relationale, die NF^2- und die (reine) ER-Variante diese Operationen nicht nutzen. Um eine dieser Varianten gezielt zu unterstützen, ist demnach der allgemeine Kalkül entsprechend abzuändern, indem die EER-spezifischen Anteile beschnitten werden.

In diesem Sinne ist auch die relationale Variante vielmehr ein NF^2-Kalkül als ein Relationenkalkül. Auch wenn er auf den 1NF-Konzepten des Relationenmodells beruht, so läßt sich mit dem Kalkül die NF^2-typische Operation **nest** formulieren. Das Ergebnis einer Anfrage kann somit geschachtelt sein; der Kalkül ist folglich nicht bzgl. des

Relationenmodells abgeschlossen. Hinsichtlich der Verwendung der relationalen Variante des Kalküls als Zwischensprache der Anfrage-Transformation (siehe Abschnitt 8.4) ist das sogar vorteilhaft, da der Kalkül auch für eine Prototyp-Implementierung von SQL/EER auf einem NF^2-Datenbanksystem wie AIM-P [PiD89] oder DASDBS [ScS89] ohne weiteres eingesetzt werden kann.

Vergleicht man abschließend die einzelnen Varianten des Kalküls – mit oder ohne die EER-spezifischen Teile – mit den Kalkülen des Kapitels 5, so liegt die Vermutung nahe:

Vermutung 6.18

Die jeweilige Variante des allgemeinen Kalküls besitzt zumindest die gleiche Funktionalität der Kalküle [Cod72, Ull82, Klu82, Bül87] (für das Relationenmodell), [Jac82, ÖÖM87, RKS88, AbB88] (für die NF^2-Varianten) und [AtC81, HoG88, Hoh90, GoH91, PRYS89] (für die ER-Ansätze), sofern man die unsicheren Ausdrücke einmal ausklammert.   □

Wir wollen darauf verzichten, diese Vermutung durch einen formalen Beweis zu einer Behauptung zu erheben. Der Beweis selbst dürfte nicht schwierig sein; problematischer ist es jedoch, daß die jeweilige Original-Datenmodell-Bildung der Kalküle von jener der Datenbank-Signatur abweicht, auch wenn sich jedes dieser Datenmodelle als Spezialfall der Datenbank-Signatur definieren läßt.

6.3   Eine Anwendung des Kalküls: EER-Spezifikationen

Der vorgestellte allgemeine Kalkül läßt sich in vielfacher Hinsicht einsetzen.

- Am naheliegendsten ist es, den Kalkül als semantische Grundlage von Anfragesprachen zu verwenden. Im Vergleich zu den bekannten Anfragesprachen der unterschiedlichsten Datenmodelle läßt der Kalkül an und für sich kaum noch Wünsche offen, beinhaltet er doch beliebige Datenoperationen, insbesondere arithmetische Operationen, aggregierende Funktionen und die Erweiterbarkeit der induzierten Operationen, die Kontrolle über Duplikate, die Behandlung von Nullwerten oder die Berechnung der transitiven Hülle. Die universelle Definition des Begriffs der Datenbank-Signatur ermöglicht zudem eine unmittelbare Anwendung für Anfragesprachen der unterschiedlichsten Datenmodelle, insbesondere des Relationenmodells, der NF^2-Varianten und der ER-Ansätze, und bietet auch hinsichtlich zukünftiger Datenmodell-Entwicklungen genügend Spielraum. Kapitel 8 wird etwas detaillierter auf die Semantikdefinition einer SQL-ähnlichen Anfragesprache eingehen.

- Andererseits läßt sich der Kalkül auch um Quantoren wie **always** oder **sometime** [ELG84, LEG85] zu einer temporalen Logik erweitern, wodurch eine Formulierung dynamischer Integritätsbedingungen ermöglicht wird. Hierzu sei auf die Arbeiten in [HoH91, EGH$^+$92] verwiesen.

- Zur Spezifikation statischer Integritätsbedingungen ist der Kalkül bereits in seiner jetzigen Form geeignet. Formeln des Kalküls lassen sich als Integritätsbedingungen auffassen. Insofern bildet der Kalkül auch ihre theoretische Grundlage.

Wir widmen uns im folgenden dem letzten Punkt und definieren insbesondere die Semantik der strukturellen Einschränkungen aus Abschnitt 3.2.2, die bislang im Begriff der EER-Signatur nicht erfaßt worden sind.

Die EER-Signatur *EER(DT)* ist die syntaktische und semantische Grundlage der Grundkonzepte des EER-Modells, d.h. sie berücksichtigt nur Entitytypen, Relationshiptypen, Attribute, Komponenten, Rollennamen und Typkonstruktionen. Die Semantik einer EER-Signatur legt die Menge aller *potentiellen* Interpretationen der Signatur fest, d.h. die möglichen Ausprägungen der spezifizierten Datenbank. Diese Menge läßt sich durch statische Integritätsbedingungen auf die Menge der *zulässigen* Interpretationen einschränken. In Analogie zur Datentyp-Signatur definieren wir eine EER-Spezifikation *EER-SPEC(DT)*, welche die EER-Signatur *EER(DT)* durch Hinzunahme von restriktiven Formeln erweitert. Die Syntax einer EER-Spezifikation besteht somit aus einer EER-Signatur *EER(DT)* und einer Menge von geschlossenen Kalkül-Formeln (*free* = Ø) bzgl. der EER-Signatur. Die Semantik der EER-Spezifikation ist dann gegeben durch die Menge aller Datenbankzustände, welche die Formeln erfüllen.

Definition 6.19 (EER-Spezifikation)

Die
Syntax einer EER-Spezifikation *EER-SPEC* = *(EER(DT),CONSTRAINT)*
besteht aus

1. einer EER-Signatur *EER(DT)* über *DT*,

2. einer Menge *CONSTRAINT* und

3. einer Hilfsfunktion *condition* : *CONSTRAINT* → *FORMULA*,

so daß für alle $\zeta \in CONSTRAINT$ jeweils *condition*(ζ) eine Formel zu *EER(DT)* sein muß (*condition*(ζ) $\in FORMULA$) und *free*(*condition*(ζ)) = Ø gilt.

Die **Semantik einer EER-Spezifikation** *EER-SPEC* ist gegeben durch die Menge

$$\mu[\textbf{EER-SPEC}] := \{ \ \sigma \ | \ \sigma \in \mu[EER(DT)] \text{ mit } condition(\zeta) \in \mu[FORMULA](\sigma,\alpha)$$
$$\text{für alle Belegungen } \alpha \in ASSIGN \qquad \}$$

$\square$

Prinzipiell kann die Menge *CONSTRAINT* beliebige statische Integritätsbedingungen enthalten, natürlich in Form von geschlossenen Formeln des EER-Kalküls.

Die strukturellen Einschränkungen des EER-Modells können als Spezialfälle der Integritätsbedingungen aus *CONSTRAINT* aufgefaßt werden. Jeder bzgl. einer EER-Signatur möglichen strukturellen Einschränkung läßt sich eine Bezeichnung geben, der mittels *condition* eine entsprechende Formel zugeordnet wird. Im Prinzip lassen sich die Bedingungen entsprechend ihrer Art zu einzelnen Mengen *RESTRICT* zusammenfassen. So gibt es eine Menge $RESTRICT_{Funct}$ der funktionalen Restriktionen von Relationshiptypen, eine Menge $RESTRICT_{Card}$ der Kardinalitätsangaben, eine Menge $RESTRICT_{Key}$ der Schlüsselangaben und eine Menge $RESTRICT_{Cover}$ der deckenden Typkonstruktionen.

Nur bei den optionalen Attributen und Komponenten ist etwas anders zu verfahren. Die Optionalität ist keine Restriktion, sondern vielmehr die Aufhebung einer solchen, nämlich der Obligation. Insofern wird eine Menge $RESTRICT_{Obligat}$ der obligatorischen Attribute und Komponenten verwendet, wobei sich $RESTRICT_{Obligat}$ aus dem Komplement der spezifizierten optionalen Attribute und Komponenten bzgl. der Menge *ATTR* $\cup$ *COMP* zusammensetzt (siehe auch Bemerkung 4.18 (1)).

Die formale Spezifikation der strukturellen Einschränkungen erfolgt dann in den diversen Mengen *RESTRICT*:

Definition 6.20 (Spezifikation der strukturellen Einschränkungen)

Die Spezifikation **RESTRICT** der **strukturellen Einschränkungen** besteht aus den Mengen $RESTRICT_{Obligat}$, $RESTRICT_{Funct}$, $RESTRICT_{Card}$, $RESTRICT_{Key}$ und $RESTRICT_{Cover}$ mit:

1. Einer Menge $RESTRICT_{Obligat} \subseteq \{$a $\mid$ a ϵ *ATTR*$\} \cup \{$c $\mid$ c ϵ *COMP*$\}$,

   wobei jedem a ϵ $RESTRICT_{Obligat}$ mit *source*(a)=s (s $\equiv$ e ϵ *E-TYPE* oder s $\equiv$ r ϵ *R-TYPE*) bzw. c ϵ $RESTRICT_{Obligat}$ mit *source*(c)=e die folgende Formel *condition*(a) bzw. *condition*(c) zugeordnet ist:

   $$\forall(x{:}s) \; \partial(a(x)) \quad bzw. \quad \forall(x{:}e) \; \partial(c(x))$$

2. Einer Menge $RESTRICT_{Funct} \subseteq \{ \; (r;n_i) \mid n_i \; \epsilon \; ROLE \text{ und } r=relship(n_i) \; \}$,

   so daß jedem $(r;n_i)$ ϵ $RESTRICT_{Funct}$ mit $r(n_1{:}e_1,\ldots,n_m{:}e_m)$ und i ϵ 1..m die folgende Formel $condition((r;n_i))$ zugeordnet ist:

   $$\forall(x_1{:}r) \; \forall(x_2{:}r) \; ((n_i(x_1) \; = \; n_i(x_2) \; \wedge \ldots \wedge \; n_{i-1}(x_1)= n_{i-1}(x_2) \; \wedge$$
   $$((n_{i+1}(x_1)= n_{i+1}(x_2) \wedge \ldots \wedge \; n_m(x_1) \; = \; n_m(x_2) \;)$$
   $$\Rightarrow \; x_1 \; = \; x_2 \;)$$

3. Einer Menge $RESTRICT_{Card} \subseteq \{ \; (r;n_i,min,max) \mid n_i \; \epsilon \; ROLE, \; r=relship(n_i)$
   $$\text{und } min \; \epsilon \; \mathbb{N}_0, \; max \; \epsilon \; \mathbb{N} \cup \{*\} \qquad \qquad \},$$

   so daß jedem $(r;n_i,min,max)$ ϵ $RESTRICT_{Card}$ mit $r(n_1{:}e_1,\ldots,n_m{:}e_m)$ ϵ *R-TYPE* und i ϵ 1..m die folgende Formel $condition((r;n_i,min,max))$ zugeordnet ist:

$$\forall(x_i:e_i)\ (\min \le \mathrm{Cnt}\{\, x \mid (x:r) \wedge n_i(x)=x_i \,\}$$
$$\wedge \quad \mathrm{Cnt}\{\, x \mid (x:r) \wedge n_i(x)=x_i \,\} \ge \max\ )\quad \text{im Fall } max \ne {}^{*}$$

bzw.

$$\forall(x_i:e_i)\ (\min \le \mathrm{Cnt}\{\, x \mid (x:r) \wedge n_i(x)=x_i \,\}\ )\qquad \text{im Fall } max = {}^{*}$$

4. Einer Menge $RESTRICT_{Key} \subseteq \{\ (e;\, a_1,...,a_n,\, c_1,...,c_m,\, r_1,...,r_p) \mid e \in E\text{-}TYPE,$

$\qquad a_i\colon e \to d_i \in RESTRICT_{Obligat}\ (i \in 1..n),$

$\qquad c_j\colon e \to e'_j \in RESTRICT_{Obligat}\ (j \in 1..m),$

$\qquad r_k(n{:}e,n'{:}e') \in R\text{-}TYPE$ mit

$\qquad (r_k;n') \in RESTRICT_{Funct}$ und

$\qquad (r_k;n',1,1) \in RESTRICT_{Card}\ (k=1,...,p)\ \}$

so daß jedem $(e;\, a_1,...,a_n,\, c_1,...,c_m,\, r_1,...r_p) \in RESTRICT_{Key}$ die folgende Formel
$condition((e;\, a_1,...,a_n,\, c_1,...,c_m,\, r_1,...,r_p))$ zugeordnet ist:

$$\forall(x_1:e)\ \forall(x_2:e)\ (x_1 \ne x_2 \Rightarrow$$
$$(a_1(x_1) \ne a_1(x_2) \vee\ ...\ \vee a_n(x_1) \ne a_n(x_2)\ \vee$$
$$c_1(x_1) \ne c_1(x_2) \vee\ ...\ \vee c_m(x_1) \ne c_m(x_2)\ \vee$$
$$\neg\exists(x:e')\ (f_1(x_1,x) \wedge f_1(x_2,x)) \vee\ ...\ \vee$$
$$\neg\exists(x:e')\ (f_p(x_1,x) \wedge f_p(x_2,x))\qquad))$$

5. Einer Menge $RESTRICT_{Cover} \subseteq \{t \mid t \in CONSTRUCTION\}$, so daß jedem
$t \in RESTRICT_{Cover}$ mit $input(t) = \{i_1,...,i_n\}$ und $output(t) = \{o_1,...,o_m\}$ die
folgende Formel $condition(t)$ zugeordnet ist:

$$\forall(x_1:i_1)\ (\ \exists(y_1:o_1)\ i_1(y_1)=x_1 \vee\ ...\ \vee \exists(y_m:o_m)\ i_1(y_m)=x_1\ )$$
$$\wedge\ ...\ \wedge$$
$$\forall(x_n:i_n)\ (\ \exists(y_1:o_1)\ i_n(y_1)=x_n \vee\ ...\ \vee \exists(y_m:o_m)\ i_n(y_m)=x_n\ )\quad \square$$

Die Mächtigkeit des Kalküls macht sich insbesondere bei der formalen Definition der
Kardinalitätsangaben bezahlt, da hierzu die aggregierende Funktion Cnt benötigt
wird.

Mit der Definition der strukturellen Einschränkungen ist nun das EER-Modell sowohl
syntaktisch wie auch semantisch vollständig präzisiert.

7 Transformation in das Relationenmodell

Die formalen Definitionen der Datenbank-Signatur und des allgemeinen Kalküls
bilden das theoretische Fundament der Transformationssemantik relativ zum
Relationenmodell, die im auf den konzeptionellen Datenbankentwurf folgenden logischen Entwurf bedeutungsvoll wird. In dieser Phase ist eine konkrete Modellierung in
einem semantischen Datenmodell (z.B. das EER-Modell) in ein gleichwertiges Schema
eines Datenmodells mit einem verfügbaren Datenbanksystem (z.B. das Relationenmodell) abzubilden.

Einer der wesentlichen Vorteile des ER-Modells ist es, daß diese Übersetzung sehr
einfach durchgeführt werden kann. Bereits Chen überführte "sein" ER-Modell
in die drei klassischen Datenmodelle [Che76]. Aber auch die meisten der ER-
Erweiterungen wie beispielsweise [EWH85, MMR86, TYF86] nutzen das Grundprinzip seiner Transformation. Selbst zu Nicht-ER-verwandten Datenmodellen existieren ähnliche Übersetzungen. So bildet [LyV87] das semantische Datenmodell IRIS
[LyK86] in das Relationenmodell ab.

In diesem Kapitel stellen wir eine formale Übersetzung des EER-Modells in das
Relationenmodell vor. Die Formalisierung geht sogar noch einen Schritt weiter, indem auch der EER-Kalkül in sein relationales Pendant übersetzt wird. Diese sogenannte Kalkül-Transformation dient nicht nur der Vervollständigung der Transformationssemantik, sondern legt auch den Grundstein der Implementierung der in
Kapitel 8 beschriebenen EER-Anfragesprache SQL/EER auf relationaler Plattform.

Die formale Definition beider Transformationen erfolgt in zwei aufeinander aufbauenden Schritten:

1. Zuerst wird die durch Daten- und Objektschicht gegebene Struktur der Spezifikation automatisch in eine relationale Modellierung transformiert. Diese
   Modell-Transformation kann als eine Funktion

   $$\mathcal{M} : \text{EER-Modell} \;\rightarrow\; \text{Relationenmodell} \quad \text{mit}$$
   $$\mathcal{M} : EER(DT^{EER}) \mapsto REL(DT^{REL})$$

   aufgefaßt werden, wobei insbesondere die spezifizierten Nicht-Standard-
   Datentypen

   $$DT^{EER} \;\mapsto\; DT^{REL}$$

   implizit mit übersetzt werden müssen, da diese in der Regel nicht von relationalen Datenbanksystemen angeboten werden. $\mathcal{M}$ liefert zu gegebener EER-
   Signatur $EER(DT^{EER})$ eine relationale Signatur $REL(DT^{REL})$, die, um Integritätsbedingungen angereichert, zur EER-Signatur "äquivalent" ist.

2. Auf diesen Schritt aufbauend, lassen sich nun Anfragen des EER-Kalküls
   übersetzen:

   $$\mathcal{K}(\mathcal{M}) : QUERY^{EER} \rightarrow QUERY^{REL}.$$

Die *Kalkül-Transformation* ist abhängig von der Modell-Transformation $\mathcal{M}$, was durch $\mathcal{K}(\mathcal{M})$ ausgedrückt wird, weil die EER-Anfragen bzgl. eines EER-Schemas formuliert sind, während die relationalen Kalkülanfragen sich auf das aus $\mathcal{M}$ resultierende Schema $REL(DT^{REL}) = \mathcal{M}\ (EER(DT^{EER}))$ beziehen.

Die formale Handhabung beider Transformationen erlaubt die Entwicklung entsprechender Entwurfswerkzeuge, welche die Übersetzung automatisieren. Als Beispiel hierfür sei die Datenbankentwurfsumgebung CADDY [EHH+89] erwähnt. CADDY stellt neben einer Familie syntax-gestützter Editoren zum Erstellen und Ändern von Datenbankschemata auch ein Ausführungswerkzeug zur Verfügung: Zu jedem möglichen konzeptionellen Schema (des EER-Modells) wird ein gleichwertiges Schema im Relationenmodell erzeugt, das resultierende Schema auf einem konkreten System installiert und mit Testdaten gefüllt, so daß sich auf dieser Prototyp-Datenbank die Datenbankanwendungen austesten lassen. Die Aktionen (der Aktionsschicht) und Anfragen (der Anfragesprache SQL/EER), auf der höheren EER-Ebene spezifiziert, werden ebenfalls automatisch vom System heruntertransformiert und lassen sich somit ausführen. Infolgedessen wird dem Benutzer ermöglicht, die Funktionalität der entworfenen Datenbank und der Aktionen in angenehmer Weise in Form eines 'rapid prototyping' [BKMZ84] zu überprüfen, ohne die semantischen Zusammenhänge der erzeugten Relationen zu kennen.

Folglich werden die Daten-, die Objekt- (einschließlich der Anfragesprache) und die Aktionsschicht in relationale Konzepte übersetzt, wobei der Kalkül-Transformation die tragende Rolle der Übersetzung der Anfragen zukommt. Im Sinne der 4-Schichten-Spezifikation fehlt nur noch die Entwicklungsschicht. Hierzu sei angemerkt, daß in CADDY die dynamischen Integritätsbedingungen (der Entwicklungsschicht) zusammen mit den statischen Bedingungen (der Objektschicht) direkt auf der EER-Ebene durch einen Integritätsmonitor überwacht werden. Einzelheiten darüber sind in [SaL87, LiS87, HüS91, EGH+92] nachzulesen.

7.1 Die Modell-Transformation

Die Modell-Transformation $\mathcal{M}$ hat die Aufgabe, das EER-Modell in das Relationenmodell zu übersetzen. Die Transformation $\mathcal{M}$ ist als eine Abbildung anzusehen, die zu gegebener EER-Modellierung eine "äquivalente" relationale Modellierung erzeugt.

In der Literatur lassen sich bereits viele Vorschläge finden, die ihr spezielles Datenmodell in ein implementiertes übersetzen. Das Grundprinzip nahezu aller dieser Transformationen wurde bereits von Chen [Che76] für das klassische ER-Modell vorgestellt:

Zu jedem Entitytyp **e** (**e** ϵ *E-TYPE*) wird eine eigene Relation R(**e**) definiert, im folgenden als **Stammrelation** bezeichnet. R(**e**) erhält ein künstliches Surrogatschlüssel-Attribut **e**$. Im Prinzip kann das Attribut **e**$ jeden relationalen Datentyp als Wertebereich haben, also z.B. **int** oder **real**. Der Deutlichkeit halber wird dieser Datentyp im folgenden als **surrogate$_e$** (e ϵ *E-TYPE*) notiert, um seine spezielle Bedeutung als Surrogatschlüssel-Wertebereich zu unterstreichen. Surrogatschlüssel müssen vom System verwaltet werden. Vielfach unterstützen Datenbanksysteme eine fortlaufende Erzeugung und Vergabe von künstlichen Werten, was zu diesem Zweck sinnvoll ausgenutzt werden kann.

Zu jedem Relationshiptyp $r(n_1{:}e_1,\ldots,n_m{:}e_m)$ ($r \epsilon$ *R-TYPE*) wird ebenfalls eine entsprechende Stammrelation $R(r)$ festgelegt. Der Schlüssel von $R(r)$ setzt sich dann aus den Schlüsseln der beteiligten Entitytypen e_i ($i=1,\ldots,m$) zusammen, d.h. $R(r)$ besitzt die Schlüsselattribute $n_i\$$ mit den Datentypen **surrogate$_{e_i}$**.

Auch die Transformation der elementaren, datenwertigen Attribute ist recht einfach: Ist **a: s $\rightarrow$ d** ein Attribut des Entity- oder Relationshiptyps **s**, so ist **a: R(s) $\rightarrow$ d** ein Attribut der entsprechenden Stammrelation **R(s)**.

Im Prinzip sind die künstlichen Surrogatschlüssel-Attribute nicht erforderlich. In gleicher Weise könnten auch die "richtigen" Schlüssel der EER-Modellierung verwendet werden. Probleme bereiten aber Schlüsselkomponenten und -funktionen. In Abbildung 1 besitzt der Entitytyp **STADT** als Schlüssel das Attribut **StName** und die Funktion **liegt-in**. In der entsprechenden Relation **R(STADT)** müßten als Schlüssel neben dem (nun relationalen) Attribut **StName** auch die Attribute **LName** und **Regform** (als Schlüssel von **LAND**) hinzugefügt werden, um die Schlüsselfunktion **liegt-in** zu berücksichtigen. Problematisch wird es aber, wenn **LAND** zusätzlich noch **Hauptstadt** als Schlüsselkomponente besitzen würde. In diesem Fall müßte **R(LAND)** wiederum die Schlüssel von **R(STADT)** mit einbeziehen, so daß ein Zyklus entstehen würde, der keine korrekte Behandlung der Schlüssel in dieser Weise erlaubt. Die Verwendung der Surrogatschlüssel ist folglich nicht nur einfacher, sondern vermeidet auch Einschränkungen, konkret das Verbot derartiger Zyklen.

Ebenso vorteilhaft ist die Unabhängigkeit der Transformation von den spezifizierten (EER-) Schlüsseln. So können die Schlüsselangaben während des Modellierungsprozesses noch geändert werden, ohne die Transformation zu beeinflussen. Nachteilig ist natürlich die explizite Verwaltung der Surrogatwerte.

Das Grundprinzip der ER-Transformation kann auch für das EER-Modell verwendet werden, ist natürlich um eine adäquate Behandlung der EER-spezifischen Erweiterungen zu ergänzen. Der erste Punkt befaßt sich diesbezüglich mit der Transformation der Datentypen.

Offerieren relationale Systeme nur einen restriktiven Satz an Standarddatentypen, so sind im EER-Modell die beliebig spezifizierbaren Datentypen der Datenschicht mit einzubeziehen. Hierzu wird die Annahme gemacht, daß jeder in der Datenschicht zur EER-Modellierung spezifizierte Datentyp, einschließlich der Datenoperationen und -prädikate, als relationaler Datentyp vorhanden ist:

Annahme 7.1

Es gelten die Inklusionen $SORT_{DT}^{REL} \supseteq SORT_{DT}^{EER}$

$$OPNS_{DT}^{REL} \supseteq OPNS_{DT}^{EER}$$

$$PRED_{DT}^{REL} \supseteq PRED_{DT}^{EER}$$

mit direkt übertragener Semantik der EER-Datentypen auf die relationalen (REL-)
Datentypen.   □

Dadurch wird die Transformation der Datentypen vereinfacht, weil die EER-
Datentypen direkt in die relationale Modellierung übernommen werden können, was
auch hinsichtlich der späteren Kalkül-Transformation Vereinfachungen zur Folge hat.
Die EER-Datenoperationen und -prädikate können dann ebenfalls als gegeben angenommen werden. Aus praktischer Sicht ist diese Annahme nicht sehr realistisch,
da konkrete relationale Datenbanksysteme nur Standarddatentypen wie **int**, **real** und
string (evtl. unter anderen Namen) anbieten. In der Regel steht allerdings noch
ein allgemeiner Datentyp **bytes** (oder ähnlich) zur Verfügung, der beliebige Byte-
oder Zeichenfolgen aufnehmen kann. Insofern wird man in der Praxis so verfahren, daß alle Nicht-Standard-Datentypen in diesem relationalen Datentyp **bytes** gewissermaßen "kodiert" werden. Entsprechend sind auch die Datenoperationen und
-prädikate auf Daten dieses Typs zu implementieren.

Eine Alternative wäre es, die Datentypen prozedural mit Hilfe der Sortenausdruck-
Konstruktoren **set**, **bag**, **list** und **prod** aus einer vorgegebenen Menge von Standarddatentypen, die auch in relationalen Systemen verfügbar sind, zu spezifizieren. Nutzt
man die Verträglichkeit der **set**-, **bag**-, **list**- und **prod**-Bildung mit den relationalen Konzepten aus, so lassen sich diese Datentypen direkt in relationale Standarddatentypen evtl. unter Zuhilfenahme weiterer Relationen übersetzen (siehe dazu die
Transformation (1) der mehrwertigen Attribute unten). Allerdings sind auch hier
die Operationen und Prädikate auf den resultierenden Standarddatentypen und Relationen geeignet zu implementieren.

Das Grundprinzip von Chen wird nun um die Transformation der Erweiterungen gegenüber dem ER-Modell ergänzt [HNS86, Hoh90], als da sind mehrwertige Attribute,
elementare oder mehrwertige Komponenten und Typkonstruktionen.

1. Für jedes mehrwertige Attribut a: $s \rightarrow$ **set/bag/list**(d) $\in ATTR$ zu einem (Entity-
   oder Relationship-) Typ s wird eine eigene Relation R(a) eingerichtet. Um den
   Bezug zur Stammrelation R(s) herzustellen, erhält R(a) das Attribut a\$ im Fall
   $s \in E$-*TYPE* bzw. die Attribute n_1\$,...,n_m\$ im Fall $s \in R$-*TYPE*. Weiter erhält
   R(a) das Attribut a und evtl. ein Numerierungsattribut a# für den Fall, daß a
   multimengen- oder listenwertig ist. Das Attribut a: R(a)$\rightarrow$d enthält die eigent-
   liche Information des EER-Attributs a: $s\rightarrow$**set/bag/list**(d), jedoch auf mehrere
   Tupel in R(a) verteilt. Zu jeder Konstanten k_j der Menge, Multimenge bzw.

Liste zu **a**, also $k_j \in \sigma^{EER}(\text{a})(\underline{\text{s}})$, wird ein Tupel mit dem **a**-Wert k_j in **R(a)** gespeichert; jedes dieser Tupel erhält als **a\$**-Attributwert den **s\$**-Wert des zum Objekt $\underline{\text{s}}$ in **R(s)** gehörenden Tupels, wodurch der Zusammenhang zur Relation **R(s)** hergestellt ist. Das Numerierungsattribut **a#**: **R(a)** → **int** ist notwendig, um die Sortierung der Liste **list(s)** bzw. die Häufigkeit eines Elements in **bag(d)** zu berücksichtigen. Diese Behandlung der mehrwertigen Attribute stellt sicher, daß die beiden Fälle

(i) $\sigma^{EER}(\text{a})(\underline{\text{e}}) = \{\ \}$ (leere Menge als Attributwert)

(ii) $\sigma^{EER}(\text{a})(\underline{\text{e}}) = \{\perp_d\} = \perp_{\text{set(d)}}$ (unbekannter Attributwert)

für ein Entity $\underline{\text{e}}$ auch auf der relationalen Ebene durch

(i) **R(a)** enthält kein Tupel mit einen dem Entity $\underline{\text{e}}$ entsprechenden **a\$**-Wert

(ii) **R(a)** enthält genau ein Tupel mit einem **e** entsprechenden **a\$**-Wert, und dieses enthält als **a**-Wert $\perp_d$

unterschieden werden. Das gleiche gilt natürlich auch für Relationshiptypen **r** sowie multimengen- und listenwertige Attribute.

2. Bei Komponenten $c \in COMP$ kann im Prinzip wie bei Attributen verfahren werden, wobei der spezielle Datentyp **surrogate** verwendet wird. Somit wird jede elementare Komponente **c**: **e** → **e'** in ein relationales Attribut **c**: **R(e)** → **surrogate$_{e'}$** transformiert. Das bedeutet, daß zu **c** nicht das vollständige Entity $\underline{\text{e}'}$ des Typs **e'** gespeichert wird, sondern nur der Surrogatwert dieses Entities, unter dem es als Tupel in **R(e)** gefunden werden kann.
Entsprechend werden auch mehrwertige Komponenten **c**: **e** → **set/bag/list(e')** behandelt, indem jeweils Relationen **R(c)** mit den Attributen **c\$**: **R(c)** → **surrogate$_e$**, **c**: **R(c)** → **surrogate$_{e'}$** und evtl. **c#**: **R(c)** → **int** eingerichtet werden.

3. Zur korrekten Umsetzung der Typkonstruktionen $t \in CONSTRUCTION$ werden die Relationen **R(o)** der Ausgangstypen **o**, $o \in output(t)$, um weitere Attribute ergänzt, die den Zusammenhang zwischen den Entities der Eingangs- und der Ausgangstypen herstellen. Für $input(t) = \{i_1,...,i_n\}$ erhält jede Relation **R(o)** n **bool**-wertige Attribute **ls-i$_k$**: **R(o)** → **bool** (mit k=1,...,n), die angeben, welchem Eingangstyp ein Entity $\underline{\text{o}}$ aus **o** angehört; enthält **ls-i$_k$** für (genau) ein $k \in 1..n$ den Wert *true*, so ist $\underline{\text{o}}$ ein Entity $\underline{i_k}$ aus i_k im Sinne der Typkonstruktion, d.h. $\sigma^{EER}(i_k)(\underline{\text{o}}) = \underline{i_k}$ mit $\underline{i_k} \in \sigma(i_k)$. Ein weiteres Attribut **origin\$**: **R(o)** → **surrogate** liefert dann den Surrogatwert dieses Entities $\underline{i_k}$ in **R(i$_k$)**.

Es ist zu erwähnen, daß die präsentierte Transformation für Typkonstruktionen $t(i_1,...,i_n\ ;\ o_1,...,o_m)$ nur eine Möglichkeit unter vielen darstellt. Andere Alternativen sind:

- Anstelle der n $\mathsf{ls}\text{-}\mathsf{i_k}$-Attribute (k=1,...,n) kann auch ein Aufzählungstyp $\mathsf{type_t}$ definiert werden mit $\mu[DT^{REL}](\mathsf{type_t}) = \{\mathsf{i_1},...,\mathsf{i_n}\}$, der angibt, zu welchem Eingangstyp $\mathsf{i_k}$ ein Tupel aus $\mathsf{R(o_j)}$ (bzw. das entsprechende Entity aus $\mathsf{o_j}$) gehört. Dieser Ansatz hat allerdings die unschöne Eigenschaft, daß der relationale Datentyp $\mathsf{type_t}$ von der EER-Modellierung abhängig ist. Im übrigen werden Aufzählungstypen in der Regel nicht von relationalen Datenbanksystemen unterstützt, so daß diese im allgemeinen als **string** implementiert werden müssen.

- Bislang wurde der **surrogate**-Datentyp der Anschaulichkeit halber zu **surrogate$_e$** ($e \in E\text{-}TYPE$) "typisiert", auch wenn es sich um nur einen Datentyp **surrogate** handelt. Insofern liegt die Idee nahe, vollständig typisierte und disjunkte Surrogat-Datentypen zu verwenden, für die dann gilt:

$$\mu[DT^{REL}](\mathsf{surrogate_{e_1}}) \cap \mu[DT^{REL}](\mathsf{surrogate_{e_2}}) = \emptyset \text{ für } e_1 \neq e_2.$$

  Offensichtlich kann dann auf die $\mathsf{ls}\text{-}\mathsf{i_k}$-Attribute verzichtet werden, da aufgrund dieser Bedingung zu gegebenem Surrogatwert aus **origin\$** eindeutig entschieden werden kann, zu welchem Datentyp $\mathsf{surrogate_{i_k}}$ (bzw. Entitytyp $\mathsf{i_k}$) der Wert gehört. Die Disjunktheit ist allerdings geeignet zu realisieren, da in der Regel nicht genügend disjunkte Standarddatentypen auf einem relationalen Datenbanksystem zur Verfügung stehen.

- Als Kompromiß bietet sich an, den Datentyp **surrogate** zu partitionieren, so daß für alle Tupel $\underline{t}_1, \underline{t}_2$ mit $\underline{t}_1 \neq \underline{t}_2$ die Mengen

$$\{\sigma^{REL}(e_1\$)\,(\underline{t}_1) \mid \underline{t}_1 \epsilon \sigma^{REL}(\mathsf{R}(e_1))\} \text{ und } \{\sigma^{REL}(e_2\$)(\underline{t}_2) \mid \underline{t}_2 \epsilon \sigma^{REL}(\mathsf{R}(e_2))\}$$

  disjunkt sind. Die Vorteile der ersten beiden Alternativen bleiben somit erhalten. Es wird nur ein Datentyp **surrogate** benötigt, und auf die $\mathsf{ls}\text{-}\mathsf{i_k}$-Attribute kann aufgrund der Partitionierung weiterhin verzichtet werden. Allerdings hat man nun die semantische (!) Partitionsbedingung der Surrogatmengen der Relationen zu überwachen.

Verfährt man nach der oben gewählten Vorschrift, so erhält man zur EER-Modellierung aus Abbildung 1 bzw. Beispiel 4.15 die folgenden Relationen in der üblichen Relationenschema-orientierten Notation:

Beispiel 7.2 (Stadt-Land-Fluß)

Nicht-konstruierte Entitytypen:

R(STADT)   (Stadt\$: surrogate$_{\mathsf{STADT}}$, StName: string, StEinw: int, StGeo: circle)
R(LAND)   (Land\$: surrogate$_{\mathsf{LAND}}$, LName: string, LEinw: int, Regform: string,
                  Regionen: regions, Hauptstadt: surrogate$_{\mathsf{STADT}}$,
                  Präsident: surrogate$_{\mathsf{PERSON}}$)
R(FLUSS)   (Fluß\$: surrogate$_{\mathsf{FLUSS}}$, FName: string, FGeo: lines)
R(SEE)   (See\$: surrogate$_{\mathsf{SEE}}$, SName: string, SGeo: circle)
R(MEER)   (Meer\$: surrogate$_{\mathsf{MEER}}$, MName: string, MGeo: polygon)
R(PERSON) (Person\$: surrogate$_{\mathsf{PERSON}}$, PName: string, Alter: int)

Konstruierte Entitytypen:

R(GEWÄSSER)   (Gewässer\$: surrogate$_{GEWÄSSER}$, Schiffbar: bool, Belastung: real,
                origin\$: surrogate, Is-FLUSS: bool, Is-SEE: bool, Is-MEER: bool)
R(HAFENSTADT) (Hafenstadt\$: surrogate$_{HAFENSTADT}$,
                origin\$: surrogate, Is-STADT: bool)

Relationshiptypen:

R(mündet-in) (Fluß'\$: surrogate$_{FLUSS}$, Mündung\$: surrogate$_{GEWÄSSER}$)
R(fließt-durch) (Fluß\$: surrogate$_{FLUSS}$, Land\$: surrogate$_{LAND}$, Länge: real)
R(liegt-in)   (Stadt\$: surrogate$_{STADT}$, Land'\$: surrogate$_{LAND}$)
R(liegt-an)   (HStadt\$: surrogate$_{HAFENSTADT}$, Gewässer\$: surrogate$_{GEWÄSSER}$)

Mehrwertige Attribute und Komponenten:

R(Minister) (Minister\$: surrogate$_{LAND}$, Minister: surrogate$_{PERSON}$, Minister#: int)
R(Adr)   (Adr\$: surrogate$_{PERSON}$, Adr: address, Adr#: int)   □

Das Beispiel 7.2 zeigt, daß das resultierende relationale Datenbank-Schema nicht
in jeder Hinsicht optimal ist.   Betrachtet man beispielsweise die Relation
R(HAFENSTADT), so ist das Attribut Is-STADT redundant: Im Sinne der Typkonstruktion muß jede Hafenstadt auch eine Stadt sein, d.h. alle Werte zu diesem
Attribut müssen immer *true* sein. Entsprechendes gilt natürlich auch für alle aus
Partitionen t(i;o$_1$,...,o$_m$) entstandenen Relationen R(o$_j$) (j=1,...,m), wo jedes Entity
aus den Ausgangstypen vom Typ i sein muß, d.h. Is-i = *true*.

Eine weitere Optimierung betrifft binäre, funktionale Relationshiptypen. Im obigen Beispiel wurde für mündet-in eine eigene Relation R(mündet-in) eingerichtet.
Günstiger ist es, die Funktionseigenschaft von mündet-in auszunutzen und ein Attribut mündet-in mit dem Wertebereich surrogate$_{GEWÄSSER}$ an die Relation R(FLUSS)
anzufügen; auf die Relation R(mündet-in) kann dann verzichtet werden. Hierdurch
bleibt die Funktionseigenschaft FLUSS → GEWÄSSER nicht nur vollständig erhalten,
sie wird auch direkt unterstützt: Jeder Fluß verweist durch das (neue) mündet-in-
Attribut auf höchstens einen Wert, den Surrogatwert des Gewässers, in das der Fluß
mündet.

Auch wenn andere Arbeiten (siehe z.B. [EWH85] oder [TYF86]) diese Optimierungen mit in die Transformation einbeziehen, soll hier darauf verzichtet werden. Je
ausgefeilter die Modell-Transformation ist, um so komplexer und in Spezialfälle aufgespalten wird die darauf aufbauende Kalkül- (und auch Anfrage-) Transformation
sein. Schwerpunkt dieser Arbeit soll es vielmehr sein, auf der Grundlage einer einfachen und direkten Modell-Transformation eine übersichtliche Kalkül-Transformation
formal zu definieren.

Das Beispiel und die informelle Diskussion haben gezeigt, daß die Modell-Transformation eine implizite Transformation der Datentyp-Signaturen beinhaltet. Aufgrund der Annahme 7.1 werden alle Datentypen aus DT^{EER} einschließlich ihrer Operationen und Prädikate direkt nach DT^{REL} übernommen. Weiter wurde ein neuer relationaler Datentyp **surrogate** (Surrogatschlüssel) mit beliebiger Interpretation als Wertebereich von "künstlichen" Schlüsselattributen (für Entitytypen $e \in E\text{-}TYPE$) eingeführt.

Aus technischen Gründen werden nun die Attribute $n_1\$,...,n_m\$$ von $R(r)$ (für $r(n_1{:}e_1,...,n_m{:}e_m) \in R\text{-}TYPE$) zu einem Attribut $r\$$ mit dem relationalen Datentyp $\text{surrogate}_r \equiv \text{prod}(\text{surrogate}_{e_1},...,\text{surrogate}_{e_m})$ zusammengefaßt. Aus den jetzigen Attributen $n_i\$$ ($i=1,...,m$) werden entsprechend Datenoperationen zu surrogate_r, die zu gegebenem $r\$$-Wert eines Tupels aus $R(r)$ die Surrogatwerte ($e_i\$$) der beteiligten Entities liefern ($i=1,...,m$).

Die Modell-Transformation läßt sich damit wie folgt formal definieren:

Definition 7.3 (Modell-Transformation $\mathcal{M}$)

Die Modell-Transformation $\mathcal{M} : EER(DT^{EER}) \mapsto REL(DT^{REL})$ ist definiert durch

$$\mathcal{M}\,(EER(DT^{EER})) := REL(DT^{REL}) = (REL\text{-}TYPE^{REL},\ ATTR^{REL}),$$

wobei
DT^{REL} eine (relationale) Datentyp-Signatur $(SORT_{DT}^{REL}, OPNS_{DT}^{REL}, PRED_{DT}^{REL})$ ist mit

$$SORT_{DT}^{REL} := SORT_{DT}^{EER} \cup \{\text{surrogate}\} \cup \{\text{surrogate}_r \mid r \in R\text{-}TYPE \}$$

$$OPNS_{DT}^{REL} := OPNS_{DT}^{EER}$$
$$\cup \{n_i\$\text{: surrogate}_r \to \text{surrogate}_{e_i} \mid n_i \in ROLE \text{ mit } relship(n_i)=r\}$$

$$PRED_{DT}^{REL} := PRED_{DT}^{EER} .$$

$REL\text{-}TYPE^{REL}$ und $ATTR^{REL}$ von $REL(DT^{REL})$ sind definiert als:

$$REL\text{-}TYPE^{REL} := \{\ R(s)\mid s \in E\text{-}TYPE \cup R\text{-}TYPE \ \}$$
$$\cup\ \{\ R(a)\mid a{:}\ s \to \text{set/bag/list}(d) \in ATTR \ \}$$
$$\cup\ \{\ R(c)\mid c{:}\ e \to \text{set/bag/list}(e') \in COMP \ \}$$

$$ATTR^{REL} := \{\ s\$\text{: } R(s) \to \text{surrogate}_s \mid s \in E\text{-}TYPE \cup R\text{-}TYPE \ \}$$
$$\cup\ \{\ a\$\text{: } R(a) \to \text{surrogate}_s \mid a{:}\ s \to \text{set/bag/list}(d) \in ATTR \ \}$$
$$\cup\ \{\ c\$\text{: } R(c) \to \text{surrogate}_e \mid c{:}\ e \to \text{set/bag/list}(e') \in COMP \ \}$$
$$\cup\ \{\ a{:}\ R(s) \to d \mid a{:}\ s \to d \in ATTR \ \}$$
$$\cup\ \{\ a{:}\ R(a) \to d \mid a{:}\ s \to \text{set/bag/list}(d) \in ATTR \ \}$$
$$\cup\ \{\ c{:}\ R(e) \to \text{surrogate}_{e'} \mid c{:}\ e \to e' \in COMP \ \}$$
$$\cup\ \{\ c{:}\ R(c) \to \text{surrogate}_{e'} \mid c{:}\ e \to \text{set/bag/list}(e') \in COMP \ \}$$
$$\cup\ \{\ a\#\text{: } R(a) \to \text{int} \mid a{:}\ s \to \text{bag/list}(d) \in ATTR \ \}$$
$$\cup\ \{\ c\#\text{: } R(c) \to \text{int} \mid c{:}\ e \to \text{bag/list}(e') \in COMP \ \}$$

$$\cup \ \{ \ \text{origin}^{t,o}\text{\$}: \ R(o) \rightarrow \text{surrogate} \ | \ t \in CONSTRUCTION,$$
$$o \in output(t) \ \}$$
$$\cup \ \{ \ \text{Is-i}^{t,o}: \ R(o) \rightarrow \text{surrogate}_i \ | \ t \in CONSTRUCTION,$$
$$o \in input(t), \ i \in input(t) \ \} \qquad\qquad \square$$

Aus Gründen der eindeutigen Namensgebung wird die folgende Annahme getroffen:

Bemerkung 7.4

Gemäß der Annahme 4.20 sind die syntaktischen Mengen *E-TYPE*, *R-TYPE*, *ATTR*, *COMP* und *CONSTRUCTION* paarweise disjunkt. Zusätzlich nehmen wir noch an, daß alle Namen ohne die Sonderzeichen '\$', '#' und '-' gebildet sind. $\qquad$ $\square$

Diese Vereinbarung ist darin begründet, die Relationen R(e) (e $\in$ *E-TYPE*), R(r) (r $\in$ *R-TYPE*), R(a) (a $\in$ *ATTR*) und R(c) (c $\in$ *COMP*) voneinander unterscheidbar zu machen. Um jedem relationalen Attribut eindeutig eine Relation (*source*) und einen Wertebereich (*destination*) zuweisen zu können, wurden auch die Is-i- und origin\$-Attribute der Relationen R(o) durch die Indizes t und o unterschieden. Die Indizes dienen also ausschließlich dem formalen Zweck, daß auch Attribute von verschiedenen Relationen unterschiedliche Namen haben müssen. In den Beispielen und informalen Diskussionen werden sie (wie in Beispiel 7.2) weggelassen.

Insofern kann R als eine bijektive Funktion

$$R : \ E\text{-}TYPE \cup R\text{-}TYPE \cup M\text{-}ATTR \cup M\text{-}COMP \rightarrow REL\text{-}TYPE^{REL}$$

mit $\quad$ *M-ATTR* := { a | a $\in$ *ATTR* mit *destination*(a)=set/bag/list(d) }
und $\quad$ *M-COMP* := { c | c $\in$ *COMP* mit *destination*(c)=set/bag/list(e') }

aufgefaßt werden, d.h. jede Relation R(x) ist eindeutig einem Typ x bzw. einem mehrwertigen Attribut oder einer mehrwertigen Komponente x zugeordnet.

Die Modell-Transformation ist offensichtlich wohldefiniert, da die Ausprägung einer konkreten EER-Signatur $EER(DT^{EER})$, d.i. ein Datenbankzustand σ^{EER}, in einen Zustand σ^{REL} der erzeugten relationalen Signatur $REL(DT^{REL})$ übersetzt werden kann. Die folgende Diskussion soll das verdeutlichen.

Mit der obigen Abbildung R ist implizit eine Familie $\underline{R}$ von Abbildungen auf Exemplarebene verbunden, die

- jedes Entity $\underline{e} \in \sigma^{EER}(e)$ bijektiv auf ein entsprechendes Tupel $\underline{R}(e)(\underline{e}) \in \sigma^{REL}(R(e))$,

- jede Beziehung $\underline{r} \in \sigma^{EER}(r)$ bijektiv auf ein entsprechendes Tupel $\underline{R}(r)(\underline{r}) \in \sigma^{REL}(R(r))$ und

- zu mehrwertigen Attributen a und Komponenten c ein Entity $\underline{e}$ (oder eine Beziehung $\underline{r}$) auf mehrere Tupel $\underline{R}(a)(\underline{e}) \in \sigma^{REL}(R(a))$ in R(a) bzw. mehrere Tupel $\underline{R}(c)(\underline{e}) \in \sigma^{REL}(R(c))$ in R(c) abbilden.

Bezogen auf Beispiel 7.2 bedeutet das:

Jedes Land $\underline{l}$ mit dem Namen 'ln' $\epsilon\mu[DT^{REL}]$(**string**), der Einwohnerzahl i $\epsilon\mu[DT]$(**int**), der Regierungsform 'form' $\epsilon\mu[DT]$(**string**), den Regionen r $\epsilon\mu[DT]$(**regions**), der Hauptstadt $\underline{st}$ ϵ σ^{EER}(**STADT**), dem Präsidenten $\underline{p}$ ϵ σ^{EER}(**PERSON**) und den Ministern $<\underline{p}_1,...,\underline{p}_k>$ ($\underline{p}_j$ ϵ σ^{EER}(**PERSON**), j=1,...,k) wird abgebildet auf ein Tupel

$$\underline{R}(\text{LAND})(\underline{l}) \equiv (value(\underline{l}), \text{'ln'}, i, \text{'form'}, r, value(\underline{st}), value(\underline{p}))\ ^{22}$$

in R(LAND) und k Tupel

$$\underline{R}(\text{Minister})(\underline{l}) \equiv \{\ (value(\underline{l}), value(\underline{p}_j), j)\ |\ j=1,...,k\ \}$$

in R(Minister). Ist die Liste der Minister leer, so wird natürlich wegen k=0 kein Tupel in R(Minister) eingefügt. Selbstverständlich existieren die Personen $\underline{p}$, $\underline{p}_1$,..., $\underline{p}_k$ als Entities in PERSON wie auch die Hauptstadt $\underline{st}$ in STADT, so daß die entsprechenden Tupel $\underline{R}$(PERSON)($\underline{p}$), $\underline{R}$(PERSON)($\underline{p}_1$), ..., $\underline{R}$(PERSON)($\underline{p}_k$) in R(PERSON) bzw. $\underline{R}$(STADT)($\underline{st}$) in R(STADT) vorhanden sind.

Analog wird jede Beziehung $\underline{li}$ des Typs **liegt-in** zwischen einer Stadt $\underline{st}$ und einem Land $\underline{l}$ als Tupel

$$\underline{R}(\text{liegt-in})(\underline{li}) \equiv (value(\underline{st}), value(\underline{l}))$$

in R(liegt-in) abgelegt.

Ist $\underline{g}$ ein Gewässer, das als See $\underline{s}$ in SEE existiert ($\underline{s} = \sigma^{EER}(\text{SEE}_{\text{sind,GEWÄSSER}})(\underline{g})$ mit $\underline{s} \neq \perp_{\text{SEE}}$), schiffbar ist und einen Belastungswert r $\epsilon\mu[DT]$(**real**) hat, so erzeugt $\underline{R}$ zu $\underline{g}$ ein Tupel

$$\underline{R}(\text{GEWÄSSER})(\underline{g}) \equiv (value(\underline{g}), true, r, value(\underline{s}), false, true, false)$$

in R(GEWÄSSER).

Es kann auf diese Weise sicherlich zu jedem Zustand σ^{EER} des EER-Schemas $EER(DT^{EER})$ ein gleichwertiger Zustand σ^{REL} des relationalen Schemas $\mathcal{M}(EER(DT^{EER}))$ erzielt werden. Dennoch ist es problematisch, von der "Äquivalenz" der Schemata zu sprechen, da die umgekehrte Richtung im allgemeinen nicht gilt: Es gibt Zustände σ^{REL}, zu denen kein EER-Pendant existiert!

Zum Beispiel ist das Tupel $(value(\underline{l}),\ value(\underline{p}_j),\ j)$ auch dann eine korrekte Ausprägung der Relation R(Minister), wenn $value(\underline{l})$ nicht als Surrogatwert zu **Land\$** in R(LAND) oder $value(\underline{p}_j)$ nicht als Surrogatwert zu **Person\$** in R(PERSON) vorkommt. Ebenso hat ein Tupel $(value(\underline{g}),\ true,\ r,\ value(\underline{s}),\ true,\ true,\ false)$ keine "sinnvolle" Bedeutung, da das Gewässer $\underline{g}$ nicht sowohl ein Fluß (Is-FLUSS = $true$) als auch ein See (Is-SEE = $true$) sein kann.

Um die Äquivalenz der Schemata

$$EER(DT^{EER}) \quad \text{und} \quad REL(DT^{REL}) = \mathcal{M}\,(EER(DT^{EER}))$$

---

[22] *value* ist eine Funktion, die ein abstraktes Entity des Universums als Wert des Datentyps surrogate "sichtbar" macht (siehe Definition 7.6).

formal zu beweisen, ist es zunächst einmal notwendig, einen geeigneten Äquivalenz-Begriff zu definieren. Die naheliegendste Lösung ist wohl:

> *Die Schemata* $EER(DT^{EER})$ *und* $REL(DT^{REL})$ *heißen genau dann äquivalent, wenn es zu jedem Zustand* σ^{EER} *einen äquivalenten Zustand* σ^{REL} *gibt, und umgekehrt.*

Die übliche Vorgehensweise ist es, zur relationalen Signatur weitere Integritätsbedingungen aufzustellen [LyV87], die diese im EER-Modell inhärent erfüllten Bedingungen explizit machen.

In den obigen Fällen sind das die Forderungen

```
∀(m:R(Minister)) ∃(l:R(LAND)) (Land$(m)=Land$(l) ∧ ∂(Land$(l)) )

∀(m:R(Minister)) ∃(p:R(PERSON)) (Minister(m)=Person$(p))

∀(g:R(GEWÄSSER)) (Is-FLUSS(g)=true | Is-SEE(g)=true | Is-MEER(g)=true)
```

wobei '|' eine Abkürzung für das "exklusive Oder" mit drei Argumenten ist. Der Zusammenhang zwischen R(Minister) und R(LAND) (jeder Minister gehört zu einem Land ungleich $\perp$) bzw. zwischen R(Minister) und R(PERSON) (jeder Minister muß eine Person sein), beides auch als *Fremdschlüsseleigenschaft* bezeichnet, wird somit explizit gefordert, ebenso wie die disjunktive Belegung der Is-Attribute mit *true*.

Um eine Äquivalenz der Schemata $EER(DT^{EER})$ und $\mathcal{M}\ (EER(DT^{EER}))$ im Sinne einer Isomorphie zwischen den Zustandsmengen $|EER(DT^{EER})|$ und $|REL(DT^{REL})|$ zu wahren, ist die aus der Modell-Transformation resultierende relationale Signatur $REL(DT^{REL})$ zu einer REL-Spezifikation $REL\text{-}SPEC = (REL(DT^{REL}),$ $CONSTRAINT^{REL})$ zu komplettieren. Hierzu wird die in Definition 7.3 definierte Modell-Transformation durch explizite Integritätsbedingungen $CONSTRAINT^{REL}$, formuliert in der relationalen Variante des allgemeinen Kalküls, in folgender Weise ergänzt:

Bemerkung 7.5 (Relationale Integritätsbedingungen $CONSTRAINT^{REL}$)

(i) Für jedes s ϵ *E-TYPE* $\cup$ *R-TYPE* :

s\$ *ist Schlüsselattribut der Relationen* R(s):

```
∀(x:R(s)) ∀(x':R(s)) (s$(x)=s$(x') ⇒ x=x')
```

(ii) Für jedes $r(n_1{:}e_1,\dots,n_m{:}e_m)$ ϵ *R-TYPE* :

Die zu r\$ *zusammengefaßten Surrogatwerte verweisen auf existierende Werte in* R(e_i) *für* i=1,...,m:

```
∀(x_r:R(r)) ∃(x_1:R(e_1)) ... ∃(x_m:R(e_m))
           (n_1$(r$(x_r))=e_1$(x_1) ∧ ... ∧ n_m$(r$(x_r))=e_m$(x_m))
```

(iii) Für jedes a: s $\to$ set/bag/list(s') ϵ *ATTR* $\cup$ *COMP* :

a\$ *verweist auf existierende Surrogatwerte in* R(s) *ungleich* $\perp$:

```
∀(x_a:R(a)) ∃(x:R(s)) (a$(x_a)=s$(x) ∧ ∂(s$(x)))
```

(iv) **Für jedes c ϵ COMP : c** *verweist auf existierende Surrogatwerte in* R(e'):

- c: e $\rightarrow$ e':

  $\forall(x_e:R(e))\ \exists(x':R(e'))\ (c(x_e)=e'\$(x'))$

- c: e $\rightarrow$ set/bag/list(e'):

  $\forall(x_c:R(c))\ \exists(x':R(e'))\ (c(x_c)=e'\$(x'))$

(v) **Für jedes a: s $\rightarrow$ bag/list(s') ϵ ATTR $\cup$ COMP :**

- *Alle Nummern sind positiv:* $\forall(x_a:R(a))\ (a\#(x_a)>0)$

- *Es gibt eine Nummer 1:* $\exists(x_a:R(a))\ (a\#(x_a)=1)$

- *Nummern sind nicht mehrfach vergeben:*

  $\forall(x_a:R(a))\ \forall(x'_a:R(a))\ (x_a \neq x'_a \Rightarrow a\#(x_a)\neq a\#(x'_a))$

- *Die Numerierung ist fortlaufend:*

  $\forall(x_a:R(a))$
  $(a\#(x_a)>1 \Rightarrow \exists(x'_a:R(a))\ (a\$(x'_a)=a\$(x_a) \wedge a\#(x'_a)=a\#(x_a)-1)\ )$

(vi) **Für jedes o ϵ output(t)** einer Typkonstruktion t mit *input(t)* = $\{i_1,...,i_n\}$:
   Korrekte Umsetzung der Typkonstruktionen:

- $\forall(x_o:R(o))\ (\texttt{Is-}i_1(x_o)\ |\ ...\ |\ \texttt{Is-}i_n(x_o))$ [23]

- $\forall(x_o:R(o))\ (\texttt{Is-}i_1(x_o)\texttt{=true} \Rightarrow \exists(x_1:R(i_1))(i_1\$(x_1)\texttt{=origin}\$(x_o))$
  $\wedge\ ...\ \wedge$
  $\texttt{Is-}i_n(x_o)\texttt{=true} \Rightarrow \exists(x_n:R(i_n))(i_n\$(x_n)\texttt{=origin}\$(x_o)))$

$\square$

$EER(DT^{EER})$ und $REL\text{-}SPEC = (REL(DT^{REL}),\ CONSTRAINT^{REL})$ lassen sich jetzt als "äquivalent" beweisen.

Die Verfolgung von Integritätsbedingungen im Rahmen des logischen Entwurfs ist unverzichtbar. Die Zuhilfenahme von Integritätsbedingungen erschwert allerdings die Verifikation der Kalkül-Transformation, d.h. den Beweis, daß die EER-Kalkülanfragen und die resultierenden REL-Kalkülanfragen bzgl. der ihnen zugrundeliegenden (EER- und REL-) Datenbankzustände dieselben Ergebnisse liefern. In dieser Arbeit soll die Frage nicht unnötig vertieft werden, da sich verschiedene andere Arbeiten zu diesem Thema (z.B. [dAdS84, JaN84]) bereits schwer tun, die Äquivalenz von Schemata bzgl. eines Datenmodells zu beweisen. Um andererseits hinsichtlich der Kalkül-Transformation einen brauchbaren Rahmen zu haben, wird eine mit der Modell-Transformation $\mathcal{M}$ assoziierte Exemplar-Transformation $\underline{\mathcal{M}}^{\sigma}$ definiert, welche die obige Funktion $\underline{R}$ formalisiert, d.h. die zu jedem Zustand σ^{EER} einen "äquivalenten" Zustand σ^{REL} festlegt. Zuvor wird jedoch die dafür benötigte Funktion *value* formal definiert:

---

[23]'|' ist eine Abkürzung für das "exklusive Oder" mit mehreren Argumenten.

Definition 7.6 (Funktion *value*)

Die Funktion *value* wandelt abstrakte Entities aus dem Universum U_{E-TYPE} in Werte des Datentyps **surrogate** um:

$$value : \bigcup_{e \in E-TYPE} U_{E-TYPE}(e) \rightarrow \sigma^{REL}(\text{surrogate}) \text{ mit}$$

$$value : \qquad\qquad \underline{e} \mapsto value'(e)(\underline{e}) \qquad \text{für alle } e \in U_{E-TYPE}(e),$$

wobei die *E-TYPE*-indizierte Hilfsfunktion *value'* wie folgt definiert ist:

$$value' \quad : E\text{-}TYPE \rightarrow |FUN|, \text{ so daß } value'(e) \text{ eine bijektive Funktion ist mit}$$

$$value'(e) : U_{E-TYPE}(e) \rightarrow \sigma^{REL}(\text{surrogate}_e) \text{ und}$$

$$value'(e) : \perp_e \qquad\qquad \mapsto \perp_{\text{surrogate}} \qquad\qquad\qquad \square$$

Definition 7.7 (Exemplar-Transformation $\underline{\mathcal{M}}^\sigma$ zu $\mathcal{M}$)

Die **Exemplar-Transformation** $\underline{\mathcal{M}}^\sigma : |EER(DT^{EER})| \rightarrow |REL(DT^{REL})|$ zu gegebener Modell-Transformation $\mathcal{M}$ wird charakterisiert durch eine Funktion

$$\underline{R} : E\text{-}TYPE \cup R\text{-}TYPE \cup M\text{-}ATTR \cup M\text{-}COMP \rightarrow |FUN|,$$

so daß:

(i) $\underline{R}(e) : \sigma^{EER}(e) \rightarrow \sigma^{REL}(R(e))$ für jedes $e \in E\text{-}TYPE$ bijektiv ist,

(ii) $\underline{R}(r) : \sigma^{EER}(r) \rightarrow \sigma^{REL}(R(r))$ für jedes $r \in R\text{-}TYPE$ bijektiv ist,

(iii) $\underline{R}(a) : \sigma^{EER}(source(a)) \rightarrow \mathcal{F}(\sigma^{REL}(R(a))$
     wobei für jedes $a \in M\text{-}ATTR \cup M\text{-}COMP$, für jedes Entity oder Relationship $\underline{s} \in \sigma^{EER}(source(a))$ und für jedes Tupel $\underline{t} \in \underline{R}(a)(\underline{s})$ gilt, daß eine Funktion $\underline{R}(a)^{-1}$ mit $\underline{R}(a)^{-1}(\underline{t}) = \underline{s}$ existiert (d.h. jedes Tupel $\underline{t}$ ist genau einem Entity oder Relationship $\underline{s}$ zugeordnet).

Durch $\underline{R}$ wird zu gegebenem σ^{EER} ein Zustand $\sigma^{REL} = \underline{\mathcal{M}}^\sigma(\sigma^{EER})$ erzeugt. Folgende Bedingungen sind von $\underline{R}$ einzuhalten:

a) Für jedes $e \in E\text{-}TYPE$, für jedes $\underline{e} \in \sigma^{EER}(e)$:
   $$\sigma^{REL}(e\$) \, (\underline{R}(e)(\underline{e})) = value(\underline{e})$$

b) Für jedes $r(n_1{:}e_1,\ldots,n_m{:}e_m) \in R\text{-}TYPE$ und für jedes $\underline{r} \in \sigma^{EER}(r)$:
   - $\sigma^{REL}(r\$) \, (\underline{R}(r)(\underline{r})) = (value(\underline{r}.1),\ldots,value(\underline{r}.m))$ [24]
   - $\sigma^{REL}(n_i) \, (\underline{R}(r)(\underline{r})) = value(\sigma^{EER}(n_i)(\underline{r}))$

c) Für jedes $a \in ATTR$ und für jedes $\underline{s} \in \sigma^{EER}(s)$:
   - $a{:}\, s \rightarrow d$: $\sigma^{REL}(a) \, (\underline{R}(s)(\underline{s})) = \sigma^{EER}(a)(\underline{s})$
   - $a{:}\, s \rightarrow set(d)$: $\{ \sigma^{REL}(a\$)(\underline{t}) \mid \underline{t} \in \underline{R}(a)(\underline{s}) \} = \sigma^{EER}(a)(\underline{s})$

---

[24] Zur Erinnerung (Kapitel 2): $\_.i$ ist eine Metafunktion, welche die i-te Komponente eines Tupels bestimmt. Ähnlich liefert h die Häufigkeit eines Elements in einer Multimenge, und p die Positionsnummern eines Elements in einer Liste.

- $a: s \to bag(d)$: $\{\, (\sigma^{REL}(a)(\underline{t}), \sigma^{REL}(a\#)(\underline{t})) \mid \underline{t} \in \underline{R}(a)(\underline{s}) \,\}$
  $= \{\, (k,i) \mid k \in \sigma^{EER}(a)(\underline{s}), i \in 1..h(k) \,\}$

- $a: s \to list(d)$: $\{\, (\sigma^{REL}(a)(\underline{t}), \sigma^{REL}(a\#)(\underline{t})) \mid \underline{t} \in \underline{R}(a)(\underline{s}) \,\}$
  $= \{\, (k,i) \mid k \in \sigma^{EER}(a)(\underline{s}), i \in p(k) \,\}$

d) Für jedes $c \in COMP$ und für jedes $\underline{e} \in \sigma^{EER}(e)$:

- $c: e \to e'$: $\qquad \sigma^{REL}(c)\,(\underline{R}(e)(\underline{e})) = value(\sigma^{EER}(c)(\underline{e}))$

- $c: e \to set(e')$: $\{\, \sigma^{REL}(c)(\underline{t}) \mid \underline{t} \in \underline{R}(c)(\underline{e}) \,\} = \{\, value(\underline{e}') \mid \underline{e}' \in \sigma^{EER}(c)(\underline{e}) \,\}$

- $c: e \to bag(e')$: $\{\, (\sigma^{REL}(c)(\underline{t}), \sigma^{REL}(c\#)(\underline{t})) \mid \underline{t} \in \underline{R}(c)(\underline{e}) \,\}$
  $= \{\, (value(\underline{e}'),i) \mid \underline{e}' \in \sigma^{EER}(c)(\underline{e}), i \in 1..h(\underline{e}') \,\}$

- $c: e \to list(e')$: $\{\, (\sigma^{REL}(c)(\underline{t}), \sigma^{REL}(c\#)(\underline{t})) \mid \underline{t} \in \underline{R}(c)(\underline{e}) \,\}$
  $= \{\, (value(\underline{e}'),i) \mid \underline{e}' \in \sigma^{EER}(c)(\underline{e}), i \in p(\underline{e}') \,\}$

e) Für jedes $t \in CONSTRUCTION$, für jedes $o \in output(t)$ und für jedes $\underline{o} \in \sigma^{EER}(o)$, wobei $i_k = sort(I_{CONSTRUCTION}(\underline{o}))$ sei:

- $\sigma^{REL}(origin^{t,o})\,(\underline{R}(o)(\underline{o})) = value(\sigma^{EER}(i_k)(\underline{o}))$

- $\sigma^{REL}(ls - i)(\underline{R}(o)(\underline{o})) = \begin{cases} true & \text{wenn } i = i_k \\ false & \text{sonst} \end{cases}$

$\square$

Offensichtlich ist die Exemplar-Transformation wohldefiniert: Jede Auswertung σ^{REL} eines relationalen Attributs erzeugt einen korrekten Wert des zugehörigen Datentyps.

Die Bedingungen (i) - (iii) definieren die Funktionsfamilie $\underline{R}$. Die Regeln a) - e) erzielen die Äquivalenz zu σ^{EER}. Zum Beispiel fordert die Regel c) formal, daß die Anwendung jedes relationalen Attributs **a** denselben Wert bzw. dieselbe Menge, Multimenge oder Liste von Werten liefert wie die Anwendung des EER-Attributs **a**.

Die aus der Modell-Transformation $\mathcal{M}$ resultierende relationale Signatur kann dazu verwendet werden, eine Prototyp-Datenbank auf einem konkreten relationalen Datenbanksystem zu installieren und mit Testdaten zu füllen, wie es in CADDY [EHH+89] realisiert ist. Darauf aufbauend lassen sich nun Anfragen (und auch Aktionen) übersetzen, um die entworfene Datenbank hinsichtlich der späteren Anwendungen zu testen. Auf diese Weise wird der Datenbankentwerfer von der mühsamen Last befreit, die Anfragen bzgl. der relationalen Modellierung zu formulieren: Der Entwerfer muß sich nicht der Bedeutung der einzelnen Relationen bewußt sein. Das heißt, er kann ignorieren, ob eine Relation einen Entitytyp, einen Relationshiptyp oder ein mehrwertiges Attribut bzw. eine mehrwertige Komponente repräsentiert. Ebenso braucht er nicht die logisch zusammenhängenden Relationen durch explizite Verbunde über die Surrogatschlüssel-Attribute zusammenfügen.

Das formale Kernstück einer Anfrage-Transformation, die Kalkül-Transformation, vervollständigt die formale Definition der Transformationssemantik.

7.2   Die Kalkül-Transformation

Das Fundament der Kalkül-Transformation bilden die relationale und die EER-Variante des allgemeinen Kalküls, deren syntaktischen Kategorien zur Unterscheidung im folgenden durch die oberen Indizes EER und REL markiert werden. Die Kalkül-Transformation ist dann eine Funktion

$$\mathcal{K}(\mathcal{M}) : QUERY^{EER} \to QUERY^{REL} .$$

Zur formalen Definition der Transformation ließen sich im Prinzip mehrere formale Methoden verwenden. Wir bevorzugen hier das Instrument der attributierten Grammatiken nicht zuletzt aufgrund ihrer Eignung als direkte Implementierungsvorgabe. Attributierte Grammatiken wurden im Bereich des Compilerbaus, insbesondere der Code-Erzeugung, vorgeschlagen, was auf die Kalkül-Transformation dahingehend übertragen werden kann, als daß der erzeugte Code die äquivalente REL-Kalkülanfrage enthält. [Pag81] zeigt ähnliche Anwendungen im Programmiersprachenbereich auf.

Zur Festlegung der verwendeten Notation übernehmen wir die Definition einer attributierten Grammatik von Knuth [Knu68]:

Definition 7.8 (Attributierte Grammatik)

Sei eine kontextfreie Grammatik $\mathcal{G} = (\mathcal{V}, \mathcal{N}, S, \mathcal{P})$ gegeben. Dabei sei $\mathcal{V}$ das endliche Vokabular der Terminal- und Nonterminalsymbole, $\mathcal{N} \subseteq \mathcal{V}$ die Menge der Nonterminalsymbole, $S \in \mathcal{N}$ das Startsymbol und $\mathcal{P}$ die Menge der Produktionen.

Eine **attributierte Grammatik** zu $\mathcal{G}$ ist wie folgt definiert:

- Jedem Symbol $X \in \mathcal{V}$ wird eine endliche Menge A_X von **Attributen** [25] zugeordnet; A_X ist in zwei disjunkte Mengen partitioniert, die der **ererbten** ('inherited') I_X und die der **abgeleiteten** ('derived') Attribute D_X : $A_X = I_X \cup D_X$, $I_X \cap D_X = \emptyset$.

  Das Startsymbol S besitzt keine ererbten Attribute, d.h. $I_X = \emptyset$ für $X = S$, und die Terminalsymbole haben keine abgeleiteten Attribute, d.h. $D_X = \emptyset$ für alle $X \in \mathcal{V} - \mathcal{N}$.

- Jedes Attribut $a \in A_X$ hat eine (möglicherweise unendliche) **Wertemenge** V_a; jedem Vorkommen eines Symbols $X \in \mathcal{V}$ im Ableitungsbaum eines Wortes der Grammatik wird durch semantische Regeln ein Wert aus V_a zugewiesen.

- Die **semantischen Regeln** sind Funktionen $f_{i,a}^{(p)}$, die für alle Produktionen $p : X_0 \to X_1...X_n \in \mathcal{P}$, $a \in D_{X_i}$ falls i=0, oder $a \in I_{X_i}$ falls $i \in 1..n$, definiert sind. Jede dieser Funktionen ist eine Abbildung

$$f_{i,a}^{(p)} : \underset{j=0 \,,\, b \in A_{X_j}}{\overset{n}{\times}} V_b \to V_a$$

---

[25] Achtung: Der Begriff "Attribut" ist von den Attributen des EER-Modells zu unterscheiden!

Das heißt, jede semantische Funktion $f_{i,a}^{(p)}$ bildet Werte der Attribute b von X_0, $X_1,...,X_n$ in einen Wert des Attributs a von X_i ab.

Wie üblich werden die Funktionen $f_{i,a}^{(p)}$ notiert durch Gleichungen der Form

$$X_i.a = f_{i,a}^{(p)}(\ ... \ , X_j.b \ , \ ... \ ) \qquad\qquad \Box$$

Bevor die Kalkül-Transformation im einzelnen diskutiert wird, soll die Systematik der attributierten Grammatik erläutert und eine Übersicht über die verwendeten Attribute gegeben werden.

Zu realisieren ist die Transformationsfunktion $\mathcal{K}(\mathcal{M}) : QUERY^{EER} \rightarrow QUERY^{REL}$. Dazu wird zunächst einmal eine kontextfreie Grammatik zum EER-Kalkül mit einem Startsymbol QUERY aufgestellt. Im Anhang ist eine Grammatik in Backus-Naur-Form gegeben, die den kontextfreien Aufbau des EER-Kalküls beschreibt. Die Produktionen dieser Grammatik erzeugen Anfragen im EER-Kalkül. Die Grammatik wird zu einer attributierten Grammatik erweitert, indem die Nonterminalsymbole mit Attributen versehen werden, mit Hilfe derer die äquivalente REL-Kalkülanfrage syntaxgesteuert generiert wird. Die Regeln der attributierten Grammatik beschreiben hierbei formal den Erzeugungsprozeß.

Der syntaktische Bereich $QUERY^{EER}$ wird in der kontextfreien Grammatik erzeugt durch eine Produktion

QUERY ::= TERM

$QUERY^{EER}$ und QUERY sind kongruent. Ebenso entsprechen in direkter Weise die Nonterminalsymbole TERM, DECL und FORMULA der Grammatik den syntaktischen Kategorien $TERM^{EER}$, $DECL^{EER}$ bzw. $FORMULA^{EER}$ des EER-Kalküls.

Zu gegebener EER-Anfrage ($\epsilon \ QUERY^{EER}$) der kontextfreien Grammatik bestimmen die semantischen Funktionen der attributierten Grammatik das Attribut *Query* von QUERY, d.i. die äquivalente relationale Anfrage ($\epsilon \ QUERY^{REL}$).

Die Berechnung des Attributs *Query* erfolgt 'bottom up' mittels abgeleiteter Attribute. So berechnet sich der Wert von *Query* durch die semantische Regel

QUERY.*Query* = TERM.*Term*

zur obigen QUERY-Produktion direkt aus dem Wert des Attributs *Term* von TERM. Das Attribut *Term* enthält dabei die Transformation des Terms TERM. Ebenso gibt es die Attribute *Form*, *Range* und *Decl* zur Transformation der Formeln, Bereiche und Deklarationen, deren Wert ebenfalls durch Funktionen der attributierten Grammatik berechnet werden. Die Gesamtheit der semantischen Regeln legt somit die Funktion $\mathcal{K}(\mathcal{M})$ fest.

Zur Erläuterung des Grundprinzips der attributierten Grammatik unter Verwendung dieser Attribute werde zuerst einmal das folgende Beispiel einer EER-Kalkülanfrage betrachtet:

$\{$ `StName(st)` $|$ `(st:STADT)` $\wedge$ `3.14*(radius(StGeo(st))`$\uparrow$`2)`$\geq$`5000000` $\}$

bestimmt *die Namen aller Städte, die eine 5 km² übersteigende Fläche besitzen*. Die bzgl. $\mathcal{M}$ und $\underline{\mathcal{M}}^\sigma$ gleichwertige, zu generierende relationale Anfrage lautet dann

$\{$ `StName(st)` $|$ `(st:R(STADT))` $\wedge$ `3.14*(radius(StGeo(st))`$\uparrow$`2`$\geq$`5000000` $\}$

Anhand dieses einfachen Beispiels lassen sich bereits die Grundprinzipien der Kalkül-Transformation erkennen:

(i) Jede Variable **x** einer EER-Anfrage bleibt erhalten, indem jede Deklaration **(x:ρ)** zu **(x:ρ.*Range*)** transformiert wird. Im einfachen Fall $\rho \equiv$ **s**, **s** ϵ *E-TYPE* $\cup$ *R-TYPE*, erhält man **(x:R(s))**.

(ii) Die aus der Anwendung der elementaren Attribute **a: e→d** wie **StName** und **StGeo** entstehenden Terme können direkt transformiert werden, da diese Attribute gemäß $\mathcal{M}$ auch Attribute **a: R(e)→d** der entsprechenden Relation **R(e)** sind.

(iii) Die Annahme 7.1, daß die Datenoperationen ω: **d$_1$,...,d$_n$** → **d** ϵ *OPNS$_{DT}$* und Datenprädikate π: **d$_1$,...,d$_n$** $\in$ *PRED$_{DT}$* auch in der relationalen Modellierung verfügbar sind, erlaubt deren direkte Übernahme. Somit werden die Operationen '*****', '$\uparrow$' und **radius** wie auch das Prädikat '$\geq$' in der gleichen Weise im REL-Kalkül verwendet.

In der attributierten Grammatik drückt sich das (in vereinfachter Darstellung) wie folgt aus:

Der obige Multiterm $\{$ ... $\}$ kann zunächst einmal in der kontextfreien Grammatik durch folgende Produktion erzeugt werden:

    TERM$_0$ ::= $\{$ TERM$_1$ $|$ DECL $\wedge$ FORMULA $\}$

Die semantische Funktion zum Attribut *Term* lautet

    TERM$_0$.*Term* = $\{$ TERM$_1$.*Term* $|$ DECL.*Decl* $\wedge$ FORMULA.*Form* $\}$.

Die Bearbeitung der Deklarationen, Bereiche, Terme und Formeln erfolgt mit folgenden Regeln:

(i) Die Deklarationen der Form **(x:s)** werden durch folgende Produktionenfolge und deren semantische Regeln zu **(x:R(s))** transformiert:

       DECL$_0$ ::= (SIMPLEDECL)

         DECL$_0$.*Decl* = (SIMPLEDECL.*Decl*)

       SIMPLEDECL$_0$ ::= VARIABLE : RANGE

         SIMPLEDECL$_0$.*Decl* = VARIABLE.*Variable* : RANGE.*Range*

       RANGE ::= ENTITYTYPE $|$ RELSHIPTYPE

         RANGE.*Range* = R(ENTITYTYPE.*Name*) $|$ R(RELSHIPTYPE.*Name*)

Hierbei ist *Name* ein Attribut, das gewissermaßen den Namen eines Attributs, Entitytyps oder Relationshiptyps als Zeichenkette enthält.

(ii) Sei **a** = ATTRIBUTE.*Name* ein Attribut mit *destination*(**a**) = **d** ϵ $SORT_{DT}$:

$$\text{TERM}_0 ::= \text{ATTRIBUTE (TERM}_1 \text{)}$$

$$\text{TERM}_0.\textit{Term} = \text{a}(\text{TERM}_1.\textit{Term})$$

(iii) Sei ω=DATAOPNS.*Name* eine Datenoperation mit ω:d_1,...,d_n $\rightarrow$**d** ϵ $OPNS_{DT}$:

$$\text{TERM ::= DATAOPNS (TERMLIST)}$$

$$\text{TERM}.\textit{Term} = \omega \text{ (TERMLIST}.\textit{Term} \text{)}$$

Die fundamentalen Attribute der Grammatik sind noch einmal in der folgenden Übersicht zusammengestellt:

Art	Attribut	Wertebereich	verbunden mit dem Symbol
abgeleitet	*Query*	$QUERY^{REL}$	QUERY
abgeleitet	*Term*	$TERM^{REL}$	TERM , TERMLIST
abgeleitet	*Form*	$FORMULA^{REL}$	FORMULA
abgeleitet	*Range*	$RANGE^{REL}$	RANGE
abgeleitet	*Decl*	$(\bigwedge DECL^{REL})$	DECL , DECLLIST , SIMPLEDECL

Der Wertebereich $(\bigwedge DECL^{REL})$ repräsentiert dabei Konjunktionen der Form $\delta_1 \wedge \ldots \wedge \delta_k$ mit relationalen Deklarationen $\delta_j \epsilon DECL^{REL}$ (j=1,...,k).

Die Transformation der Terme erfordert im allgemeinen weitere Deklarationen und Formeln. Das ist insbesondere bei der Transformation der Multiterme $\{ ... \}$ der Fall, die (nun vollständig) in der kontextfreien Grammatik durch die folgende Produktion erzeugt werden:

$$\text{TERM ::= } \{ \text{ TERMLIST | DECLLIST } \wedge \text{ FORMULA } \}$$

$$\text{TERM}.\textit{Term} = \{ \text{ TERMLIST}.\textit{Term} \text{ | DECLLIST}.\textit{Decl} \wedge \text{ TERMLIST}.\textit{Decl} \wedge$$
$$\text{TERMLIST}.\textit{Form} \wedge \text{ FORMULA}.\textit{Form} \quad \}.$$

Insofern werden die Attribute *Form* und *Decl* auch weiteren syntaktischen Bereichen zugeordnet:

Art	Attribut	Wertebereich	verbunden mit dem Symbol
abgeleitet	*Form*	$FORMULA^{REL}$	TERM , TERMLIST
abgeleitet	*Decl*	$(\bigwedge DECL^{REL})$	TERM , TERMLIST

Grundsätzlich sind Terme in der Zielliste anders zu behandeln als die in Formeln verwendeten Terme. Im ersten Fall werden evtl. weitere Deklarationen eingeführt (durch *Decl* von oben), weil die deklarierten Variablen in der Zielliste verfügbar sein müssen. Im zweiten Fall werden die benötigten Variablen existentiell quantifiziert und der Formel vorangestellt. Zu diesem Zweck wird das weitere Attribut *Qutf* ("Quantifizierungen") verwendet:

Art	Attribut	Wertebereich	verbunden mit dem Symbol
abgeleitet	*Qutf*	$(\exists \bigwedge DECL^{REL})^*$	TERM , TERMLIST

Der Wertebereich $(\exists \bigwedge DECL^{REL})^*$ repräsentiert Folgen der Form $\exists \delta_1 \ldots \exists \delta_k$ mit relationalen Deklarationen $\delta_j \in DECL^{REL}$ (j=1,...,k).

Zum Beispiel werden die Gleichungen der Form $t_1 = t_2$ direkt transformiert, wobei die durch die Transformation der Terme entstandenen Quantifizierungen (*Qutf*) um den Termvergleich und den hinzugefügten Formeln (*Form*) gesetzt werden:

FORMULA ::= TERM$_1$ = TERM$_2$

$\qquad$ FORMULA.*Form* = TERM$_1$.*Qutf* TERM$_2$.*Qutf* $\hfill$ (**)
$\qquad\qquad$ (TERM$_1$.*Form* $\wedge$ TERM$_2$.*Form* $\wedge$ TERM$_1$ *Term* = TERM$_2$.*Term*)

Des weiteren werden Attribute benutzt, die als Schnittstelle zur EER-Signatur verwendet werden und die Verwendung der Zeichenketten (STRING) handhaben:

Das Attribut *Sort* bestimmt die Sorte eines Terms entsprechend der Hilfsfunktion *sort* des Kalküls. *String* ist ein Attribut, das Zeichen (CHARACTER) zu Zeichenketten (STRING) zusammenfügt. Das Attribut *Variable* formt eine Zeichenkette in eine Variable ($\in VAR$) um. *Int* liefert zu einer Zeichenkette die durch sie dargestellte natürliche Zahl, und *Name* stellt sicher, daß eine Zeichenkette einen Entity- oder Relationshiptyp bzw. eine Operation ($\in OPNS$) oder ein Prädikat ($\in PRED$) der EER-Signatur darstellt. Mit diesen Attributen sind kontextsensitive Bedingungen verbunden, die den Zusammenhang zum EER-Schema fordern. Zum Beispiel kann eine Zeichenkette nur dann ein Attributname sein, wenn er in *ATTR* vorkommt. Die Spezifikation dieser kontextsensitiven Regeln kann prinzipiell ebenfalls in der attributierten Grammatik erfolgen. Wir verzichten jedoch hier darauf, um nicht von der eigentlichen Kalkül-Transformation abzulenken.

Die Bestimmung der relationalen Kalkülanfrage in *Query* erfolgt 'bottom up', d.h. die Anfrage wird mittels abgeleiteter Attribute von unten nach oben als Zeichenkette zusammengestellt. Mitunter ist es jedoch notwendig, Informationen mit Attributen herunterzureichen. Eines dieser Attribute ist *Ctxt↓* ('context') [26], das den Kontext einer Termauswertung festlegt:

Ctxt↓ erhält den Wert \$, wenn der Term einen Entity- oder Relationshiptyp als Sorte besitzt und nur die Surrogatwerte dieses Typs für die Bearbeitung des Terms benötigt werden. Andernfalls bekommt er den Wert *full.*

---

[26] Im folgenden werden alle ererbten Attribute durch ein nachgestelltes '↓' gekennzeichnet.

Art	Attribut	Wertebereich	verbunden mit dem Symbol
ererbt	$Ctxt{\downarrow}$	{ $full$, \$ }	TERM , TERMLIST

Der Kontext $Ctxt{\downarrow}$ spielt eine wichtige Rolle bei der Transformation der Variablen und der Term-Vergleiche: Jede Variable **x** wird in Abhängigkeit eines Kontextes transformiert, der angibt, ob der Surrogatwert (\$) oder die volle Information (*full*) benötigt wird.

Sei **x** = VARIABLE. *Variable* eine Variable mit $type(\mathbf{x})$ = **s** :

TERM ::= VARIABLE

$$\mathsf{TERM}.Term = \begin{cases} \mathsf{s\$(x)} & \text{wenn} \quad \mathsf{TERM}.Ctxt{\downarrow}=\$ \text{ und } \mathsf{s} \in \textit{E-TYPE} \cup \textit{R-TYPE} \\ \mathsf{x} & \text{sonst} \end{cases}$$

Im Fall der Transformation des Termvergleichs (**) von oben handelt es sich um einen Vergleich, der mit Surrogaten durchzuführen ist, so daß dort beide Terme im Kontext \$ zu transformieren sind:

$$\mathsf{TERM}_1.Ctxt{\downarrow} = \mathsf{TERM}_2.Ctxt{\downarrow} = \$$$

Weitere ererbte Attribute werden für die Behandlung der Operationen Occ, Sel und Pos benötigt. Wir werden später im Zusammenhang mit deren Transformation auf diese Attribute eingehen.

Bevor wir uns einigen speziellen Punkten der im Anhang vollständig gegebenen Kalkül-Transformation zuwenden, treffen wir zunächst einmal die folgenden grundsätzlichen Annahmen:

Annahme 7.9

1. Zuerst einmal wird angenommen, daß die Kalkülanfragen aus $QUERY^{EER}$ (kontextfrei und kontextsensitiv) syntaktisch korrekt sind. Die kontextsensitiven Bedingungen der Kalkülsyntax, im wesentlichen durch Regeln mit den syntaktischen Hilfsfunktionen *sort*, *free* und *decl* gegeben, sind somit in der Grammatik nicht zum Ausdruck gebracht.

2. Während der durch die kontextfreie Grammatik gegebene EER-Kalkül der Kalkül-Syntax aus Kapitel 6 entspricht, benutzt die durch die Attribute erzeugte relationale Variante die üblichen Klammereinsparungsregeln (siehe Bemerkung 6.7 (1)). Des weiteren wird das spezielle Symbol ε als Tautologie (in $FORMULA^{REL}$), als "keine Deklaration" (in $DECL^{REL}$) bzw. als leere Quantifizierung (in $QUTF^{REL}$) verwendet. In den folgenden Beispiel-Transformationen wird ε nicht explizit aufgeführt, da es nur aus technischen Gründen benötigt wird. Es gilt also beispielsweise:

$$\{\!\!\{ \; \mathsf{t} \; | \; \delta \wedge \varepsilon \wedge \varepsilon \wedge \phi \wedge \varepsilon \; \}\!\!\} = \{\!\!\{ \; \mathsf{t} \; | \; \delta \wedge \phi \; \}\!\!\}.$$

3. *GENVAR* sei eine spezielle Funktion, deren jeweilige Anwendung *GENVAR*(r) mit einer Relation r als Parameter eine neue, bislang noch nicht verwendete Variable $\mathbf{x}$, $\mathbf{x} \in VAR^{REL}$, vom Typ $type(\mathbf{x}) = r$ generiert:

$$GENVAR : REL\text{-}TYPE \to VAR \quad \text{mit} \quad GENVAR(\mathbf{r}) \in VAR_{\mathbf{r}} \; .$$

Alle durch *GENVAR* neu generierten Variablen werden im folgenden als indiziertes '$\mathbf{x}$' notiert. $\square$

Der Anhang enthält eine Aufstellung der vollständigen attributierten Grammatik. Wir wenden uns im folgenden den problematischen Fällen zu. Generell werden die Schwierigkeiten der Kalkül-Transformation durch die zugrundeliegende Modell-Transformation $\mathcal{M}$ verursacht. Da $\mathcal{M}$ die EER-Konzepte auf rein relationale Strukturen transformiert, ist es einsichtig, daß die nicht-relationalen Konzepte auch die Kalkül-Transformation beeinflussen. Während die (auch im Relationenmodell verfügbaren) elementaren Attribute in der Termbildung $\mathbf{a(t)}$ keine Probleme bereiten, ist den Kalkül-Bausteinen, die Komponenten oder Rollennamen (1), mehrwertige Attribute oder Komponenten (2) und Typkonstruktionen (Typkonvertierungen) (3) verwenden, mehr Aufmerksamkeit zu schenken. Da das Relationenmodell keine Multimengen und Listen zur Verfügung stellt, müssen auch die induzierten Operationen auf Multimengen und Listen, wie z.B. **Occ**, **Pos**, **Sel** und **Ind**, entsprechend umgesetzt werden (4). Abschließend wird noch kurz auf die Transformation der Deklarationen und Bereiche eingegangen (5).

1. Elementare Komponenten und Rollennamen:

Sei $\mathbf{c}$ eine Komponente mit $source(\mathbf{c})=\mathbf{e}$ und $destination(\mathbf{c})=\mathbf{e}'$ für $\mathbf{e},\mathbf{e}' \in E\text{-}TYPE$. Die Modell-Transformation $\mathcal{M}$ sieht vor, daß $\mathbf{c}: \mathbf{e} \to \mathbf{e}'$ zu $\mathbf{c}: R(\mathbf{e}) \to \mathbf{surrogate}_{\mathbf{e}'}$ transformiert wird. Gemäß der zugehörigen Exemplar-Transformation $\mathcal{M}^{\sigma}$ liefert der relationale Term $\mathbf{c(t)}$ den Surrogatwert $value(\underline{\mathbf{e}}')$ des Entities $\underline{\mathbf{e}}'$, das der EER-Term $\mathbf{c(t)}$ ergibt. Mitunter (im Kontext \$) ist dieser ausreichend; ist jedoch der Kontext *full* gefordert, so ist eine neue, durch *GENVAR* erzeugte Variable $\mathbf{x}_{\mathbf{e}'}$ als $(\mathbf{x}_{\mathbf{e}'}:R(\mathbf{e}'))$ zu deklarieren, welche das Entity $\underline{\mathbf{e}}'$ als Tupel $\underline{R}(\underline{\mathbf{e}}')$ repräsentiert. Um den Zusammenhang zwischen $R(\mathbf{e})$ und $R(\mathbf{e}')$ herzustellen, muß die Verbundbedingung $\mathbf{e}'\$(\mathbf{x}_{\mathbf{e}'})=\mathbf{c(t)}$ hinzugefügt werden, die sicherstellt, daß $\mathbf{c(t)}$ und $\mathbf{x}_{\mathbf{e}'}$ dasselbe Entity $\underline{\mathbf{e}}'$ darstellen. Formal ergibt sich als Produktion und semantische Regel:

$$\mathbf{TERM_0} ::= \mathbf{COMPONENT} \; (\; \mathbf{TERM_1} \;)$$

$$\mathbf{TERM_0}.\mathit{Term} = \begin{cases} \mathbf{x}_{\mathbf{e}'} & \text{wenn} \quad \mathbf{TERM_0}.\mathit{Ctxt} \downarrow = \mathit{full} \\ \mathbf{c(TERM_1}.\mathit{Term}) & \text{sonst} \end{cases}$$

Die Transformation des Terms $\mathbf{TERM_1}$ kann Deklarationen (*Decl*) bzw. Quantifizierungen (*Qutf*) und Formeln (*Form*) einführen, die für den Kontext \$ direkt von $\mathbf{TERM_1}$ übernommen werden können:

$$\text{TERM}_0 ::= \text{COMPONENT} (\text{TERM}_1)$$

$$\text{TERM}_0.\textit{Decl} = \text{TERM}_1.\textit{Decl}$$
$$\text{TERM}_0.\textit{Qutf} = \text{TERM}_1.\textit{Qutf}$$
$$\text{TERM}_0.\textit{Form} = \text{TERM}_1.\textit{Form}$$

Im Kontext *full* müssen darüber hinaus die Deklaration $(x_{e'}\!:\!R(e'))$ bzw. die Quantifizierung $\exists(x_{e'}\!:\!R(e'))$ und die Verbundbedingung $c(\text{TERM}_1.\textit{Term})=e'\$(x_{e'})$ hinzugefügt werden:

$$\text{TERM}_0.\textit{Decl} = (x_{e'}\!:\!R(e')) \wedge \text{TERM}_1.\textit{Decl}$$
$$\text{TERM}_0.\textit{Qutf} = \exists(x_{e'}\!:\!R(e')) \; \text{TERM}_1.\textit{Qutf}$$
$$\text{TERM}_0.\textit{Form} = c(\text{TERM}_1.\textit{Term}) = e'\$(x_{e'}) \wedge \text{TERM}_1.\textit{Form}$$

Der Term TERM_1 ist in jedem Fall im Kontext *full* zu transformieren, da die Komponente c nicht auf einen Surrogatwert angewendet werden kann:

$$\text{TERM}_1.\textit{Ctxt}{\downarrow} = \textit{full}$$

Somit wird der EER-Kalkülausdruck

```
{ StName(st) | (st:STADT) ∧
              ∃(l:LAND) (Hauptstadt(l)=st ∧ Regform(l)='demokratisch') }
```

zu

```
{ StName(st) | (st:R(STADT)) ∧ ∃(l:R(LAND))
              (Hauptstadt(l)=Stadt$(st) ∧ Regform(l)='demokratisch' ) }
```

transformiert. Der Term Hauptstadt(l) ist hier im Kontext \$ zu bearbeiten, weil er in einem Vergleich zweier Terme verwendet wird, der anhand der durch Hauptstadt(l) und Stadt\$(st) gelieferten Surrogatwerte durchgeführt werden kann. Der Term (bzw. die Variable) st wird demzufolge ebenfalls im Kontext \$ transformiert, was zu Stadt\$(st) führt.

Andererseits muß der Term Hauptstadt(l) in der Anfrage

```
{ StName(Hauptstadt(l)) | (l:LAND) ∧ Regform(l)='demokratisch' }
```

im Kontext *full* transformiert werden, da sonst das Attribut StName nicht angewendet werden kann:

```
{ StName(x_St) | (l:R(LAND)) ∧ (x_St:R(STADT)) ∧
              Stadt$(x_St)=Hauptstadt(l) ∧ Regform(l)='demokratisch' }
```

Wird der Term Hauptstadt(l) in einer Formel verwendet, so bedarf er keiner Deklaration (*DECL*), sondern einer Quantifizierung (*QUTF*). Somit wird aus

```
{ LName(l) | (l:LAND) ∧ StName(Hauptstadt(l))='Paris' }
```

die folgende Anfrage erzeugt:

```
{ LName(l) | (l:R(LAND)) ∧ ∃(x_St:R(STADT))
                  (Hauptstadt(l)=Stadt$(x_St) ∧ StName(x_St)='Paris' ) }
```

Eine Deklaration $(x_{St}:R(STADT))$ anstelle der Quantifizierung $\exists(x_{St}:R(STADT))$ würde die Anzahl der Duplikate in der Multimenge verfälschen, wenn es mehrere Städte mit dem Namen Paris gäbe!

Bei den Termen der Art $n(t)$ mit einem Rollennamen $n \in ROLE$ tritt ein ähnliches Problem auf. Der EER-Term $n(t)$ liefert das bzgl. n an r partizipierende Entity $\underline{e}$, während der relationale Term $n\$(r\$(t))$ nach $\underline{\mathcal{M}}^\sigma$ nur dessen Surrogatwert bestimmt [27]. Insofern läßt sich die Lösung direkt adaptieren.

2. Mehrwertige Attribute und Komponenten:

Betrachten wir zunächst einmal die mehrwertigen Attribute a: $s \to set/bag/list(d)$. Die Modell-Transformation $\mathcal{M}$ fügt zur Stammrelation $R(s)$ eine weitere Relation $R(a)$ hinzu, die gewissermaßen die einzelnen Werte des Attributs a tupelweise aufnimmt. Aus dem Attribut a wird ein relationales Attribut a: $R(a) \to d$. Die Exemplar-Transformation $\underline{\mathcal{M}}^\sigma$ stellt dann sicher, daß zu gegebenem Objekt $\underline{s}$ (d.i. ein Entity oder ein Relationship) $\sigma^{EER}(a)(\underline{s})$ durch den Verbund von $R(s)$ und $R(a)$ über die Attribute $s\$$ und $a\$$ erreicht werden kann. Ist a beispielsweise mengenwertig, so kann $a(t)$ explizit durch den Term $BtS(\{\!| a(x_a) \mid (x_a:R(a)) \wedge a\$(x_a)=t |\!\})$ berechnet werden.

Für beliebige mehrwertige Attribute erhalten wir:

$$TERM_0 ::= ATTRIBUTE (TERM_1)$$

$$TERM_0.Term = [BtS] (\{\!| a(x_a) \mid (x_a:R(a)) \wedge TERM_1.Qutf$$
$$(TERM_1.Form \wedge a\$(x_a)=TERM_1.Term) |\!\})$$

Die Operation BtS ist dabei nur für mengenwertige Attribute a: $s \to set(d)$ erforderlich.

Da der Term $TERM_1$ in einem Vergleich verwendet wird, muß er im Kontext $\$$ transformiert werden:

$$TERM_1.Ctxt\!\downarrow = \$.$$

Ganz analog erfolgt die Transformation der mehrwertigen Komponenten c: $e \to set/bag/list(e')$, wobei es sich allerdings anbietet, zwischen beiden Kontexten zu unterscheiden, da das Ergebnis im Kontext $\$$ wesentlich einfacher wird. Dieser Kontext wird z.B. für die aggregierende Funktion Cnt eingesetzt, wo die Surrogatwerte zur Bestimmung der Anzahl ausreichen.

3. Typkonvertierungen:

Sei t eine Typkonstruktion mit $i \in input(t)$ und $o \in output(t)$. Dann ist $it_{t,o}(t')$ ein Term, der zu dem durch Term t' gegebenen Entity $\underline{o}$ das entsprechende En-

---

[27]Zur Erinnerung: $r\$(R(\underline{r}))$ setzt sich aus den Surrogatwerten der an der Beziehung $\underline{r}$ teilnehmenden Entities $\underline{e_i}$ zusammen.

tity $\underline{i}$ vom Typ i liefert; ist $\underline{o}$ kein Entity dieses Typs i, so erhält man $\perp_i$. Die Transformation dieser Terme $i_{t,o}(t')$ muß unter Verwendung der speziell dafür eingeführten **Is-i-** und **origin\$**-Attribute der Relation **R(o)** erfolgen. Gemäß der Exemplar-Transformation $\mathcal{M}^\sigma$ besitzt das Entity $\sigma^{EER}(i_{t,o})(\underline{o})$ für ein Entity $\underline{o}$ des Typs o den Surrogatwert **origin\$**$(\underline{R(\underline{o})})$ mit dem $\underline{o}$ darstellenden Tupel $\underline{R(\underline{o})}$ im Fall, daß $\sigma^{EER}(i_{t,o})(\underline{o})$ ein Entity des Typs i (also σ^{REL}(Is-i)$(\underline{R(\underline{o})})$ = *true*) ist, und $\perp_i$ andernfalls (σ^{REL}(Is-i)$(\underline{R(\underline{o})})$ = *false*). Beide Fälle sind in der Formel **TERM**$_0$.*Form* zu berücksichtigen. Ansonsten werden auch hier wieder die Kontexte *full* und \$ unterschieden:

$$\text{TERM}_0 ::= \text{ENTITYTYPE}_1 \text{ CONSTRUCTION,ENTITYTYPE}_2 \; (\; \text{TERM}_1 \;)$$

$$\text{TERM}_0.\textit{Term} = \begin{cases} x_i & \text{wenn} \quad \text{TERM}_1.\textit{Ctxt}{\downarrow}=\textit{full} \\ i\$(x_i) & \text{sonst} \end{cases}$$

mit i = ENTITYTYPE$_1$.*Name* und o = ENTITYTYPE$_2$.*Name*. In beiden Kontexten ist die Variable x_i zu deklarieren bzw. zu quantifizieren

$$\text{TERM}_0.\textit{Decl} = (x_i{:}\text{R}(i)) \wedge \text{TERM}_1.\textit{Decl}$$
$$\text{TERM}_0.\textit{Qutf} = \exists(x_i{:}\text{R}(i)) \; \text{TERM}_1.\textit{Qutf}$$

und in Abhängigkeit der Bedingung Is-i(TERM$_1$.*Term*) entweder die Verbundbedingung zu berücksichtigen oder x_i mit ∂ auf $\perp_i$ zu setzen:

$$\begin{aligned} \text{TERM}_0.\textit{Form} = \; &\text{TERM}_1.\textit{Form} \wedge \\ &(\text{Is-i}(\text{TERM}_1.\textit{Term})=\text{true} \Rightarrow \text{origin\$}(\text{TERM}_1.\textit{Term})=i\$(x_i)) \wedge \\ &(\text{Is-i}(\text{TERM}_1.\textit{Term})=\text{false} \Rightarrow \neg\partial(x_i) \;) \end{aligned}$$

Die Anwendung des Attributs Is-i auf TERM$_1$.*Term* erfordert eine Transformation von TERM$_1$ im Kontext *full*:

$$\text{TERM}_1.\textit{Ctxt}{\downarrow} = \textit{full}$$

Zum Beispiel wird der Ausdruck

```
{ FName(Fluß(mi)) |
                (mi:mündet-in) ∧ MName(Meer(Mündung(mi)))='Nordsee' }
```

transformiert zu

```
{ FName(xF) | (mi:R(mündet-in)) ∧ (xF:R(FLUSS)) ∧
             Fluß$(mündet-in$(mi))=Fluß$(xF) ∧
             ∃(xM:R(MEER)) ∃(xG:R(GEWÄSSER))
                     (Mündung$(mündet-in$(mi))=Gewässer$(xG) ∧
                     (Is-MEER(xG)=true  ⇒ origin$(xG)=Meer$(xM)) ∧
                     (Is-MEER(xG)=false ⇒ ¬∂(xM))              ∧
                     MName(xM)='Nordsee'                        ) }
```

Die Variable x_F wird bei der Transformation von `Fluß(mi)` deklariert, während die Quantifizierung von x_G aus der Transformation von `Mündung(mi)` resultiert.

4. Induzierte Operationen:

Die induzierten Operationen $f \in \{$Cnt, Sum, Min, Max, Apl$_\omega\}$ sind sehr einfach und direkt zu transformieren, so daß keine nähere Erläuterung erforderlich ist.

Die Behandlung der Konvertierungsfunktionen LtS, BtS und LtS ist ebenfalls sehr einfach, da das Relationenmodell keine Listen kennt, und im entsprechenden relationalen Kalkül auch nicht zwischen Listen und Multimengen unterschieden wird: LtS und BtS werden beide auf BtS zurückgeführt, während LtB ganz einfach weggelassen werden kann.

Komplizierter wird die Behandlung der Operationen Occ, Pos, Ind und Sel. Hier läßt sich die pragmatische Annahme zunutze machen, daß diese Operationen nur auf Terme der Form $a(t)$ bzw. $c(t)$ mit mehrwertigen Attributen a bzw. Komponenten c angewendet werden dürfen. Im Fall der Operation Occ betrifft diese Einschränkung nur Terme der Art $Occ(Prj_i(y),t)$, wobei die Variable y als $(y{:}BtS\{\!\lfloor\ t_1,\ldots,t_i,\ldots,t_n\ |\ \delta_1\ \wedge\ \phi\ \rfloor\!\})$ deklariert und $t_i \equiv a(t')$ ist: Das multimengenwertige Attribut a darf also nicht über y "verschleppt" werden.

Entsprechend werden die Operationen Pos, Sel und Ind auf listenwertige Attribute und Komponenten eingeschränkt.

Im Prinzip ließe sich auch die Transformation dieser Terme mit in die attributierte Grammatik einbeziehen. Allerdings müßte dazu ein erheblicher formaler Aufwand getrieben werden, der die attributierte Grammatik sehr unüberschaubar machen würde. Andererseits sind derartige Terme bei der Formulierung von Anfragen (hoffentlich) eher die Ausnahme, da die Verschleppung der Listen- bzw. Multimengeneigenschaft über Prj nicht gerade dem Verständnis einer Anfrage dient. Zudem zeigt [Hoh90], daß die Ausdrucksfähigkeit des Kalküls dadurch unangetastet bleibt.

Im Fall von Occ sind somit nur multimengenwertige Terme zugelassen, d.h. das erste Argument muß von der Form $a(t)$ bzw. $c(t)$ mit $destination(a){=}$bag(d) bzw. $destination(c){=}$ bag(e') sein. Der Term $TERM_0 \equiv Occ(TERM_1,TERM_2)$ wird in Abhängigkeit der Form des Terms $TERM_1$ transformiert. So werden die Fälle $a(t)$, d.h. "$TERM_1$ ist Anwendung eines Attributs a auf TERM", und $c(t)$, d.h. "$TERM_1$ ist Anwendung einer Komponente c auf TERM" unterschiedlich behandelt.

Die Transformation des Occ-Terms $TERM_0$ wird deshalb bis zur Transformation des Terms $TERM_1$ verzögert: Das Resultat wird als Attribut *Occ-Term* von $TERM_1$ vollständig berechnet und zu *Term* von $TERM_0$ hochgereicht. Die Transformation des zweiten Argumentterms $TERM_2$ einschließlich der produzierten Formeln und Quantifizierungen wird zu den Attributen *Term$\downarrow$*, *Form$\downarrow$* und *Qutf$\downarrow$* von $TERM_1$ herübergegeben, so daß sie mit in die Berechnung von *Occ-Term* eingehen kann.

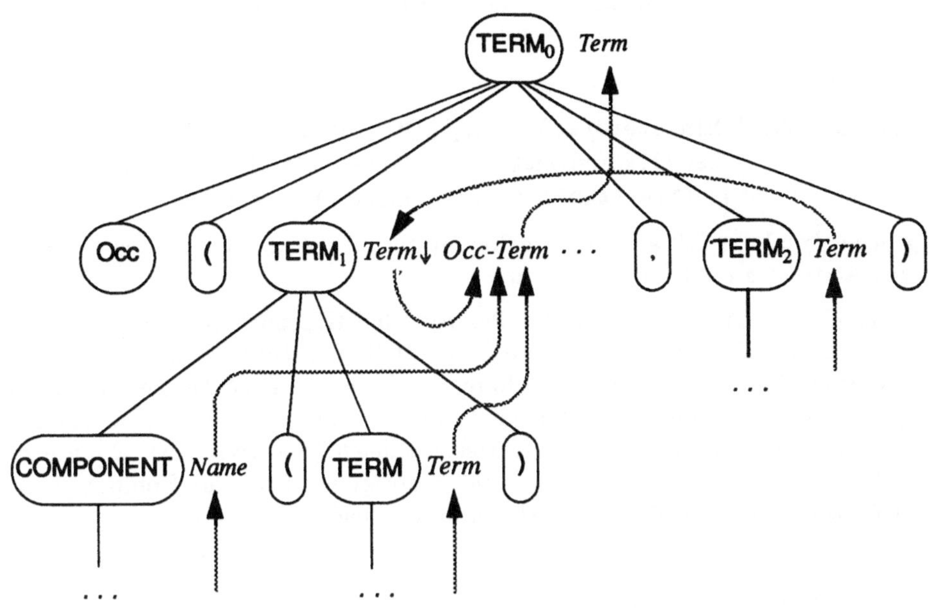

Abbildung 6: *Ableitungsbaum*

Diese Vorgehensweise wird anhand des Ableitungsbaumes in Abbildung 6 skizziert.

$$\text{TERM}_0 ::= \text{Occ} \, (\text{TERM}_1 \, , \, \text{TERM}_2 \,)$$

$$\text{TERM}_0.\mathit{Term} = \text{TERM}_1.\mathit{Occ\text{-}Term}$$

$$\text{TERM}_1.\mathit{Ctxt}{\downarrow} = \text{TERM}_2.\mathit{Ctxt}{\downarrow} = \$$$
$$\text{TERM}_1.\mathit{Term}{\downarrow} = \text{TERM}_2.\mathit{Term}{\downarrow}$$

Das Attribut *Occ-Term* wird dann auf der Ebene von TERM_1, der Erzeugung von $c(t)$, mittels der Operation Cnt berechnet, d.h. die Anzahl der Vorkommen wird explizit berechnet:

$$\text{TERM}_0 ::= \text{COMPONENT} \, (\, \text{TERM}_1 \,)$$

$$\text{TERM}_0.\mathit{Occ\text{-}Term} =$$
$$\text{Cnt}(\!\{\, c\#(x_c) \mid (x_c{:}R(c)) \wedge \text{TERM}_1.\mathit{Qutf} \; \text{TERM}_0.\mathit{Qutf}$$
$$(\text{TERM}_1.\mathit{Form} \wedge c\$(x_c){=}\text{TERM}_1.\mathit{Term} \wedge$$
$$\text{TERM}_0.\mathit{Form}{\downarrow} \wedge c(x_c){=}\text{TERM}_1.\mathit{Term}{\downarrow}) \,\})$$

Hierbei werden die Transformationen *Term*↓ usw. des zweiten Argumentterms von Occ verwendet. Zum Beispiel wird die Anfrage

$\{$ LName(1), Occ(Minister(1),p) | (1:LAND) $\wedge$ (p:PERSON) $\wedge$

                 Name(p)='Müller' $\}$

transformiert zu

$\{$ LName(1), Cnt$\{$ Minister#(x_m) | $(x_m$:R(Minister)) $\wedge$

     Land\$$(x_m)$=Land\$(1) $\wedge$ Minister(x_m)=Person\$(p) $\}$

     | (1:R(LAND)) $\wedge$ (p:R(PERSON)) $\wedge$ Name(p)='Müller' $\}$

Das gleiche Verfahren läßt sich ganz analog für Terme der Art **a(t)** mit einem mehrwertigen Attribut **a** ϵ *ATTR* anwenden.

Analog macht die Transformation von **Pos** bzw. **Ind** Gebrauch von den Attributen *Pos-Term* bzw. *Ind-Term* und den vererbten Attributen *Term↓*, *Form↓* und *Qutf↓*. Die Operation **Sel** verwendet die Attribute *Sel-Term*, *Sel-Decl*, *Sel-Form*, *Sel-Qutf* und *Term↓*. Die Transformation der **Sel**-Terme ist dabei von der Art her ähnlich, jedoch etwas aufwendiger, weil weitere Deklarationen (*Sel-Decl*) bzw. Quantifizierungen (*Sel-Qutf*) und Formeln (*Sel-Form*) benötigt werden. Für Komponenten **c** sind hier wiederum die beiden Kontexte zu unterscheiden.

5. Deklarationen und Bereiche:

Bislang wurden bereits einfache Deklarationen der Form **(x:s)** mit **s** ϵ *E-TYPE* oder **s** ϵ *R-TYPE* betrachtet. Im Prinzip lassen sich auch beliebige mengenwertige Terme als Bereiche unter Ausnutzung der normalen Term-Transformation behandeln, wie das folgende Beispiel zeigt:

$\{$ Name(p) | (p:LtS(Minister(1)));(1:LAND) $\}$

wird zu

$\{$ Name(p) | (p:BtS($\{x_p$ | $(x_p$:R(PERSON)) $\wedge$ $(x_m$:R(Minister)) $\wedge$

       Minister(x_m)=Person\$$(x_p)$ $\wedge$ Land\$$(x_m)$=Land\$(1)$\}$));

                 (1:R(LAND)) $\}$

transformiert, indem einfach der Term (bzw. Bereich) LtS(Minister(1))) zu BtS($\{$ ... $\}$) auf die Term-Transformation *Term* von **TERM** zurückgeführt wird. Zu beachten ist, daß die Transformation die (auch im Relationenkalkül noch beibehaltenen Deklarationsfolgen (;)) bestehen läßt. Eine Eliminierung ist an dieser Stelle im allgemeinen nicht möglich. Sie muß in der anschließenden Transformation des REL-Kalküls in eine relationale Anfragesprache erfolgen.

Entsprechend ist die Transformation des Bereichs **RANGE** in

   RANGE ::= TERM

    RANGE.*Range* = TERM.*Term*

auf die Term-Transformation *Term* von **TERM** zurückgeführt.

Dieses Beispiel zeigt auf, daß noch genügend Potential für Optimierungen vorhanden ist. So läßt sich die obige Anfrage vereinfachen zu

$\lbrace\!\lbrace$ Name(p) | (p:R(PERSON)) $\wedge$ (x_m:R(Minister)) $\wedge$ (l:R(LAND))
$\qquad\qquad$ Minister(x_m)=Person\$(x_p) $\wedge$ Land\$(x_m)=Land\$(l) $\rbrace$

wodurch sogar die Deklarationsfolge eingespart werden kann. Eine Einbeziehung der Verbesserung in die Transformation ist allerdings nur mit großem formalen Aufwand möglich.

Ebenso wie die Behandlung der Deklarationsfolgen erfolgt auch die Transformation der Vereinigungsbereiche (x:ρ_1 $\vee$ ... $\vee$ x:ρ_n) direkt:

$$\text{DECL}_0 ::= (\text{ SIMPLEDECL }) ; \text{DECL}_1$$

$$\text{DECL}_0.Decl = (\text{SIMPLEDECL}.Decl) ; \text{DECL}_1.Decl$$

$$\text{SIMPLEDECL}_0 ::= \text{VARIABLE} : \text{RANGE} \vee \text{SIMPLEDECL}_1$$

$$\text{SIMPLEDECL}_0.Decl =$$
$$\text{VARIABLE}.Variable : \text{RANGE}.Range \vee \text{SIMPLEDECL}_1.Decl$$

Das folgende Beispiel verdeutlicht das:

$\lbrace\!\lbrace$ str | (str:BtS$\lbrace\!\lbrace$ StName(st) | (st:STADT) $\rbrace$ $\vee$
$\qquad$ str:BtS$\lbrace\!\lbrace$ city(a) | (a:LtS(Adr(p)));(p:PERSON) $\rbrace$) $\rbrace$

wird direkt transformiert zu

$\lbrace\!\lbrace$ str | (str:BtS($\lbrace\!\lbrace$ StName(st) | (st:R(STADT)) $\rbrace$) $\vee$
$\qquad$ str:BtS($\lbrace\!\lbrace$ city(a) | (a:BtS($\lbrace\!\lbrace$ Adr(x_a) | (x_a:R(Adr)) $\wedge$
$\qquad\qquad\qquad\qquad\qquad$ Adr\$(x_a)=Person\$(p) $\rbrace$);
$\qquad\qquad\qquad\qquad\qquad\qquad\qquad$ (p:R(PERSON)) $\rbrace$))

Eine ausführlichere Diskussion der attributierten Grammatik, illustriert durch weitere Beispiele, läßt sich in [Hoh90] finden.

Zum Abschluß gehen wir noch kurz auf die Wohldefiniertheit der attributierten Grammatik ein.

Ganz offensichtlich gilt:

Bemerkung 7.10

Die im Anhang gegebene kontextfreie Grammatik entspricht der EER-Variante des allgemeinen Kalküls aus Kapitel 6, zumindest was den rein kontextfreien Teil betrifft.

$\square$

Satz 7.11

Die attributierte Grammatik ist wohldefiniert, d.h. zu jeder syntaktisch korrekten EER-Anfrage aus $QUERY^{EER}$ terminiert die attributierte Grammatik.

Beweis:

Der Beweis kann sehr einfach mit dem 'testing for circularity' Algorithmus von [Knu68] vollzogen werden. $\square$

Satz 7.12

Seien eine Modell-Transformation $\mathcal{M}$ und die zugehörige Exemplar-Transformation $\underline{\mathcal{M}}^\sigma$ gegeben.

1. Die durch die attributierte Grammatik definierte Transformationsfunktion ist bzgl. $\mathcal{M}$ wohldefiniert, d.h. sie erzeugt zu jeder bzgl. $EER(DT^{EER})$ syntaktisch korrekten EER-Kalkülanfrage eine bzgl. $\mathcal{M}(EER(DT^{EER}))$ syntaktisch korrekte REL-Kalkülanfrage.

2. Zu jeder syntaktisch korrekten Anfrage des EER-Kalküls erzeugt die attributierte Grammatik eine bzgl. $\underline{\mathcal{M}}^\sigma$ äqivalente Anfrage des erweiterten Relationenkalküls.

Plausibilitätsbetrachtung:

1. Man kann sich relativ einfach klar machen, daß die Attribute *Decl*, *Qutf*, *Term*, *Form* und *Query* jeweils kontextfrei korrekte relationale Deklarationen, Quantifizierungen, Terme, Formeln bzw. Anfragen erzeugen. Komplizierter ist die Überprüfung der kontextsensitiven Zusammenhänge, insbesondere das Zusammenspiel zwischen Deklaration und korrekter Benutzung der Variablen. Aber auch hier ist es einsichtig, daß jede verwendete Variable an korrekter Stelle deklariert ist: Die Variablen der EER-Kalkülanfrage werden direkt, einschließlich ihrer (transformierten) Deklarationen, in die REL-Kalkülanfrage übernommen; die durch *GENVAR* neu generierten Variablen werden ebenfalls durch *Decl* bzw. *Qutf* im richtigen Kontext deklariert.

2. Die vorangegangene Diskussion der kritischen Fälle sollte die Korrektheit der Transformation plausibel gemacht haben. □

In beiden Fällen ist der vollständige Beweis mittels struktureller Induktion über der Grammatik zu führen. Während der erste Beweis formal sehr einfach zu führen ist, wird der zweite aufgrund der komplexen Zusammenhänge sehr umfangreich werden, so daß wir in diesem Buch darauf verzichten wollen.

Mit dieser Aussage wollen wir die formale Betrachtung der Kalkül-Transformation abschließen.

8 Eine SQL-ähnliche Anfragesprache für das EER-Modell

Der Entity-Relationship-Ansatz zeichnet sich wie kaum ein anderes Datenmodell durch eine Vielzahl an Anfragesprachen unterschiedlicher Couleur aus, die eine einfachere und natürlichere Formulierung von Anfragen erlauben, als sie beispielsweise in relationalen Anfragesprachen möglich ist. Bereits die ersten Sprachentwürfe wie CABLE [Sho78] oder CLEAR [Poo78] zeigten, wie die 'relationships' des ER-Modells zur Vermeidung der in relationalen Anfragen unerläßlichen Verbunde eingesetzt werden können. Ansonsten waren beide Vorschläge in ihrer Mächtigkeit noch sehr beschränkt. Inzwischen existiert eine breit gefächerte Vielfalt an mächtigeren Anfragesprachen für das ER-Modell. Das Angebot reicht von sehr prozeduralen Sprachen, wie beispielsweise der algebraischen Sprache von [CEC85], über mehr deskriptive Sprachen wie GORDAS [ElW81, EWH85], hin bis zu graphik-unterstützten Ansätzen wie der graphischen Variante [ElL85] von GORDAS, HIQUEL [UrZ83] oder dem QBE-ähnlichen GQL/ER [ZhM83]. Einen wiederum vollständig anderen Charakter weisen ERROL [MaR83b] und DESPATH [Roe85] auf. Beide sind formale Sprachen, deren syntaktische Konzepte sich an natürlichsprachlichen Sätzen orientieren.

Inzwischen sind – nicht nur für das ER-Modell – Anfragesprachen herangereift, die sehr mächtige programmiersprachen-ähnliche Berechnungen wie die transitive Hülle, Arithmetik oder aggregierende Funktionen mit in den Sprachentwurf aufnehmen, so daß die Sprachkonstrukte in ihrer Syntax und Bedeutung mitunter sehr komplex sind. Die Sprachdefinitionen werden den daraus resultierenden Anforderungen in keiner Weise gerecht. So besitzen die Sprachen allenfalls eine formale Syntax als kontextfreie Grammatik, während die Semantik in der Regel anhand von Beispielen erläutert wird.

In diesem Kapitel werden wir aufzeigen, wie eine vollständige Sprachspezifikation vorgenommen werden kann. Hierzu stellen wir die Anfragesprache SQL/EER [HoE90, HoE92] der 4-Schichten-Spezifikation (vgl. Abschnitt 1.1) im Detail vor.

Im folgenden geben wir in Abschnitt 8.1 eine Spracheinführung in SQL/EER und präsentieren die konkrete Syntax in Form einer erweiterten Backus-Naur-Form. Die Grammatik legt zunächst die kontextfreie Syntax fest, ergänzt durch eine informelle Beschreibung der kontextsensitiven Zusammenhänge. Die Grundzüge einer formalen Handhabung kontextsensitiver Regeln werden anschließend in Abschnitt 8.2 aufgezeigt. Die kontextfreie Syntax wird zu einer attributierten Grammatik erweitert, mit Hilfe derer eine vollständig formale Spezifikation der Sprache erfolgen kann. In einem einheitlichen Formalismus lassen sich zum einen die kontextsensitiven Regeln formalisieren, zum anderen kann die Semantik der Sprache durch eine formale Transformation in den EER-Kalkül definiert werden. Die wesentlichen Aspekte der Semantikdefinition werden in Abschnitt 8.3 beschrieben.

Zum Abschluß des Kapitels wird in Abschnitt 8.4 die Implementierung von SQL/EER auf einem zugrundeliegenden relationalen System behandelt. Der Begriff Implementierung ist dabei nicht im strengen Sinne zu sehen: Wir beschreiben eine schrittweise, modulare Transformation von SQL/EER in eine relationale Anfragesprache, vorzugsweise SQL, deren formale Handhabung auch für den logischen Entwurf Relevanz hat.

8.1   Kontextfreie Syntax von SQL/EER

Die Anfragesprache SQL/EER wurde SQL-ähnlich konzipiert, letztendlich weil SQL [Dat89] zum Standard für relationale Systeme herangewachsen ist. SQL ist zum Maßstab für eine gewisse Funktionalität wie aggregierende Funktionen geworden, die erst durch SQL in Datenbanksprachen Einzug erhalten haben. Die Bedeutung von SQL wird auch dadurch dokumentiert, daß eine Vielzahl an erfolgreichen SQL-Erweiterungen für andere Datenmodelle existiert. Hierzu zählen beispielsweise SQL/NF [RKB87] oder HDBL [PiA86] für das NF^2-Modell und Lambda [Vel85] oder CERMoQL [ScR89] für ER-Varianten. Diese Entwicklung hat sich auch auf die objekt-orientierten Datenbanksysteme fortgesetzt, wo neben einigen Vorläufern oder Prototypen (z.B. [Bee88]) inzwischen nahezu jeder namhafte Hersteller seine Form eines "Object SQL" anbietet. Als Beispiel sei hier O_2 [Deux90] genannt.

Obgleich der Nähe zu SQL ist SQL/EER eine durchweg kalkülbasierte Anfragesprache, d.h. sie wurde ausgehend vom EER-Kalkül definiert. Die Umsetzung der Kalkülkonzepte in eine Anfragesprache ist unbestreitbar der richtige Weg zu einem orthogonalen und semantisch fundierten Sprachentwurf, da hiermit die Garantie einer gesicherten Abstützung der Sprachkonzepte verbunden ist.

Im folgenden werden wir zunächst einmal die Syntax von SQL/EER in einer erweiterten Backus-Naur-Form (BNF) schrittweise entwickeln und durch informelle kontextsensitive Bedingungen anreichern. Die Präsentation wird anhand vieler Beispiele illustriert, die ein Verständnis der Semantik wecken sollen.

Die Abstammung vom EER-Kalkül hat die Sprache sehr deutlich geprägt. Somit besteht die Grundstruktur der Grammatik aus den Nonterminalsymbolen QUERY, TERM, FORMULA, DECL und RANGE zur Repräsentation der aus dem Kalkül bekannten syntaktischen Kategorien.

Das grundlegende Konzept von SQL/EER ist der für SQL charakteristische *SFW-Term*, der gewissermaßen einem Multiterm $\{ t_1, \ldots, t_n \mid \delta_1 \wedge \ldots \wedge \delta_k \wedge \phi \}$ des Kalküls entspricht:

$$\textit{select}\ \text{TERMLIST}\ \textit{from}\ \text{DECLLIST}\ [\ \textit{where}\ \text{FORMULA}\ ]$$

Im Vergleich zum SQL-Standard [Dat89] und der NF^2-Variante SQL/NF [RKB87] wird auf das *group-by-having* vollständig verzichtet. Diese Tatsache ist eher positiv als negativ anzusehen, da sich gerade dieses Konstrukt der Kritik von Date [Dat84] wegen fehlender Orthogonalität ausgesetzt sah. Andererseits erlaubt SQL/EER (wie auch der EER- und der REL-Kalkül) eine weniger prozedurale Formulierung einer Gruppierung, so daß insbesondere keine Einbußen an Mächtigkeit entstehen.

TERMLIST und DECLLIST stellen eine BNF-Notation der durch Kommata separierten Terme bzw. Deklarationen dar:

> TERMLIST ::= TERM [, TERMLIST]
>
> DECLLIST ::= DECL [, DECLLIST]

Die SFW-Terme sind der Grundbaustein für Anfragen. Eine Verwendung als Anfrage impliziert natürlich, daß keine freien Variablen enthalten sein dürfen. Wie im Kalkül können auch andere, mehrwertige Terme als Anfragen verwendet werden, sofern diese ebenfalls keine freien Variablen besitzen:

> QUERY ::= SFW-TERM | TERM

Jede Anfrage muß ein datenwertiges Ergebnis besitzen, d.h. es ist nicht möglich, *Entities* zu selektieren. Diese Einschränkung gilt nur für Anfragen. Wird ein SFW-Term aber als Term (im Sinne einer Unteranfrage) verwendet, so gilt diese Restriktion nicht.

Terme, Deklarationen und Formeln unterliegen leichten Modifikationen gegenüber dem EER-Kalkül. Im wesentlichen wird die aus SQL bekannte Punktnotation $x.a$ anstelle der Kalkülnotation $a(x)$ zur Anwendung von unären Operationen wie Attributen verwendet. Die Deklarationen werden analog zu HDBL [PiA86, PiT86] als x_j *in* ρ_j notiert. Neben derartigen rein syntaktischen Differenzen gibt es diverse Vereinfachungen in der Schreibweise, quasi als "syntaktische Verzuckerung" des Kalküls.

Das Bildungsmuster der **Terme** orientiert sich in den wesentlichen Zügen am EER-Kalkül, was durch folgende Produktionen verdeutlicht wird:

TERM ::= VARIABLE		CONSTANT	(T_1)
	DATAOPNS (TERMLIST)		(T_2)
	DATAOPNS TERM		TERM DATAOPNS TERM	
	TERM . ATTRIBUTE		ATTRIBUTE	(T_3)
	TERM . COMPONENT		COMPONENT	(T_4)
	TERM . ROLE		TERM . ENTITYTYPE	(T_5)
	ind TERM		AGGROPNS (TERM)	(T_6)
	TERM '[' INTEGER ']'		TERM . INTEGER	(T_7)
	distinct TERM		(SFW-TERM)	(T_8)

Weitere Produktionen, die Datenoperationen (DATAOPNS), Attribute (ATTRIBUTE), Komponenten (COMPONENT) oder Rollennamen (ROLE) aus Zeichenketten zusammensetzen, werden der Einfachheit halber weggelassen. Ebenso gehen wir davon aus, daß die zusammengesetzten Zeichenketten auch Elemente des jeweiligen EER-Schemas darstellen. Derartige kontextsensitive Regeln sind Gegenstand des Abschnitts 8.2.

Die Termbildung weicht von der funktionalen Notation des Kalküls ab, indem Attribute (T_3), Komponenten (T_4), Rollennamen und Typkonvertierungen (T_5) in der SQL-üblichen Punktnotation dargestellt werden. Viele der im EER-Kalkül zu den Beispielen eingeführten Vereinfachungen finden sich in SQL/EER wieder. Das fängt an bei Infix-Notationen für binäre Datenoperationen (T_2) und hört auf bei den aggregierenden Funktionen *sum*, *avg*, *min* oder *max*, subsumiert unter *AGGROPNS* (T_6), die ja in der induzierten Operation Apl ihren Ursprung haben. Nichtsdestoweniger drückt die Grammatik in dieser Form nicht alle wünschenswerten syntaktischen Vereinfachungen aus. So finden Prioritätsreihenfolgen für Operationen oder Klammereinsparungsregeln keine Berücksichtigung. Diese sind für einen einfachen Gebrauch einer Sprache sinnvoll und sollten in einer formalen Sprachspezifikation auch enthalten sein, erfordern aber andererseits einen formalen Mehraufwand, der die angestrebte übersichtsartige Darstellung zu sehr aufblähen würde.

Das Nonterminalsymbol AGGROPNS (T_6) repräsentiert nur die aus Anfragesprachen bekannten aggregierenden Funktionen. Die anderen durch Sortenausdrücke induzierten Operationen werden in den Produktionen getrennt aufgeführt. Dabei entspicht *ind* dem Ind, während *distinct* eine Duplikateliminierung verursacht und somit die Operationen BtS und LtS je nach Art der Operanden vereinigt (T_8). Für spezielle induzierte Operationen wird eine suggestivere Notation verwendet (T_7): In SQL/EER wird *p.Adr[i]* anstelle von Sel(Adr(p),i) und *x.1* anstatt Prj$_1$(x) notiert.

Beispiel 8.1 (siehe Beispiel 6.14 (10))

Die Minister Italiens zusammen mit ihrer Positionsnummer (in der Liste der Minister)

> *select l.Minister[i].PName , i*
> *from   i in ind l.Minister , l in LAND*
> *where l.LName = 'Italien'*   □

Die jeweils zweite Form der Attribute (T_3) und Komponenten (T_4) ist den *impliziten Variablen* gewidmet, bei der – unter Einhaltung gewisser Regeln – die Angabe einer Variablen nicht erforderlich ist. Im Beispiel 8.1 kann das Attribut LName eindeutig der Variablen *l* zugeordnet werden (LName ist ein Attribut von LAND und es gibt nur eine Variable dieses Typs), so daß *l* im Term *l.LName* weggelassen werden darf. Das gleiche gilt für die anderen Vorkommen von *l* in Termen. Findet eine Variable *x* keinerlei Verwendung mehr in einer Anfrage, so kann auch eine Deklaration *x in ρ* zu einfach *ρ* abgekürzt werden. Mehrdeutigkeiten dürfen durch das Weglassen natürlich nicht entstehen. Die in den Termen nicht explizit verwendete Variable heißt *implizit*, ebenso wie die Deklaration, die keine explizite Variable mehr deklariert, als *implizit* bezeichnet wird.

Ähnlich den Multitermen lassen sich SFW-Terme in jedem Kontext verwenden, wo ein multimengenwertiger Term erwartet wird (T_8). Auf diese Weise können in der aus dem Kalkül bekannten Weise Anfrageergebnisse beliebig geschachtelt werden (vgl. Beispiel 6.14 (4c)):

Beispiel 8.2 *Adressen der Minister der demokratischen Länder*

select (select Adr
*   from   distinct l.Ministers)*
from   l in LAND
where l.Regform = 'demokratisch' □

Der innere SFW-Term verwendet eine implizite Variable des Typs **PERSON**.

Deklarationen binden Variablen an einen endlichen Wertebereich. Dem Kalkül folgend, kommen als Bereich entweder Entitytypen, Relationshiptypen, mengenwertige Terme, wie SFW-Terme oder auch *distinct l.Minister* (vgl. Beispiel 8.2), und eine Vereinigung (*union*) kompatibler Bereiche in Frage.

```
DECL          ::= [ VARIABLE in ] RANGEUNION
RANGEUNION ::= RANGE [ union RANGEUNION ]
RANGE         ::= ENTITYTYPE   |   RELSHIPTYPE   |   TERM
```

Relationship-Variablen (d.h. mit einem Relationshiptyp als Bereich) erlauben wie im Kalkül den Zugriff auf Attribute von Relationships. Rollennamen (vgl. (T_6)) können verwendet werden, um die Variablen mit den partizipierenden Entities in Beziehung zu setzen. Beispiel 6.14 (1) läßt sich somit folgendermaßen formulieren:

Beispiel 8.3 *Die Namen aller italienischen Flüsse*

select fd.Fluß.FName
from   fd in fließt-durch
where fd.Land.LName = 'Frankreich' □

Ein anderes Beispiel manifestiert die Orthogonalität, indem ein SFW-Term sowohl innerhalb eines Zielterms als auch als Bereich verwendet wird. Diese Anfrage ist nicht direkt in SQL formulierbar!

Beispiel 8.4 (siehe Beispiel 6.14 (8))

Bestimme die maximale Einwohnerzahl über allen Ländern mit derselben Regierungsform und berechne den Durchschnitt dieser Maxima.

avg (select max (select l.LEinw
*   from l in LAND*
*   where l.Regform = f)*
*   from f in distinct (select l.Regform*
*   from l in LAND))* □

Die aus dem EER-Kalkül bekannten Deklarationsfolgen sind auch in SQL/EER möglich, jedoch wird kein Semikolon zur expliziten Kennzeichnung der Folge verwendet, sondern ein Komma. Das Semikolon war im Kalkül zur formalen Definition der Semantik notwendig. Dennoch gelten dieselben Konventionen, die eine Reihenfolge im Sinne der Deklarationsfolgen fordern.

Das folgende Beispiel entspricht der Deklaration aus Beispiel 6.12 (2) und demonstriert die Verwendung einer Deklarationsfolge und einer Vereinigung von Bereichen:

Beispiel 8.5

Die Namen aller in STADT oder innerhalb einer Adresse vorkommenden Städte

> *select str*
> *from   str in distinct (select st*
> *   from st in STADT)*
> *   union distinct (select city(a)*
> *   from a in distinct p.Adr , p in PERSON)*   □

Formeln besitzen eine dem Kalkül vergleichbare Struktur bestehend aus Datenprädikaten (DATAPRED), vordefinierten Prädikaten (Gleichheit '=', Elementabfrage *in*, Test *is null* auf 'undefiniert' konträr zu ∂). Darüber hinaus lassen sich auch Relationshiptypen als Prädikate einsetzen, wobei prinzipiell eine Infix-Notation erlaubt ist.

```
FORMULA ::= PARTICIPANT RELSHIPTYPE PARTICIPANT
        |  RELSHIPTYPE ( PARTLIST )  |  DATAPRED ( TERMLIST )
        |  TERM DATAPRED TERM        |  DATAPRED TERM
        |  TERM = TERM               |  TERM in TERM
        |  TERM is-a ENTITYTYPE      |  TERM is null
        |  TERM                      |  not FORMULA
        |  ( FORMULA and FORMULA ) | ( FORMULA or FORMULA )
        |  ( FORMULA implies FORMULA )
        |  forall DECLLIST [ with FORMULA ] : FORMULA
        |  exists DECLLIST : FORMULA
```

Die Teilnehmer an Relationship-Prädikaten sind dabei wie folgt spezifiziert:

```
PARTLIST     ::= PARTICIPANT [ , PARTLIST ]
PARTICIPANT ::= [ ROLE . ] PARTLIST
```

Die Formeln in SQL/EER verwenden eine "ausgeschriebene" Form der logischen Konnektive als *or, and, implies* und *not* wie auch der Quantoren als *forall* und *exists*. Im Gegensatz zum Kalkül besteht die Möglichkeit, mehrere Variablen in einem Schritt zu quantifizieren, zum anderen erhält *forall* eine erweiterte *with*-Form, die dem häufig vorkommenden Quantifizierungsmuster *"für alle Dinge mit einer bestimmten Eigenschaft tue ..."* Rechnung trägt:

Beispiel 8.6 *Alle "potentiell schmutzigen" Flüsse, die nur in Gewässer mit einer Belastung größer als 10 münden*

> *select FName*
> *from   f in FLUSS*
> *where forall g in GEWÄSSER with Belastung > 10 : f mündet-in g*   □

Wie im Kalkül bereits als Abkürzung eingeführt, werden Relationshiptypen $r(n_1{:}e_1,\ldots,n_m{:}e_m)$ als Prädikate $r(n_1 : t_1,\ldots,n_m : t_m)$ verwendet. Im Gegensatz zum Kalkül ist die Reihenfolge der Terme irrelevant. Kann aber keine eindeutige Zuordnung der Terme zu den Rollen getroffen werden, so müssen die Rollennamen angegeben werden. Während für n-äre Relationshiptypen nur die Präfixform in Frage kommt, können binäre auch in einer lesbareren Infix-Notation verwendet werden, z.B. *f mündet-in g*.

Terme der Sorte **bool** können direkt als Formeln benutzt werden, wodurch beispielsweise die Formel *Schiffbar = true* zu *Schiffbar* abgekürzt werden kann.

Das Prädikat **is-a** ist den Typkonstruktionen gewidmet und stellt eine vereinfachende Schreibweise dar, die auch durch Typkonvertierungen gleichwertig ausgedrückt werden kann, aber recht häufig Verwendung findet.

Beispiel 8.7 *Wieviel Prozent der Städte sind keine Hafenstädte?*

> *cnt (select st from st in STADT where not st is-a HAFENSTADT) * 100*
> */*
> *cnt (select st from st in STADT)*   □

Entsprechend der Kalkülsemantik enthält STADT alle Städte, also insbesondere auch die Hafenstädte. Die Formel *st is-a HAFENSTADT* entspricht der Formel

$$not\ exists\ h\ in\ HAFENSTADT : h.STADT = st$$

mit der Typkonvertierung STADT: HAFENSTADT → STADT, so daß der erste *cnt*-Term die Anzahl der Städte bestimmt, die keine Hafenstadt sind.

Ein weiteres wichtiges Konzept wird als *Vererbung* bezeichnet: Attribute und die Teilnahme an Relationshiptypen werden jeweils von Eingangstypen einer Typkonstruktion auf die Ausgangstypen vererbt. Selbstverständlich erfolgt die Vererbung auch mehrstufig. Um Namenskonflikten aus dem Weg zu gehen, wird gefordert, daß Vererbung nur über Typkonstruktionen mit genau einem Eingangstyp möglich ist.

Beispiel 8.8 *Namen der Städte, die an schiffbaren Gewässern liegen*

> *select h.StName*
> *from   h in HAFENSTADT , g in GEWÄSSER*
> *where h liegt-an g and g.Schiffbar*   □

Obwohl das Attribut StName nicht zu HAFENSTADT gehört, kann es dennoch auf eine Variable *h* des Typs HAFENSTADT angewendet werden, da das Attribut von STADT ererbt wird. Die Langform unter Verwendung von Typkonversionen würde *h.STADT.StName* lauten.

Analog hat *h liegt-in l* mit *h* vom Typ HAFENSTADT und *l* vom Typ LAND die "Bedeutung" *h.STADT liegt-in l*, d.h. HAFENSTADT nimmt aufgrund der Vererbung implizit an der Beziehung liegt-in teil.

Als letztes Beispiel demonstrieren wir noch einmal die Orthogonalität von SQL/EER:

Beispiel 8.9 (siehe Beispiel 6.14 (7)) *Zu jedem Land den Namen, den Namen des Präsidenten und die Differenz zwischen der Einwohnerzahl des Landes und der Summe der Einwohnerzahlen der Städte in diesem Land*

> *select LName , Präsident.PName , LEinw − **sum** (select StEinw*
> $\qquad\qquad\qquad\qquad\qquad\qquad\qquad\qquad$ *from st in STADT*
> $\qquad\qquad\qquad\qquad\qquad\qquad\qquad\qquad$ *where st liegt-in l)*
>
> *from l in LAND* $\qquad\qquad\qquad\qquad\qquad\qquad\qquad\qquad\qquad\qquad\qquad$ □

8.2   Kontextsensitive Syntax von SQL/EER

Die Diskussion der Syntax der Sprache SQL/EER hat gezeigt, daß sich viele (kontextsensitive) Regeln nicht in der kontextfreien Grammatik ausdrücken lassen, als da beispielsweise sind:

- Der Zusammenhang von Namen zum EER-Schema,

- Die Deklaration von Variablen vor ihrer Verwendung oder

- Typprüfungen, d.h. die korrekte Verwendung von Operationen wie Attributen.

Eine *kontextsensitive* Grammatik wäre zwar dazu in der Lage, würde aber die Syntax sehr länglich und schwer verständlich machen. Ein besserer Weg ist es, die kontextfreie Grammatik beizubehalten und zu einer attributierten Grammatik (vgl. Definition 7.8) zu erweitern: Die Symbole der Grammatik erhalten *Attribute* [28], und *Regeln* zu den Produktionen definieren die Belegung der Attribute. Unter Verwendung der Attribute lassen sich kontextsensitive Bedingungen sehr einfach formal formulieren. Ein weiterer Vorteil gegenüber einer rein kontextsensitiven Grammatik besteht darin, daß die Semantikdefinition im selben Formalismus integriert werden kann.

Grundsätzlich ist zu bemerken, daß die Definition des Kalküls (als semantische Grundlage von SQL/EER) eine Spezifikation aller kontextsensitiven Bedingungen beinhaltet. So wird dem Zusammenhang zum Datenbank-Schema beispielsweise im Kalkül formal Rechnung getragen, indem von einer konkreten Datenbank-Signatur *DB(DT)* ausgegangen wird und die Definition auf den Mengen der Datenbank-Signatur basiert. Auch die anderen kontextsensitiven Regeln sind alle formal im Kalkül definiert, wobei Hilfsfunktionen zum Einsatz kommen. Auf diese Weise läßt sich mittels *free* und *decl* die Benutzung von Variablen nach ihrer Deklaration fordern, oder durch *sort* eine Typüberprüfung durchführen.

Die attributierte Grammatik hat diesbezüglich die Aufgabe, die Hilfsfunktionen einschließlich der an ihnen geknüpften Bedingungen in Attribute und Regeln der kontextfreien Grammatik zu SQL/EER umzusetzen.

---

[28] Der Begriff 'Attribut' wird hier wiederum in zweierlei Bedeutungen verwendet, in der einer attributierten Grammatik und in der eines EER-Schemas.

Wir betrachten dazu das einfache Beispiel des Zusammenspiels von Zeichenketten und EER-Schemata, um einen Einblick in die Problematik zu geben. Zeichenketten werden in der Grammatik durch die Produktionen

$$\text{CHARACTER} ::= A \mid ... \mid Z \mid a \mid ... \mid z \mid ... \mid 0 \mid ... \mid 9 \mid - \qquad (1)$$
$$\text{STRING}_0 \quad ::= \text{CHARACTER} [\text{STRING}_1] \qquad (2)$$

gebildet. Die Nonterminalsymbole **CHARACTER** und **STRING** erhalten ein Attribut *String*, das die konkret zusammengesetzte Zeichenkette repräsentiert. Wurden die Produktionen beispielsweise zur Bildung von "LName" verwendet, so enthält das Attribut *String* von **STRING** den Wert "LName". Entsprechende Hilfsregeln ('aux') zur attributierten Grammatik legen dieses Verhalten formal fest:

$$\text{aux: CHARACTER}.String = A \mid ... \mid Z \mid a \mid ... \mid z \mid ... \mid 0 \mid ... \mid 9 \mid - \qquad \text{zu } (1)$$
$$\text{STRING}_0.String \quad = \text{CHARACTER}.String [\text{STRING}_1.String] \qquad \text{zu } (2)$$

Die durch '|' separierten Alternativen wie auch die optionalen Teile sollen dabei korrespondieren. Hat man erst einmal die gebildete Zeichenkette in Form des Attributs *String* zur Verfügung, so läßt sich formal spezifizieren, daß die Zeichenkette ein Attributname des EER-Schemas *EER(DT)* sein muß:

$$\text{ATTRIBUTE} ::= \text{STRING}$$

cs: **STRING**.*String* ϵ *ATTR*
aux: **ATTRIBUTE**.*Name* = **STRING**.*String*

Zur Erinnerung: *ATTR* ist eine syntaktische Kategorie der EER-Signatur (vgl. Definition 4.14), die alle Attributnamen eines EER-Schemas enthält. Auf diese Weise wird gewissermaßen ein formaler Zugriff auf die Schema-Information realisiert. Ist die kontextsensitive 'cs'-Bedingung erfüllt, so wird die Zeichenkette zu einem nun zertifizierten **ATTRIBUTE**.*Name*. Dieser kann zur Typprüfung herangezogen werden:

$$\text{TERM}_0 ::= \text{TERM}_1 . \text{ATTRIBUTE}$$

cs: **TERM**$_1$.*Sort* ϵ *source*(**ATTRIBUTE**.*Name*)

Mit anderen Worten muß die Sorte *Sort* von **TERM**$_1$ der *source* des Attributs entsprechen, damit das Attribut zur Anwendung in einem Term **TERM**$_0$ kommen kann. Auch hier existiert ein direkter Bezug zur EER-Signatur über die Hilfsfunktion *source*.

Die Typprüfung berücksichtigt in dieser Form nicht die Vererbung von Attributen. Hierzu ist weiterer formaler Aufwand erforderlich, der eine Hilfsfunktion *Origin* : **E-TYPE** $\rightarrow$ **E-TYPE*** einführt, um zu gegebenem Entitytyp **e** eine Liste *Origin*(**e**) = <**e**$_1$,...,**e**$_p$> seiner Vorgänger im Sinne der Typkonstruktion zu ermitteln: **e** ist Ausgangstyp einer Typkonstruktion, die einen Eingangstyp **e**$_1$ besitzt, der wiederum Ausgangstyp einer Typkonstruktion ist, die einen Eingangstyp **e**$_2$ besitzt, und so fort, bis einmal ein nicht-konstruierter Entitytyp **e**$_p$ erreicht ist. Die 'cs'-Regel von oben kann dann wie folgt abgeändert werden:

$$\text{cs: es existiert } \mathbf{e} \; \epsilon \; \textit{Origin}(\textbf{TERM}_1.\textit{Sort}) : \mathbf{e} \; \epsilon \; \textit{source}(\textbf{ATTRIBUTE}.\textit{Name})$$

Ein Attribut kann also nur auf einen Term angewendet werden, wenn sich ein Vorgänger der Termsorte findet, der das Attribut besitzt. Die Definition von *Origin* stellt dabei die sachgemäße Verwendung der Vererbung sicher, d.h. daß Vererbung nur von Eingangstypen auf Ausgangstypen einer Typkonstruktion erfolgt, wobei auch nur genau ein Eingangstyp existieren darf.

Ein weiterer zu behandelnder Punkt betrifft die impliziten Variablen. Zur formalen Spezifikation muß eine Symboltabelle (als Attribut) eingeführt und verwaltet werden, in der alle Variablen abgelegt werden. Zu den impliziten Deklarationen sind dabei künstliche Variablennamen (durch *GENVAR*, vgl. Annahme 7.9) zu generieren. Bei Verwendung einer impliziten Variable in einem Term muß somit in der Symboltabelle eine eindeutige Variable des aus dem Kontext der Benutzung zu ermittelnden Typs gefunden werden, um Mehrdeutigkeiten zu vermeiden.

Einzelheiten hierzu sowie eine vollständige kontextfreie und kontextsensitive Spezifikation von SQL/EER lassen sich in [HoE92] nachlesen.

8.3 Semantik von SQL/EER

Im Vergleich zum Programmiersprachenbereich sind die Methoden zur Definition der Semantik von Anfragesprachen ungeachtet der nicht minder hohen Relevanz nur ungenügend erforscht. Eine der wenigen Ausnahmen bildet die Sprache NE-TUL [SuM86], die einen denotationalen Semantikansatz verwendet [Sub87]. NETUL basiert auf dem ER-Modell, wobei eine konkrete Modellierung als vernetzte Datenstruktur ähnlich einem Netzwerk des Netzwerkmodells aufgefaßt und als Speicherzustand formalisiert wird. Das Verständnis eines Datenbankzustands als Datenstruktur macht diesen Ansatz direkt implementierbar. Andererseits resultiert daraus eine geringe Flexibilität gegenüber Erweiterungen des Datenmodells. Die Sprache NETUL ist aufgrund ihrer einfachen Strukturierung orthogonal, was aber zu einer – auch wenn NETUL als deskriptiv bezeichnet wird – prozeduralen, schrittweisen Formulierung von Anfragen führt, deren Semantik nicht gerade intuitiv verständlich ist.

Eine andere, häufig verwendete Möglichkeit der Semantikdefinition stellt die formale Übersetzung der Anfragesprache in eine exakt definierte Zielsprache dar. Im Sinne der Semantik von Programmiersprachen [Pag81, AlS88] ist diese Methode als Übersetzung zu bezeichnen, doch kommt sie der denotationalen Semantikdefinition nahe, da sich die Übersetzung formal definieren läßt als eine Funktion

$$\text{Sem : Anfragesprache} \rightarrow \text{Zielsprache} \,,$$

die jede Anfrage der Sprache in einen Ausdruck der Zielsprache abbildet. In dieser Form spezifiziert [TuL85] die Übersetzung des SQL-Kerns d.i. im wesentlichen der Teil ohne aggregierende Funktionen, in einen als abstraktes META-IV-Modell gekleideten Kalkül. Die Übersetzungsfunktion wurde ebenfalls in der Spezifikationssprache META IV [BjJ78] formalisiert. Ähnlich transformiert [Gog90] den SQL-Kern auf einen erweiterten Relationenkalkül. Weniger formale Übersetzungen bilden (Teile von) SQL in den Tupelkalkül [PBGG89] oder Erweiterungen davon [Bül87, NPS91] ab.

Die Übersetzung einer Anfragesprache in einen mehr oder weniger expliziten Kalkül stellt somit den Stand der Technik im Bereich der Datenbanken dar. Wir folgen dem Grundprinzip der Übersetzungssemantik: SQL/EER wird in den EER-Kalkül transformiert, der sich aufgrund seiner Mächtigkeit als formale Zielsprache unmittelbar eignet.

Prinzipiell gibt es mehrere Methoden zur formalen Definition der Übersetzung. Zum einen läßt sich die bereits oben erwähnte Spezifikationssprache META IV verwenden. Wir geben allerdings wiederum dem Formalismus einer attributierten Grammatik den Vorzug, da dieser bereits zur Spezifikation kontextsensitiver Regeln herangezogen wurde, so daß die komplette Sprachdefinition in einem einheitlichen formalen Mechanismus in kompakter Form vollzogen werden kann.

Zur formalen Handhabung der Übersetzung wird die attributierte Grammatik um sogenannte "Code"-Attribute und Transformationsregeln angereichert [HoE90, HoE92]. Das Prinzip ähnelt sehr stark der Kalkül-Transformation, so daß wir das Verfahren nur skizzieren wollen. Als Attribute werden *Query*, *Term*, *Formula*, *Decl* und *Range* eingeführt, die den gleichnamigen Nonterminalsymbolen zugeordnet sind. Diese Attribute dienen der Übersetzung der jeweiligen syntaktischen Kategorien: *Query* beschreibt die Übersetzung der Anfragen, *Term* die der Terme, und so fort. Die Berechnung der Attributwerte wird formal durch Transformationsregeln ('tr') definiert. Nach Ausführung der Regeln zu gegebener SQL/EER-Anfrage enthält *Query* eine äquivalente Anfrage im EER-Kalkül. Zur Erläuterung des Prinzips werde die Startproduktion für *select-from-where*-Anfragen betrachtet:

QUERY ::= SFW-TERM

tr: QUERY.*Query* = SFW-TERM.*Term*

Die Übersetzung der durch QUERY repräsentierten Anfrage ergibt sich direkt aus der Transformation des SFW-Terms. Dieser wiederum wird durch

SFW-TERM ::= *select* TERMLIST
            from DECLLIST
        [*where* FORMULA]

tr: SFW-TERM.*Term* = $\{$ TERMLIST.*Term* | DECLLIST.*Decl*
                            [$\wedge$ FORMULA.*Formula*] $\}$

zu einer Zeichenkette, einem Multiterm $\{$ ... $\}$, ausgewertet. Entsprechend erfolgt die Transformation von TERMLIST, DECLLIST und FORMULA, wozu im allgemeinen mehrere Schritte notwendig werden. Die Attribute *Term*, *Decl* und *Formula* enthalten jeweils den aus der Transformation resultierenden Kalkülausdruck.

Aufgrund der ausführlichen Erläuterung der ähnlich gelagerten Kalkül-Transformation beschränken wir uns im folgenden auf eine Zusammenstellung der grundsätzlich zu behandelnden Punkte, ohne jedoch auf Details ihrer technischen Realisierung einzugehen. Eine vollständige Spezifikation der Semantik kann wieder in [HoE92] gefunden werden.

Prinzipiell hat die attributierte Grammatik die Aufgabe, alle Differenzen zwischen SQL/EER und dem EER-Kalkül zu überbrücken. Im einfachsten Fall handelt es sich dabei um unterschiedliche Notationen, beispielsweise *or* statt '∨', *in* statt '∈', *forall* statt '∀', *cnt* statt Cnt, *x in* ρ statt (x:ρ) oder *select-from-where* statt der formellen Multiterm-Syntax. Größere Transformationsprobleme treten dabei nicht zutage. Auch die in SQL/EER mögliche Infix-Notation läßt sich recht einfach in die Kalkül-übliche funktionale Notation umsetzen. Diffiziler zu handhaben sind da schon die speziellen Konstrukte wie *forall-with* oder das *is-a*-Prädikat, die im Kalkül in dieser Form nicht zur Verfügung stehen und zu deren Umsetzung bereits längere Kalkülausdrücke zu generieren sind. Als Beispiel betrachten wir die formale Umsetzung der *is-a*-Prädikate:

FORMULA ::= TERM *is-a* ENTITYTYPE
    Sei **e** = ENTITYTYPE.*Name* und x = *GENVAR*(**e**):
tr: FORMULA.*Form* = ∃(x:e) (e(TERM.*Term*) = x)

Interessant ist die Behandlung der impliziten Variablen und der Vererbung. Hier reicht es nicht mehr aus, relativ einfache syntaktische Ersetzungen durchzuführen; weitere Hilfsfunktionen werden benötigt. Die Behandlung der impliziten Variablen kann sich dabei auf die bei der Spezifikation der kontextsensitiven Syntax einzuführende Symboltabelle stützen. Eine implizite Variable läßt sich explizit machen, indem die künstlich generierten Variablen, die aufgrund der kontextsensitiven Regeln eindeutig auffindbar sind, verwendet werden.

Bei der Vererbung von Attributen ist der durch *Origin* verwaltete Konstruktionspfad (im Sinne der Typkonstruktion) zurück zum Entitytyp, der das Attribut besitzt, zu ermitteln und unter Verwendung von Typkonvertierungen im Kalkül explizit nachzubilden. Analoges gilt für die vererbte Partizipation in Relationshiptypen.

Generell ist zu beachten, daß eine attributierte Grammatik aus einem System sich gegenseitig aufrufender Funktionen besteht, so daß es im allgemeinen keineswegs sichergestellt ist, daß jeder Aufruf der Übersetzungsfunktion auch terminiert. Ebensowenig ist garantiert, daß das Ergebnis einer konkreten Übersetzung ein korrekter Ausdruck der Zielsprache ist. Beide Eigenschaften – Terminierung und Wohldefiniertheit der Abbildung – wären somit zu verifizieren. Die Spezifikation von SQL/EER erfüllt selbstverständlich beide Kriterien.

Abschließend läßt sich konstatieren, daß die Übersetzungssemantik im Vergleich zu den etablierten axiomatischen oder denotationalen Methoden im Programmiersprachenbereich relativ verständlich, kompakt und nachvollziehbar bleibt. Eignen sich im Prinzip auch andere formale Verfahren zur formalen Definition der Transformation, so besitzen die attributierten Grammatiken den Vorteil, daß sie als direkte Implementierungsvorgabe einsetzbar sind.

8.4 Aspekte der Implementierung von SQL/EER

Im Rahmen des Projekts CADDY [EHH$^+$89] erfolgte eine Implementierung von SQL/EER auf der Grundlage eines relationalen Datenbanksystems. Aspekte der Implementierung sollen in diesem Abschnitt aus einer funktionalen Sicht beschrieben werden, ohne auf Details der Realisierung einzugehen. Dem interessierten Leser seien hierzu die Diplomarbeiten von T. Wittkugel [Wit89] und J. Schmidt [Schm89] empfohlen.

Die Implementierung erfolgt in zwei Stufen, der Modell-Transformation $\mathcal{M}$ und der darauf aufbauenden Anfrage-Transformation $\mathcal{A}(\mathcal{M})$:

- Der erste Schritt besteht darin, ein konzeptionelles Datenbankschema auf einem existierenden Datenbanksystem "gleichwertig" zu implementieren, im Kapitel 7 als Modell-Transformation formal definiert. Die Modell-Transformation $\mathcal{M}$ überführt ein EER-Schema $EER(DT^{EER})$ in ein relationales Datenbankschema REL-Schema $REL(DT^{REL})$. Neben den Konzepten des EER-Modells müssen dabei auch implizit die benutzerdefinierten Datentypen DT^{EER} des Datenschemas auf relationale Standarddatentypen DT^{REL} abgebildet werden.

- Auf der Modell-Transformation aufbauend lassen sich Anfragen übersetzen: Die Anfrage-Transformation $\mathcal{A}(\mathcal{M})$ übersetzt SQL/EER in eine relationale Anfragesprache, d.h. jede EER-Anfrage ist in eine "gleichwertige" (Folge von) relationalen Anfrage(n) zu überführen. Die Notation $\mathcal{A}(\mathcal{M})$ deutet bereits an, daß diese Transformation von der Modell-Transformation $\mathcal{M}$ abhängig ist: Schließlich sind die bzgl. einer EER-Signatur $EER(DT^{EER})$ formulierten EER-Anfragen in äquivalente relationale Anfragen bzgl. der Signatur $REL(DT^{REL})$ $= \mathcal{M}(EER(DT^{EER}))$ zu transformieren. Das aus $\mathcal{M}$ hervorgehende relationale Datenbankschema läßt sich auf einem relationalen Datenbanksystem installieren, so daß die aus $\mathcal{A}(\mathcal{M})$ resultierenden Anfragen ausgeführt werden können.

In ähnlicher Weise werden die Sprachen GORDAS [ElW81, EWH85], TDL [DDG85], LAMBDA [Roe85] auf relationalen Datenbanksystemen implementiert, indem die Relationenalgebra als Zielsprache verwendet wird. ERROL [MaR83b] wird in eine Erweiterung der Relationenalgebra, die sogenannte RRA ('reshaped relational algebra') [MaR83a] übersetzt, aber es existiert auch ein Vorschlag [SRK77] zu einer Implementierung auf der Basis des DBTG-CODASYL-Netzwerkmodells. DESPATH [Vel85] setzt auf dem ADABAS-Datenbanksystem auf, einem zumindest teilweise netzwerkorientierten System mit deskriptiver Anfrageschnittstelle.

Im Gegensatz zu den obigen Vorschlägen führen wir die Übersetzung nicht in einem Schritt durch, sondern gestalten die Anfrage-Transformation $\mathcal{A}(\mathcal{M})$ modular und flexibel, indem wir sie in drei aufeinanderfolgende Schritte unterteilen, wobei die EER- und die REL-Variante des allgemeinen Kalküls als Zwischensprachen Verwendung finden [Hoh89]:

1. Zuerst wird die EER-Anfragesprache in die EER-Variante des allgemeinen
   Kalküls, den EER-Kalkül übersetzt. Eine formale Festlegung dieses Schrittes
   definiert gleichzeitig die Semantik der Anfragesprache. Die Verwendung einer
   attributierten Grammatik, wie im Falle der Abbildung SQL/EER auf den EER-
   Kalkül, macht diesen Schritt mehr oder weniger direkt implementierbar, indem
   die Transformationsregeln in das Syntaxanalyseverfahren integriert werden. Im
   Prinzip lassen sich alle EER-Anfragesprachen in dieser Form übersetzen, wobei im Fall kalkül-orientierter Sprachen der Aufwand geringer sein wird als bei
   algebra-basierten Sprachen wie [DDG85, CEC85], begründet in der Verwendung
   der Kalküle als Zwischensprachen.

2. Als nächstes wird der EER-Kalkül in die relationale Variante des Kalküls transformiert, wie es im Rahmen der Kalkül-Transformation (siehe Abschnitt 7.2)
   demonstriert wurde. Der EER- und der REL-Kalkül sind sich in ihrer Struktur
   und Mächtigkeit sehr ähnlich, letztlich sind sie Varianten desselben, in Kapitel
   6 vorgestellten allgemeinen Kalküls. Der einzige Unterschied besteht darin, daß
   ihnen unterschiedliche Datenmodelle zugrunde liegen. Grundsätzlich orientiert
   sich dieser Schritt an der Modell-Transformation, indem EER-bezogene Sprachkonzepte in rein relationale Konzepte transformiert werden.

3. Während die ersten beiden Schritte jeweils Funktionen darstellen, die zu gegebener Anfrage genau eine äquivalente Anfrage erzeugen, ist das beim dritten
   Schritt, der Übersetzung des relationalen Kalküls in die relationale Anfragesprache, nicht mehr möglich: Der hohen Ausdrucksfähigkeit des relationalen Kalküls
   im Vergleich zu relationalen Anfragesprachen wie SQL ist nun in der Form Tri-
   but zu zollen, daß mitunter Kalkülanfragen in eine Folge von Anfragen übersetzt
   werden müssen. So erlaubt der Kalkül die Hintereinanderschaltung von aggregierenden Funktionen, beispielsweise die Berechnung des Durchschnitts (**Avg**) von
   Summen (**Sum**), was in SQL nicht mehr in einer einzelnen Anfrage ausdrückbar
   ist. Temporäre Relationen müssen dann zur Aufnahme eines Zwischenergebnis-
   ses eingerichtet werden. In ungünstigen Fällen sind selbst Zwischenrelationen
   nicht ausreichend, so daß mitunter auch programmiersprachenähnliche Kontrollstrukturen wie Sequenz, Alternative oder Wiederholung erforderlich werden. Insofern ist eine Programmiersprache mit einer Datenbank-Spracheinbettung eine
   unbedingte Notwendigkeit. Gleichfalls ist die Struktur des relationalen Anfrageergebnisses in das EER-Modell zurückzutransformieren, da das Ergebnis eine
   flache Relation darstellt, während das erwartete EER-Ergebnis eine beliebige
   Struktur besitzen kann. Aufgabe dieses Schrittes ist es auch, die Datenoperationen der benutzerdefinierten Datentypen, die in ihrer allgemeinen Form die
   Fähigkeiten relationaler Systeme übertreffen, zu implementieren.

Die Aufteilung der Transformation $\mathcal{A}(\mathcal{M})$ in drei Einzelschritte hat die folgenden
signifikanten Vorteile:

- Die an und für sich sehr komplexe und aufwendige Transformation $\mathcal{A}(\mathcal{M})$ wird in drei kleinere und *überschaubarere Transformationen* aufgespalten, die sich jeweils mit einem eingeschränkten Problemkreis, der unabhängig von den Problemen der anderen Schritte ist, auseinanderzusetzen haben. Jeder Schritt ist dadurch im Vergleich zur Gesamttransformation relativ einfach zu handhaben.

- Daraus resultiert insbesondere ein *modularer Aufbau*: Jede der drei Teiltransformationen kann unabhängig von den anderen beiden verändert werden. So kann die EER-Anfragesprache SQL/EER nur durch Änderung des ersten Schritts gegen eine andere, vielleicht graphik-orientierte Sprache ausgetauscht werden. Auch lassen sich mehrere EER-Sprachschnittstellen anbieten. Im CADDY-Projekt wurde beispielsweise als weitere, einfach zu bedienende Anfragesprache ein 'Browser' [Höl89] auf dieser Grundlage implementiert. Ebenso kann auch das zugrunde-liegende Ziel-Datenbanksystem (Schritt 3) gewechselt werden, beispielsweise von DB2 (mit SQL als Sprache) zu INGRES (mit QUEL als Sprache). Da die relationale Variante des allgemeinen Kalküls bereits die wesentlichen NF^2-Konzepte beinhaltet, ist auch der Einsatz eines NF^2-Datenbanksystems, z.B. AIM-P [PiD89] oder DASDBS [ScS89], denkbar.
  Von den drei Schritten ist nur der zweite von der Modell-Transformation abhängig; Es besteht zwar eine Abhängigkeit des Schrittes 3 vom EER-Modell aufgrund der Rücktransformation des relationalen Anfrageergebnisses, aber diese ist von $\mathcal{M}$ unabhängig. Das bedeutet, daß auch mehrere Transformationsvarianten $\mathcal{M}$ des EER-Modells mit entsprechend angepaßter Kalkül-Transformation angeboten werden können, ohne die Schritte 1 und 3 zu beeinflussen.

- Aufgrund der formalen Definition des EER-Modells und des allgemeinen Kalküls kann den Einzelschritten eine *formale Grundlage* gegeben werden. Als direkte Folge lassen sich theoretische Untersuchungen anstellen, wie beispielsweise zur Verifikation der Implementierung, insbesondere der Äquivalenzerhaltung. Diese wichtige Eigenschaft unterscheidet den Ansatz gründlich von den implementierten ER-Anfragesprachen, deren Implementierung doch mehr auf intuitiver und wenig formaler Grundlage durchgeführt wurde.

Diese schrittweise Vorgehensweise wurde im konkreten Anwendungsfall SQL/EER auf den SQL-Standard [Dat89] im Rahmen von CADDY implementiert. Prinzipiell lassen sich aber auch andere EER-Sprachen wie auch Datenbanksysteme der Implementierung zugrunde legen.

Da die ersten beiden Schritte bereits ausgiebig behandelt worden sind, werden im folgenden die Grundzüge des dritten Schrittes, der Abbildung des REL-Kalküls auf SQL, erläutert.

Diese Teiltransformation hat im wesentlichen mit den folgenden Problemen zu kämpfen:

- aggregierende Funktionen (die Struktur der Aggregierung im Kalkül weicht von SQL's **group-by-having** sehr stark ab), insbesondere die Hintereinanderschaltung von aggregierenden Funktionen,

- Geschachtelte Anfragen (SQL basiert nur auf dem "flachen" 1NF-Relationenmodell),

- Deklarationen, insbesondere Multiterme als Deklarationsbereiche, und

- Datenoperationen, die im REL-Kalkül direkt übernommen worden sind.

Die folgenden kleinen Beispiele sollen das Verständnis der auftretenden Probleme vertiefen. Sie beziehen sich alle auf die Relationenschemata aus Beispiel 7.2.

Betrachten wir zunächst einmal die Anwendung einer aggregierenden Funktion. Die relationale Kalkülanfrage

$$\Big\langle\!\Big[\ \texttt{LName(l)},$$
$$\texttt{Cnt}\Big[\!\Big[\ \texttt{Minister(m)}\mid(\texttt{m:R(Minister)})\land\texttt{Minister\$(m)=Land\$(l)}\ \Big]\!\Big]\ \Big|$$
$$(\texttt{l:R(LAND)})\land\texttt{Regform(l)='demokratisch'}\ \Big]\!\Big]$$

bestimmt zu jedem demokratischen Land den Namen und die Anzahl der Minister. Eine intuitive Umsetzung der Anfrage ergibt folgende SQL-Anfrage:

> **select** *l.LName, **Cnt**(m.Minister)*
> **from** *R(LAND) l, R(Minister) m*
> **where** *l.Land\$=m.Minister\$*
> **and** *l.Regform='demokratisch'*
> **group by** *l.LName*

Diese Anfrage ist allerdings nicht äquivalent zur relationalen Kalkülanfrage, weil Länder mit demselben Namen hier nur einmal (mit der Summe ihrer Ministeranzahlen) im Ergebnis auftreten.

Um den Kalkülausdruck gleichwertig in SQL umzusetzen, wird bereits eine Hilfsrelation R(Hilf) benötigt, die über das Attribut Land\$ anstelle von LName gruppiert, um die Identität der Länder zu erhalten:

> **insert** *into R(Hilf)*
> > **select** *l.Land\$, **Cnt**(m.Minister)*
> > **from** *R(LAND) l, R(Minister) m*
> > **where** *l.Land\$=m.Minister\$*
> > **and** *l.Regform='demokratisch'*
> > **group by** *l.Land\$*

Anschließend kann die eigentliche Information mittels eines Verbundes von R(Hilf) und R(LAND) bestimmt werden kann:

> **select** *l.LName, x.2*
> **from** *R(LAND) l, R(Hilf) x*
> **where** *l.Land\$=x.1*

Andererseits ist diese Vorgehensweise direkt für geschachtelte aggregierende Funktionen verwendbar:

Max ⊣[Cnt⊣[Minister(m) | (m:R(Minister)) ∧ Minister\$(m)=Land\$(l)]⊦
                | (l:R(LAND)) ∧ Regform(l)='demokratisch']⊦

wird transformiert zu

> *select* **Max** *(x.2)*
> *from* *R(Hilf) x*

mit derselben Hilfsrelation R(Hilf) wie oben. In diesem Fall wird die Zwischenrelation zur Aufnahme der Anzahlen benutzt, so daß eine zweite SQL-Anfrage daraufhin das Maximum darüber berechnen kann.

In ähnlicher Weise hat man zu verfahren, wenn ein Multiterm als Bereich einer Deklaration verwendet wird. Auch hier bieten Zwischenrelationen eine praktikable Lösung zur Berechnung des Bereichs, so daß eine Deklaration (x:R(Hilf)) in der eigentlichen Anfragebearbeitung erfolgen kann.

Als nächstes Beispiel werde die geschachtelte Anfrage *"Zu jedem Land die Namen der Städte, die in diesem Land liegen"* betrachtet, im REL-Kalkül formuliert als:

⊣[LName(l),
   ⊣[StName(st) | (st:R(Stadt)) ∧ ∃(li:R(liegt-in))
      (Land'\$(li)=Land\$(l) ∧ Stadt\$(li)=Stadt\$(st))]⊦
                                        | (l:R(LAND))]⊦

Diese Anfrage ist geschachtelt und deshalb in SQL nicht formulierbar. Sieht man einmal von der Schachtelung ab und begnügt sich mit der entschachtelten Form – ein nachfolgender Schritt kann in der Spracheinbettung die Schachtelung durchführen –, so liefert die naheliegende SQL-Anfrage

> *select l.LName, st.StName*
> *from R(LAND) l, R(Stadt) st*
> *where exists (select **
>   *from R(liegt-in) li*
>   *where li.Land'\$=l.Land\$ **and** li.Stadt\$=st.Stadt\$)*

nicht das gewünschte Ergebnis: Ist zu einem Land keine Stadt gespeichert, so erzeugt die Kalkülanfrage zu dieser Stadt die leere (Multi-) Menge; die obige SQL-Anfrage unterschlägt aber dieses Land, weil die ***exists***-Bedingung für dieses Land nicht erfüllt ist.

Dieser Fall ist das Paradebeispiel für die Anwendung eines 'outer join' [Dat86], dessen Verwendung zu folgender SQL-Anfrage führt:

> *select l.LName, st.StName (+)*
> *from R(LAND) l, R(Stadt) st, R(liegt-in) li*
> *where li.Land'\$=l.Land\$ **and** li.Stadt\$=st.Stadt\$*

Das '(+)' hinter *st.StName* bewirkt, daß zu jedem Land ohne Stadt ein Nullwert **null** für *st.StName* ausgegeben wird. Unglücklicherweise ist der 'outer join' kein Sprachmittel von Standard-SQL, so daß hier die folgende Lösung verwendet werden muß:

> *select l.LName, st.StName*
> *from R(LAND) l, R(Stadt) st*
> *where exists (select **
>   *from R(liegt-in) li*
>   *where li.Land'\$=l.Land\$ and li.Stadt\$=st.Stadt\$)*
> *union*
> *select l.LName, null*
> *from R(LAND)*
> *where not exists (select **
>   *from R(liegt-in) li*
>   *where li.Land'\$=l.Land\$)*

Ungeachtet der Übersetzungsprobleme bleibt als weiterer Punkt die Wiederherstellung der ursprünglichen Schachtelung, die in einer Programmiersprache erfolgen muß. Ebenso müssen Datenoperationen wie **distance** entsprechend auf dem relationalen Datentyp **bytes** (z.B. den EER-Datentyp **point** provisorisch implementierend) in der Spracheinbettung "implementiert" werden. Auch damit verbunden ist eine Rückübersetzung, die dem Benutzer die relationalen Anfrageergebnisse seiner EER-Sichtweise entsprechend aufbereitet.

Durchgehende Beispiele zu allen drei Schritten der Transformation $\mathcal{A}(\mathcal{M})$ von SQL/EER-Anfragen nach Standard-SQL lassen sich in [Hoh89] nachlesen.

Hinsichtlich einer Formalisierung bereitet dieser Schritt erhebliche Probleme, da die Semantikdefinition(en) von SQL oder anderen relationalen Anfragesprachen zu deren Implementierungen diskrepant sind. Häufig ist die durch die Implementierung vorgegebene Bedeutung sogar von systemabhängigen Faktoren beeinflußt; beispielsweise hängt die Unterdrückung wie auch die Anzahl von Duplikaten in einem Anfrageergebnis von den eingerichteten Zugriffspfaden ab. So wird es sehr schwierig werden, diese informelle "Semantik" treffend zu formalisieren. Ausgangspunkt für weitere theoretische Untersuchungen kann ein idealisiertes SQL mit einer der Realität sehr nahekommenden Semantik sein, was aus praktischer Sicht natürlich unbefriedigend ist. Hinsichtlich eines formalen Beweises der Äquivalenzerhaltung werden zusätzlich die Zwischenrelationen und die Kontrollstrukturen Probleme bereiten, die aber prinzipiell ihre Lösung in der gut erforschten Semantik von Programmiersprachen finden dürften.

9 Abschließende Bemerkungen

im Vordergrund dieses Buches stand ein durchgängiger, logik-orientierter Formalismus zur vollständigen semantischen Definition eines Datenmodells bestehend aus einem erweiterten Entity-Relationship-Modell, einem Kalkül und einer darauf aufbauenden Anfragesprache.

Das als EER-Modell bezeichnete Datenmodell erweitert das Entity-Relationship-Modell um wesentliche Konzepte zur Erhöhung der semantischen Ausdrucksfähigkeit, wie zum Beispiel beliebige Datentypen als Attributwertebereiche, die Bildung komplex strukturierter Objekttypen, verschiedene Formen der Teilmengenbeziehung oder statische Integritätsbedingungen zur Einschränkung möglicher Datenbankinhalte auf zulässige. Insofern beinhaltet das EER-Modell die Konzepte der bekannten semantischen Datenmodelle. Aber nicht diese Eigenschaft hebt das EER-Modell aus der Vielzahl dieser Datenmodelle hervor, vielmehr ist es die formale Semantik seiner Konzepte. Die theoretische Grundlage dazu bildet ein prädikatenlogischer Ansatz, der einen expliziten Zustandsbegriff erlaubt und somit als Basis eines darauf aufbauenden EER-Kalküls geeignet ist.

Der vorgestellte EER-Kalkül spiegelt die Konzepte des EER-Modells in angemessener Weise wider und unterstützt zudem bewährte Ausdrucksmittel wie arithmetische Operationen, aggregierende Funktionen, die aus dem NF^2-Modell bekannten Schachtelungs- und Entschachtelungsmöglichkeiten, und die Berechnung der transitiven Hülle. Das alles sind Sprachmittel, die sich in vielen aktuellen Anfragesprachen wiederfinden, aber bisher in dieser Vollständigkeit weder in einem Kalkül noch in einer Algebra zu einer ER-Variante Berücksichtigung gefunden haben.

Die Eignung des Kalküls als semantische Grundlage von Sprachen wird durch die kalkülbasierte Anfragesprache SQL/EER unterstrichen, die die Kalkülkonzepte in ein zweckmäßiges syntaktisches Gewand umsetzt. Die Semantik von SQL/EER läßt sich auf einfache Weise durch eine formale Abbildung auf den Kalkül spezifizieren.

Sowohl das EER-Modell wie auch der EER-Kalkül bilden die theoretische und formale Grundlage der Datenbankentwurfsumgebung CADDY [EHH+89]. Eines der Ziele des CADDY-Projekts ist es, Werkzeuge zu entwickeln, mit denen sich konzeptionelle Datenbankschemata im Sinne einer Prototyperzeugung ('rapid prototyping') "austesten" lassen. Insbesondere sind in einer Anfragesprache formulierte Anfragen auszuführen. Die Grundlage der Prototyperzeugung wurde als Transformationssemantik bestehend aus Modell- und Kalkül-Transformation formal definiert. Die Modell-Transformation folgt den vielen Vorschlägen zur Übersetzung von ER-Ansätzen in das Relationenmodell und zeigt darüber hinaus, wie entsprechende Datenbankinhalte zu transformieren sind, um eine gleichwertige Modellierung bzgl. der Exemplare zu erhalten. Die Kalkül-Transformation ist das Kernstück der Transformation von SQL/EER nach INGRES/SQL, die Anfragen bzgl. einer EER-Modellierung in äquivalente Anfragen bzgl. der aus der Modell-Transformation resultierenden relationalen Modellierung überführt. Die formale Beschreibung der

Kalkül-Transformation in Form einer attributierten Grammatik ermöglicht dabei eine direkte Implementierbarkeit. Ganz analog wurde die kontextsensitive Syntax von SQL/EER wie auch die Semantikdefinition, d.h. die formale Übersetzung in den Kalkül, mit Hilfe dieses Instruments skizziert.

In diesem Zusammenhang sind allerdings noch typische Aspekte aus dem Bereich des Übersetzerbaus zu betrachten, also beispielsweise:

- Erlaubt die kontextfreie EER-Kalkül-Grammatik ein – möglichst einfaches – Syntaxanalyseverfahren? Wenn nein, wie läßt sie sich – sofern überhaupt möglich – in eine äquivalente Grammatik mit dieser Eigenschaft überführen?

- Ermöglicht die attributierte Grammatik zu einer beliebigen Kalkülanfrage eine Ausführung der Kalkül-Transformation in einem Durchlauf ('pass')?

Weitere Fragestellungen sind aus theoretischer Sicht interessant.

Folgt man den Ideen von [Ull82, Klu82, Bül87, ÖÖM87, RKS88, PRYS89], so kann auch daran gedacht werden, eine äquivalente EER-Algebra zum EER-Kalkül zu definieren. Im Zusammenhang mit der Prototyperzeugung auf einem relationalen Datenbanksystem ist eine EER-Algebra nur von geringerem Interesse. So läßt sich im Prinzip eine Algebra ebenfalls als Zwischensprache der Transformation "EER-Anfragesprache nach SQL" einsetzen, was aber die Komplexität der Anfrage-Transformation eher erhöhen würde, als daß es sichtbare Vorteile bringt. Wird allerdings die Relationenalgebra von einem Datenbankmanagementsystem als interne Sprachschnittstelle angeboten, so kann die Transformation in die (anstelle von SQL als Zielsprache verwendete) Relationenalgebra über die EER-Algebra als Zwischensprache einen Effizienzgewinn mit sich bringen.

Andererseits hat sich für Algebren ein ganz anderes Einsatzgebiet in der Implementierung von (relationalen) Datenbanksystemen herauskristallisiert. So besitzen Algebren in der Regel günstige Eigenschaften für Optimierungsalgorithmen. Dieser Vorteil läßt sich aber nur im Zusammenhang mit einer entsprechenden Implementierung des Datenmodells nutzen, wie sie für das EER-Modell nicht vorhanden ist.

Hinsichtlich einer Optimierung erscheint es im Umfeld des CADDY-Projekts notwendiger zu sein, die aus der Anfrage-Transformation resultierenden Anfragen (in SQL oder einer anderen Sprache) zu optimieren. Da durch die Modell-Transformation bzgl. einer weiteren Anfrageoptimierung semantisches Wissen verlorengeht – die Zusammenhänge der entstandenen Relationen sind implizit in den Surrogatschlüsselattributen "versteckt" –, ist es darüber hinaus sinnvoll, dieses Wissen in, evtl. automatisch erzeugten, Zugriffspfaden weitgehend zu erhalten. Diese Aufgabe fällt bereits in den Rahmen des physischen Entwurfs.

In Hinblick auf die in der Einleitung vorgestellte 4-Schichten-Spezifikation hat sich dieses Buch im wesentlichen mit der semantischen Grundlage der Strukturspezifikation beschäftigt, d.i. das Datenmodell einschließlich der benutzerdefinierten Datentypen und der Anfragesprache, die auch zur Festlegung von statischen Integritätsbedingungen Einsatz findet. Gänzlich ausgeklammert wurde die Verhaltensspezifikation, gegeben durch die Entwicklungs- und Aktionsschicht. Der Bereich der dynamischen Integritätsbedingungen in der Entwicklungsschicht ist hinreichend gut erforscht. Hierzu sei auf die Arbeiten [Saa88, Lip89, HüS91] verwiesen, die sich mit der Spezifikation derartiger Bedingungen unter Verwendung temporaler Logik sowie ihrer Überwachung beschäftigen. Anders sieht es bei der Aktionspezifikation aus. Zwar gibt es verschiedene Vorschläge zur Spezifikation von Anfragen, deskriptiv und prozedural, aber ungeklärt sind noch Methoden zum Beweis der Äquivalenz beider Techniken. Auch fehlt es an einer formalen Verifikation der Aktionen einerseits, und der dynamischen Integritätsbedingungen andererseits. Arbeiten in dieser Richtung beschäftigen sich beispielsweise damit, Aktionen aus den spezifizierten Integritätsbedingungen abzuleiten, indem zum Beispiel *elementare* Aktionen definiert werden [Eng91], die automatisch die strukturellen Bedingungen erfüllen. Auch können dynamische Bedingungen in die deskriptive Aktionsspezifikation mit einfließen, so daß hier eine Einhaltung gewährt bleibt [Lip86, Lip89]. Die Vervollständigung der 4-Schichten-Spezifikation unter homogener Einbeziehung von Verhaltensaspekten ist momentan noch ein offenes Problem, das noch viele Fragen offen läßt.

Literatur

[AbB88]   S. ABITEBOUL, C. BEERI: *On the Power of Languages for the Manipulation of Complex Objects.* Techn. Report No. 846, INRIA, Le Chesnay Cedex (Frankreich)

[ABD+89]   M. ATKINSON, F. BANCILHON, D. DEWITT, K. DITTRICH, D. MAIER, ST. ZDONIK: *The Object-Oriented Database System Manifesto.* In W. Kim, J.M. Nicolas, S. Hishio (eds.): Proc. of 1st Int. Conf. on Deductive and Object-Oriented Databases (DOOD) 1989, Kyoto (Japan).

[AbH87]   S. ABITEBOUL, R. HULL: *IFO – A Formal Semantic Database Model.* ACM Transactions on Database Systems 1987, 12(4) (525 – 565)

[ADD85]   A. ALBANO, V. DEANTONELLIS, A. DILEVA: *Computer-Aided Database Design: The DATAID Project.* North-Holland, Amsterdam 1985

[AFS89]   S. ABITEBOUL, P.C. FISCHER, H.-J. SCHEK (eds.): *Nested relations and Complex Objects in Databases.* Springer Verlag, 1989. Lecture Notes in Computer Science No. 361.

[AhU79]   A.V. AHO, J.D. ULLMAN: *Universality of Data Retrieval Languages.* In: 6th Proc. ACM Symposium on Principles of Programming Languages 1979, San Antonio (Texas) (110 – 120)

[AlS88]   K. ALBER, W. STRUCKMANN: *Einführung in die Semantik von Programmiersprachen.* BI-Wissenschaftsverlag, Reihe Informatik, Band 59

[AtC81]   P. ATZENI, P.P. CHEN: *Completeness of Query Languages for the Entity-Relationship Model.* In: [ERA81] (109 – 122)

[BaB84]   D.S. BATORY, A.P. BUCHMANN: *Molecular Objects, Abstract Data Types, and Data Models: A Framework.* In [DSS84] (172 – 184)

[BaK86]   F. BANCILHON, S. KHOSHAFIAN: *A Calculus for Complex Objects.* In: 5th Proc. ACM Symposium on Principles of Database Systems 1986, Cambridge (Massachusetts) (53 – 59)

[BCN92]   C. BATINI, S. CERI, S.B. NAVATHE: *Conceptual Database Design – An Entity-Relationship Approach.* Benjamin/Cummings, Redwood City (CA), 1992

[BDRZ84]   R.P. BRÄGGER, A. DUDLER, J. REBSAMEN, C.A. ZEHNDER: *GAMBIT: An Interactive Database Design Tool for Data Structures, Integrity Constraints, and Transactions.* In: Proc. International Conference on Data Engineering 1984, Los Angeles (California) (399 – 407)

[Bee88]   D. BEECH: *A Foundation for Evolutions from Relational to Object Databases.* In J.W. Schmidt, S. Ceri, M. Missikoff: Advances in Database Technology – EDBT '88, Venice 1988

[Bir87]   R.S. BIRD: *An Introduction to the Theory of Lists.* In M. Broy (ed.): Logic of Programming and Calculi of Discrete Desgin. Nato ASI Series, Vol. F36, Springer-Verlag 1987 (5 – 42)

[BjJ78]   D. BJØRNER, C.B. JONES: *The Vienna Development Method : The Meta Language.* Springer-Verlag LNCS 61, Berlin 1978.

[BKMZ84]   R. BUDDE, H. KUHLENKAMP, L. MATHIASSEN, H. ZÜLLIGHOVEN (eds): *Approaches to Prototyping. Proc. Working Conf. on Prototyping.* Springer-Verlag, Berlin 1984

[BMS84]   M.L. BRODIE, J. MYLOPOULOS, J.W. SCHMIDT (eds.): *On Conceptual Modelling – Perspectives from Artificial Intelligence, Databases, and Programming Languages.* Springer-Verlag 1984

[Bor85]   A. BORGIDA: *Features of Languages for the Development of Information Systems at the Conceptual Level.* IEEE Software 1985, 2(1) (63 – 72)

[Bro84]   M.L. BRODIE: *On the Development of Data Models.* In: [BMS84]

[BrR84]   M.L. BRODIE, D. RIDJANOVIC: *On the Design and Specification of Database Transactions.* In: [BMS84] (277 – 306)

[Bül87]   G. V. BÜLTZINGSLOEWEN: *Translating and Optimizing SQL Queries Having Aggregates.* In [StK87] (235 – 243)

[BuN84]   P. BUNEMAN, R. NIKHIL: *The Functional Data Model and its Use for Interaction with Databases.* In: [BMS84] (359 – 380)

[CaS87]   J. CARMO, A. SERNADAS: *A Temporal Logic Framework for a Layered Approach to Systems Specification and Verification.* In [RBL87]

[CDV88]   M.J. CAREY, D. DEWITT, S.L. VANDENBERG: *A Data Model and Query Language for EXODUS.* Proc. of the ACM SIGMOD Int. Conf. on Management of Data 1988, Chicago

[CEC85]   D.M. CAMPBELL, D.W. EMBLEY, B. CZEJDO: *A Relationally Complete Query Language for an Entity-Relationship Model.* In: [ERA85]

[CeG85]   S. CERI, G. GOTTLOB: *Translating SQL into Relational Algebra: Optimization, Semantics, and Equivalence of SQL Queries.* IEEE Transactions on Software Engineering 1985, 11(4) (324 – 345)

[Cer83]   S. CERI: *Methodology and Tools for Database Design.* North-Holland, Amsterdam, 1983

[Che76]   P.P. CHEN: *The Entity-Relationship Model – Towards a Unified View of Data.* ACM Transactions on Database Systems 1976, 1(1) (9 – 36)

[Cod72]   E.F. CODD: *Relational Completeness of Data Base Sublanguages.* In R. Rustin (ed.): Data Base Systems, Courant Computer Science Symposium 6. Prentice-Hall, Englewood Cliffs, N.J., 1972 (65 – 98)

[dAdS84]   A. D'ATRI, D. SACCA: *Equivalence and Mapping of Database Schemes.* In U. Dayal, G. Schlageter, L.H. Seng: Proc. 10th International Conference on Very Large Data Bases 1984, Singapore (187 – 195)

[Dat84]   C.J. DATE: *A Critique of the SQL Database Language.* In: Proc. International ACM SIGMOD-RECORD Conference on Management of Data 1986, 14(3) (8 – 54)

[Dat86]   C.J. DATE: *The Outer Join.* In C.J. Date (ed.): Relational Databases
            – Selected Papers. Addison-Wesley, Reading (Massachusetts) 1986 (335
            – 366)

[Dat89]   C.J. DATE: *A Guide to the SQL Standard.* Addison-Wesley, Reading
            (Massachusetts) 1989 (2. Auflage)

[Dat90]   C.J. DATE: *An Introduction to Database Systems (Band 1).* Addison-
            Wesley, Reading (Massachusetts) 1990 (5. Auflage)

[DDG85]   B. DEMO, A. DiLEVA, P. GIOLITO: *An Entity-Relationship Query
            Language.* In [SBO85] (19 – 32)

[Deux90]   O. DEUX ET AL: *The Story of O_2.* IEEE Transactions on Knowledge
            and Data Engineering, 2(1), 1990

[Dem82]   R. DEMOLOMBE: *Syntactical Characterization of a Subset of Do-
            main Independent Formulas.* Techn. Report, ONERA-CERT, Toulouse
            (France) 1982

[deT89]   O. DE TROYER: *RIDL*: A Tool for the Computer-Assisted Engineering
            of Large Databases in the Presence Integrity Constraints.* In Proc. ACM
            SIGMOD Int. Conf. on Management of Data, Portland 1989

[Dit88]   K.R. DITTRICH: *Advances in Object-Oriented Database Systems.* Sprin-
            ger LNCS 334, 1988 In [ERA86] (51 – 66)

[DiP69]   R.A. DiPAOLA: *The Recursive Unsolvability of the Decision Problem
            for the Class of Definite Formulas.* Journal of the ACM 1969, 16(2)
            (324 – 327)

[DKML85]   K.R. DITTRICH, A.M. KOTZ, J.A. MÜLLE, P.C. LOCKEMANN:
            Datenbankunterstützung für den ingenieurwissenschaftlichen Bereich.
            Informatik-Spektrum 1985, Bd. 8 (113 – 125)

[DSS84]   U. DAYAL, G. SCHLAGETER, L.H. SENG (eds.): *10th Proc. Internatio-
            nal Conference on Very Large Data Bases 1984,* Singapore

[EDG86]   H.-D. EHRICH, K. DROSTEN, M. GOGOLLA: *Towards an Algebraic
            Semantics for Database Specification.* In R.A. Meersman, A.C. Sernadas
            (eds.): Proc. IFIP 2.6 Work. Conf. on Database Semantics 'Knowledge
            & Data' (DS-2), Albufeira (Portugal) 1986 (119 – 135)

[EGL89]   H.-D. EHRICH, M. GOGOLLA, U.W. LIPECK: *Algebraische Spezifika-
            tion abstrakter Datentypen.* Teubner-Verlag 1989

[EGH+92]   G. ENGELS, M. GOGOLLA, U. HOHENSTEIN, K. HÜLSMANN, P. LÖHR-
            RICHTER, G. SAAKE, H.-D. EHRICH: *Conceptual Modelling Using an
            Extended ER Model.* Data & Knowledge Engineering 9, 1992/93

[EHH+89]   G. ENGELS, U. HOHENSTEIN, K. HÜLSMANN, P. LÖHR-RICHTER, H.-
            D. EHRICH: *CADDY: Computer-Aided Design of Non-Standard Da-
            tabases.* In N. Madhavji, H. Weber, W. Schäfer (eds.): Int. Conf. on
            System Development Environments & Factories, Berlin 1989

[EhM85]   H. EHRIG, B. MAHR: *Fundamentals of Algebraic Specification I – Equations and Initial Semantics.* Springer-Verlag, Berlin 1985

[EHN+88]   G. ENGELS, U. HOHENSTEIN, L. NEUGEBAUER, G. SAAKE, H.-D. EHRICH: *Konzeption einer integrierten Datenbank-Entwurfsumgebung.* In F. Örtly (ed.): Proc. of DBTA/SI Data Dictionaries und Entwicklungswerkzeuge für Datenbankanwendungen. ETH Zürich 1988 (151 – 157)

[EKTW86]   J. EDER, G. KAPPEL, A.M. TJOA, R.R. WAGNER: *BIER: The Behaviour Integrated Entity Relationship Approach.* In [ERA86] (147 – 166)

[ELG84]   H.-D. EHRICH, U.W. LIPECK, M. GOGOLLA: *Specification, Semantics and Enforcement of Dynamic Integrity Constraints.* In [DSS84]

[ElL85]   R.A. ELMASRI, J.A. LARSEN: *A Graphical Query Facility for ER Databases.* In: [ERA85] (236 – 255)

[ElW81]   R.A. ELMASRI, G. WIEDERHOLD: *GORDAS: A Formal High-Level Query Language for the Entity-Relationship Model.* In: [ERA81] (49 – 72)

[Eng91]   G. ENGELS: *Elementary Actions on an Extended Entity-Relationship Database.* In Proc. Workshop on Graph Grammars and their Applications to Computer Science, Bremen 1990, Springer Berlin, LNCS 532 Springer-Verlag 1990

[ERA79]   P.P. CHEN (ed.): *Proc. of the 1st Int. Conference on Entity-Relationship Approach.* Los Angeles (California) 1979

[ERA81]   P.P. CHEN (ed.): *Proc. of the 2nd Int. Conference on Entity-Relationship Approach.* Los Angeles (California) 1981

[ERA83]   C.G. DAVIS, S. JAJODIA, P.A. NG, R.T. YEH (eds.): *Proc. of the 3rd Int. Conference on Entity-Relationship Approach.* Anaheim (California) 1983

[ERA85]   *Proc. of the 4th Int. Conference on Entity-Relationship Approach.* Chicago (Illinois) 1985

[ERA86]   S. SPACCAPIETRA (ed.): *Proc. of the 5th Int. Conference on Entity-Relationship Approach.* Dijon (France) 1986

[ERA87]   S. MARCH (ed.): *Proc. of the 6th Int. Conference on Entity-Relationship Approach.* New York 1987

[ERA88]   C. BATINI (ed.): *Proc. of the 7th Int. Conference on Entity-Relationship Approach.* Rome (Italy) 1988

[ERA89]   F. LOCHOVSKI (ed.): *Proc. of the 8th Int. Conference on Entity-Relationship Approach.* Toronto (Canada) 1989

[ERA90]   H. KANGASSALO (ed.): *Proc. of the 9th Int. Conference on Entity-Relationship Approach: The Core of Modelling.* Lausanne (Switzerland) 1990

[ERA91]   T.J. TEOREY (ed.): *Proc. of the 10th Int. Conference on Entity-Relationship Approach.* San Mateo (California) 1991

[ERA92]   P.C. LOCKEMANN (ed.): *Proc. of the 11th Int. Conference on Entity-Relationship Approach.* Karlsruhe 1992

[EWH85]   R.A. ELMASRI, J. WEELDREYER, A. HEVNER: *The Category Concept: An Extension to the Entity-Relationship Model.* Data & Knowledge Engineering 1985, Vol. 1 (75 – 116)

[Fag80]   R. FAGIN: *Horn Clauses and Database Dependencies.* In: 12th Annual ACM Symp. on Theory of Computing, Los Angeles (California) 1980

[GMS83]   F. GOLSHANI, T.S.E. MAIBAUM, M.R. SADLER: *A Modal System for Database Specification and Query Language Support.* In M. Schkolnik, C. Thanos (eds.): Proc. 9th International Conference on Very Large Data Bases 1983, Florence (Italy) (331 – 339)

[Gog89]   M. GOGOLLA: *Algebraization and Integrity Constraints for an Extended Entity-Relationship Approach.* In J. Diaz, F. Orejas (eds.): Proc. of the Int. Joint Conf. on Theory and Practice of Software Development 1989 (TAPSOFT), Barcelona (Spain), Springer-Verlag LNCS 351,352

[Gog90]   M. GOGOLLA: *A Note on the Translation of SQL to Tuple Calculus.* ACM SIGMOD-RECORD 19(1) (18 – 22)

[GoH91]   M. GOGOLLA, U. HOHENSTEIN: *Towards a Semantic View of an Extended Entity-Relationship Model.* ACM Transactions on Database Systems 1991, 16(3) (369 – 416)

[Güt88]   R.H. GÜTING: *Geo-Relational Algebra: A Model and Query Language for Geometric Database Systems.* In J.W. Schmidt, S. Ceri, M. Missikoff (eds.): Advances in Database Technology – EDBT '88, Venice 1988

[HaM81]   M. HAMMER, D. MCLEOD: *Database Description with SDM: A Semantic Database Model.* ACM Transactions on Database Systems 1981, 6(3) (351 – 386)

[HeS91]   A. HEUER, M. SCHOLL: *Principles of Object-Oriented Languages.* In: H.-J. Appelrath (ed.): Datenbanksysteme in Büro, Technik und Wissenchaft, Kaiserslautern 1991

[HNS86]   U. HOHENSTEIN, L. NEUGEBAUER, G. SAAKE: *An Extended Entity-Relationship Model for Non-Standard Databases.* In: Proc. Workshop "Relationale Datenbanken" in Lessach (Österreich). Technischer Bericht Nr. 86/3, TU Clausthal-Zellerfeld 1986 (185 – 211)

[HNSE87]   U. HOHENSTEIN, L. NEUGEBAUER, G. SAAKE, H.-D. EHRICH: *Three-Level Specification Using an Extended Entity-Relationship Model.* In R.R. Wagner, R. Traunmüller, H.C. Mayr (eds.): Informationsbedarfsermittlung und -analyse für den Entwurf von Informationssystemen. Informatik-Fachberichte Band 143, Springer 1987 (58 – 88)

[Hoa85] C.A.R. HOARE: *Communicating Sequential Processes.* Prentice-Hall, Englewood-Cliffs, 1985

[Höl89] C. HÖLTERS: *Entwurf und Implementierung einer graphischen Benutzeroberfläche für eine Datenbankanfragesprache eines erweiterten ER-Modells.* Diplomarbeit, TU Braunschweig 1989

[HoE90] U. HOHENSTEIN, G. ENGELS: *Formal Semantics of an Entity-Relationship-Based Query Language.* In: [ERA90]

[HoE92] U. HOHENSTEIN, G. ENGELS: *SQL/EER: Syntax and Semantics of an Entity-Relationship-Based Query Language.* Information Systems 1992, 17(3) (209 – 242)

[HoG88] U. HOHENSTEIN, M. GOGOLLA: *A Calculus for an Extended Entity-Relationship Model Incorporating Arbitrary Data Operations and Aggregate Functions.* In: [ERA88] (129 –148)

[Hoh88] U. HOHENSTEIN: *Automatic Transformation of Entity-Relationship Schemas into Relational Schemas.* Informatik-Bericht Nr. 88-10, TU Braunschweig 1988

[Hoh89] U. HOHENSTEIN: *Automatic Transformation of an Entity-Relationship Query Language into SQL.* In [ERA89]

[Hoh90] U. HOHENSTEIN: *Ein Kalkül für ein erweitertes Entity-Relationship-Modell und seine Übersetzung in einen relationalen Kalkül.* Dissertation, TU Braunschweig 1990

[HoH91] U. HOHENSTEIN, K. HÜLSMANN: *A Language for Specifying Static and Dynamic Constraints.* Erscheint in: [ERA91]

[HuK87] R. HULL, R. KING: *Semantic Database Modeling: Survey, Applications, and Research Issues.* ACM Computing Surveys 1987, 19(3) (201 – 260)

[HüS91] K. HÜLSMANN, G. SAAKE: *Theoretical Foundations of Temporal Integrity Constraints.* Acta Informatica 1991, 27(4)

[Jac82] B.E. JACOBS: *On Database Logic.* Journal of the ACM 1982, 29(2) (310 – 322)

[JaN84] S. JAJODIA, P. NG: *Translation of Entity-Relationship Diagrams into Relational Structures.* Journal of System and Software 1984, 4(1)

[JaS82] G. JAESCHKE, H.-J.SCHEK: *Remarks on the Algebra of Non First Normal Form Relations.* In: 1st Proc. ACM Symposium on Principles of Database Systems 1982, Los Angeles (California) (124 – 138)

[KiL89] M. KIFER, G. LAUSEN: *F-LOGIC : A Higher Order Language for Reasoning about Objects, Inheritance, and Scheme.* In: J. Clifford, B. Lindsday, D. Maier (eds.): Proc. International ACM SIGMOD-RECORD Conference on Management of Data 1989, Portland (Oregon) 1989 (134 – 146)

[Klu82]   A. KLUG: *Equivalence of Relational Algebra and Relational Calculus Query Languages Having Aggregate Functions.* Journal of the ACM 1982, 29(3) (699 – 717)

[KMS86]   S. KHOSHLA, T.S.E. MAIBAUM, M. SADLER: *Database Specification.* In T.B. Steel, R. Meersmann (eds.): Proc. IFIP Conf. on Data Semantics DS-1, Albufeira (Portugal) 1985 (141 – 158)

[Knu68]   D.E. KNUTH: *Semantics of Context-free Languages.* Mathematical Systems Theory 1968, Vol. 2 (127 – 145)
Korrektur in: Mathematical Systems Theory 1971, Vol. 5 (95 – 96)

[Kuh67]   J.L. KUHNS: *Answering Questions by Computer : A Logical Study.* Techn. Report No. RM-5428-PR, Rand. Corporation 1967

[LEG85]   U.W. LIPECK, H.-D. EHRICH, M. GOGOLLA: *Specifying Admissibility of Dynamic Database Behaviour Using Temporal Logic.* In [SBO85] (145 – 157)

[Lie79]   Y. LIEN: *On the Semantics of the Entity-Relationship Data Model.* In: [ERA79] (155 – 168)

[Lip86]   U.W. LIPECK: *Stepwise Specification of Dynamic Database Behaviour.* In C. Zaniolo (ed.): Proc. International ACM SIGMOD-RECORD Conference on Management of Data 1986, Washington D.C. (387 – 397)

[Lip89]   U.W. LIPECK: *Zur dynamischen Integrität von Datenbanken: Grundlagen der Spezifikation und Überwachung.* Informatik-Fachberichte 209, Springer-Verlag 1989

[LiN86]   U.W. LIPECK, K. NEUMANN: *Modelling and Manipulating Objects in Geoscientific Databases.* In: [ERA86] (67 – 86)

[LiS87]   U.W. LIPECK, G. SAAKE: *Monitoring Dynamic Integrity Constraints Based on Temporal Logic.* Information Systems 1987, 12(3) (255 – 269)

[LyK86]   P. LYNGBAEK, W. KENT: *A Data Modeling Methodology for the Design and Implementation of Information Systems.* In K.R. Dittrich, U. Dayal (ed.): Proc. of the Int. Workshop on Object-Oriented Database Systems, Pacific Grove (California) 1986 (6 – 17)

[LyV87]   P. LYNGBAEK, V. VIANU: *Mapping a Semantic Database Model to the Relational Model.* In U. Dayal, I. Traiger (eds.): Proc. International ACM SIGMOD-RECORD Conference on Management of Data 1987, San Francisco (132 – 142)

[Mai83]   D. MAIER: *The Theory of Databases.* Computer Science Press, Rockville MD 1983

[MaK81]   J.A. MAKOWSKI: *Characterizing Data Base Dependencies.* In S. Even, O. Kariv (eds.): 8th Colloquium on Automata, Languages and Programming. Acre (Israel) 1981, Springer-Verlag LNCS 115 (86 – 97)

[MaR83a]   V.M. MARKOWITZ, Y. RAZ: *A Modified Algebra and Its Use in an Entity-Relationship Environment.* In: [ERA83] (315 – 328)

[MaR83b] V.M. MARKOWITZ, Y. RAZ: *ERROL: An Entity-Relationship, Role Oriented Query Language.* In: [ERA83] (329 – 345)

[MBW80] J. MYLOPOULOS, P.A. BERNSTEIN, H.K.T. WONG: *A Language Facility for Designing Database Intensive Applications.* ACM Transactions on Database Systems 1980, 5(2) (185 – 207)

[MDL87] H.C. MAYR, K. DITTRICH, P.C. LOCKEMANN: *Datenbankentwurf.* In P.C. Lockemann, J.W. Schmidt (eds.): Datenbank-Handbuch. Springer-Verlag 1987 (481 – 557)

[MMR86] J.A. MAKOWSKI, V.M. MARKOWITZ, N. ROTICS: *Entity-Relationship Consistency for Relational Schemes.* In G. Ausiello, P. Atzeni (eds.): Proc. International Conference on Database Theory ICDT 1986, Springer LNCS 243 (306 – 322)

[MyW80] J. MYLOPOULOS, H.K.T. WONG: *Some Features of the TAXIS Data Model.* In: Proc. 6th International Conference on Very Large Data Bases 1980, Montreal (Canada) (399 – 410)

[Neu88] K. NEUMANN: *Eine geowissenschaftliche Datenbanksprache mit benutzerdefinierbaren geometrischen Datentypen.* Dissertation, TU Braunschweig 1988.

[Nic82] J.-M. NICOLAS: *Logic for Improving Integrity Checking in Relational Databases.* Acta Informatica 1982, 18(3) (227 – 253)

[NiD82] J.-M. NICOLAS, R. DEMOLOMBE: *On the Stability of Relational Queries.* In: Proc. Workshop Logical Bases for Data Bases, 1982

[Nix84] B. NIXON (ed.): *TAXIS '84: Selected Papers.* Technical Report CSRG-160, University of Toronto, 1984

[NPS91] M. NEGRI, G. PELAGATTI, L. SBATTELLA: *Formal Semantics of SQL Queries.* ACM Transactions on Database Systems 1991, 16(3) (513 – 534)

[ÖÖM87] G. ÖZSOYOGLU, Z.M. ÖZSOYOGLU, V. MATOS: *Extending Relational Algebra and Relational Calculus with Set-Valued Attributes and Aggregate Functions.* ACM Transactions on Database Systems 1987, 12(4)

[OSLS86] A. OBERWEIS, F. SCHÖNTHALER, G. LAUSEN, W. STUCKY: *Net Based Conceptual Modelling and Rapid Prototyping with INCOME.* In: Proc 3rd Conf. on Software Engineering, AFCET, Paris 1986 (165 – 176)

[Pag81] F.G. PAGIN: *Formal Specification of Programming Languages: A Panoramic Primer.* Prentice-Hall, Englewood Cliffs, New Jersey 1981

[PaS84] C. PARENT, S. SPACCAPIETRA: *An Entity-Relationship Algebra.* In: Proc. International Conference on Data Engineering 1984, Los Angeles (California) (500 – 507)

[PaS85] C. PARENT, S. SPACCAPIETRA: *An Algebra for a General Entity-Relationship Model.* IEEE Transactions on Software Engineering 1985, 11(7) (634 – 643)

[PaS89] C. PARENT, S. SPACCAPIETRA: *Complex Object Modeling: An Entity-Relationship Approach.* In [AFS89] (272–296)

[PBGG89] J. PAREDAENS, P. DE BRA, M. GYSSENS, D. VAN GUCHT.: *The Structure of the Relational Data Model.* EATCS Monographs on Theoretical Computer Science, No. 17 Springer-Verlag 1989

[PeM88] J. PECKHAM, F. MARYANSKY: *Semantic Data Models.* ACM Computing Surveys 1988, 20(3) (153 – 189)

[PiA86] P. PISTOR, F. ANDERSEN: *Designing a Generalized NF^2 Model with an SQL-Type Language Interface.* In: Proc. 12th International Conference on Very Large Data Bases 1986, Kyoto (Japan) (278 – 285)

[PiD89] P. PISTOR, P. DADAM: *The Advanced Information Management Prototype.* In: [AFS89] (3–26)

[PRYS89] C. PARENT, H. ROLIN, K. YETOGNON, S. SPACCAPIETRA: *An ER Calculus for the Entity-Relationship Complex Model.* In: [ERA89]

[PiT86] P. PISTOR, R. TRAUNMÜLLER: *A Database Language for Sets, Lists and Tables.* Information Systems 1986, 11(4) (323 – 336)

[Poo78] G. POONEN: *CLEAR : A Conceptual Language for Entities and Relationships.* In W. Chu, P.P. Chen (eds.): Centralized and Distributed Systems. IEEE Computer Society, Silver Springs (Maryland) 1980

[RBL87] C. ROLLAND, F. BODART, M. LEVARD (eds.): Proc. IFIP TC 8 WG 8.1 Working Conference on "Temporal Aspects of Information Systems". Sophia-Antipolis (France) 1987

[RKB87] M.A. ROTH, H.F. KORTH, D.S. BATORY: *SQL/NF : A Query Language for $\neg 1NF$ Relational Databases.* Information Systems 1987, 12(1) (99 – 114)

[RKS88] M.A. ROTH, H.F. KORTH, A. SILBERSCHATZ: *Extended Algebra and Calculus for Nested Relational Databases.* ACM Transactions on Database Systems 1988, 13(4) (389 – 417)

[RNLE85] I. RAMM, K. NEUMANN, U.W. LIPECK, H.-D. EHRICH: *Eine Benutzerschnittstelle für geowissenschaftliche Anwendungen.* Informatik-Bericht Nr. 85-08, TU Braunschweig 1985

[Roe85] W. ROESNER: DESPATH : *An ER Manipulation Language.* In: [ERA85]

[Saa88] G. SAAKE: *Spezifikation, Semantik und Überwachung von Objektlebensläufen in Datenbanken.* Dissertation, TU Braunschweig 1988

[Saa91] G. SAAKE: *Descriptive Specification of Database Object Behaviour.* Data & Knowledge Engineering 1991, 6(1) (47 – 74)

[SaL87] G. SAAKE, U.W. LIPECK: *Foundations of Temporal Integrity Monitoring.* In C. Rolland, F. Bodart, M. Levard (eds.): Proc. IFIP TC 8 WG 8.1 Working Conf. on "Temporal Aspects of Information Systems". Sophia-Antipolis (France) 1987 (235 – 249)

[SBO85]   A. SERNADAS, J. BUBENKO, A. OLIVÉ (eds.): Proc. IFIP WG 8.1 Conf. on "Theoretical and Formal Aspects of Information Systems" (TFAIS) 1985, Sitges (Spain)

[Schm89]   J. SCHMIDT: *Ausführung von Anfragen eines erweiterten ER-Kalküls auf einem relationalen Datenbanksystem.* Diplomarbeit, TU Braunschweig 1989

[ScR89]   B. SCHIEFER, S. REHM: *Eine Anfragesprache für ein strukturell-objektorientiertes Datenmodell.* In T. Härder (ed.): Proc. of the GI/SI-Fachtagung "Datenbanksysteme in Büro, Technik und Wissenschaft". Zürich 1989, Informatik-Fachbericht 204, Springer-Verlag (373 – 388)

[ScS86]   H.-J. SCHEK, M.H. SCHOLL: *The Relational Model with Relation-Valued Attributes.* Information Systems 1986, 11(2) (137 – 147)

[ScS89]   H.-J. SCHEK, M.H. SCHOLL: *The Two Roles of Nested Relations in the DASDBS Project.* In: [AFS89]

[SFNC84]   U. SCHIEL, A.L. FURTADO, E.J. NEUHOLD, M.A. CASANOVA: *Towards Multi-Level and Modular Conceptual Schema Specifications.* Information Systems 1984, 9(1) (43 – 57)

[Sho78]   A. SHOSHANI: CABLE : *A Language Based on the Entity-Relationship Model.* Report UCID-8005, Computer Science and Applied Mathematics Department, Lawrence Berkeley Laboratory, Berkeley (California) 1978

[SmS77]   J.M. SMITH, D.C.P. SMITH: *Database Abstractions: Aggregation and Generalization.* ACM Transactions on Database Systems 1977, 2(2) (105 – 133)

[SNHE87]   G. SAAKE, L. NEUGEBAUER, U. HOHENSTEIN, H.-D. EHRICH: *Konzepte und Werkzeuge für eine Datenbankentwurfsumgebung.* Informatik-Bericht Nr. 87-05, TU Braunschweig 1987

[SRK77]   D. STEINBERG, Y. RAZ, E. KANTOROWITZ: *Translating ERROL a High-Level, ER, Structured English Language for DBTG Databases.* In: [ERA87] (367 – 390)

[SSE87]   A. SERNADAS, C. SERNADAS, H.-D. EHRICH: *Object-Oriented Specification of Databases: An Algebraic Approach.* In [StK87] (107 –116)

[SSW79]   P. SCHEUERMANN, G. SCHIFFNER, H. WEBER: *Abstraction Capabilties and Invariant Properties Modelling in the Entity-Relationship Approach.* In: [ERA79] (121 – 140)

[StK87]   P.M. STOCKER, W. KENT (eds.): *Proc. 13th International Conference on Very Large Data Bases 1987,* Brighton

[STW84]   M. SCHREFL, A.M. TJOA, R.R. WAGNER: *Comparison Criteria for Semantic Data Models.* In: Proc. International Conference on Data Engineering 1984, Los Angeles (California) (120 – 125)

[Sub87]   K. SUBIETA: *Denotational Semantics of Query Languages.* Information Systems 1987, 12(1) (69 – 82)

[SuM86]   K. SUBIETA, M. MISSALA: *Semantics of Query Languages for the Entity-Relationship Model.* In: [ERA86] (197 – 216)

[Tha90]   B. THALHEIM: *Extending the Entity-Relationship Model for a High-Level, Theory-Based Database Design.* In: J.W. Schmidt, A.A. Stagny (eds.): Proc. 1st East/West Database Workshop Next Generation Information System Technology. Springer LNCS 504 1990 (161 – 184)

[Teo90]   T.J. TEOREY: *Database Modeling and Design – The Entity-Relationship Approach.* Morgan Kaufmann, San Mateo (CA), 1990

[Top86]   R. TOPOR: *Domain Independent Formulas and Databases.* Techn. Report No. 86/11, University of Melbourne 1986

[TuL85]   R. TURNER, B.G.T. LOWDEN: *An Introduction to the Formal Specification of Relational Query Languages.* The Computer Journal, 28(2), 1985 (162 – 169)

[TYF86]   T.J. TEOREY, D. YANG, J.P. FRY: *A Logical Design Methodology for Relational Databases Using the Extended Entity-Relationship Model.* ACM Computing Surveys 1986, 18(2) (197 – 222)

[Ull82]   J.D. ULLMAN: *Principles of Database Systems.* Computer Science Press, Rockville MD, 1982

[UrD86]   S.D. URBAN, L.M.L. DELCAMBRE: *An Analyis of the Structural, Dynamic, and Temporal Aspects of Semantic Data Models.* In: Proc. International Conference on Data Engineering 1986, Los Angeles (California) (382 – 389)

[UrZ83]   P. URSPRUNG, C.A. ZEHNDER: *HIQUEL : An Interactive Query Language to Define and Use Hierarchies.* In: [ERA83] (299 – 314)

[VaGT87] A. VAN GELDER, R.W. TOPOR: *Safety and Correct Translation of Relational Calculus Formulas.* In: 6th Proc. ACM Symposium on Principles of Database Systems 1987, San Diego (California) (313 – 327)

[VeF85]   P VELOSO, A. FURTADO: *Towards Simpler and yet Complete Formal Specifications.* In [SBO85] (175 – 189)

[Vel85]   F. VELEZ: *LAMBDA : An Entity-Relationship Based Query Language for the Retrieval of Structured Documents.* In: [ERA85] (72 – 81)

[Wit89]   T. WITTKUGEL: *Entwurf und Implementierung einer automatischen Transformation von Datenbank-Schemata aus einem erweiterten ER-Modell in das relationale Modell.* Diplomarbeit, TU Braunschweig 1989

[ZhM83]   Z.Q. ZHANG, A.Q. MENDELZON: *A Graphical Query Language for Entity-Relationship Databases.* In: [ERA83] (441 – 448)

Verzeichnis der Abbildungen

Verzeichnis der Tabellen

Attributierte Grammatik zur Kalkül-Transformation

STRING$_0$ ::= CHARACTER [STRING$_1$]

STRING$_0$.*String* = CHARACTER.*String* [STRING$_1$.*String*]

CHARACTER ::= A | B | C | ... | Z | a | b | c | ... | z | 0 | ... | 9 | –

CHARACTER.*String* = A | B | C | ... | Z | a | b | c | ... | z | 0 | ... | 9 | –

. . . .

VARIABLE ::= STRING

VARIABLE.*Variable* = x wenn x = STRING.*String* ϵ VAR [29]

DATAOPNS ::= STRING

DATAOPNS.*Name* = wenn ω = STRING.*String* ϵ $OPNS_{DT}$

BINOPNS ::= STRING

Sei ω = STRING.*String* :

BINOPNS.*Name* = ω wenn ω: d,d$\rightarrow$d ϵ $OPNS_{DT}$ für ein d ϵ $SORT_{DT}$

ATTRIBUTE ::= STRING

ATTRIBUTE.*Name* = a wenn a = STRING.*String* ϵ $ATTR$

COMPONENT ::= STRING

COMPONENT.*Name* = c wenn c = STRING.*String* ϵ $COMP$

ROLE ::= STRING

ROLE.*Name* = n wenn n = STRING.*String* ϵ $ROLE$

CONSTRUCTION ::= STRING

CONSTRUCTION.*Name* = t wenn t = STRING.*String* ϵ $CONSTRUCTION$

---

[29]Im anderen Fall tritt jeweils ein Fehler auf, und die Bearbeitung bricht ab.

ENTITYTYPE ::= STRING

ENTITYTYPE.*Name* = e wenn e = STRING.*String* ϵ *E-TYPE*

RELSHIPTYPE ::= STRING

RELSHIPTYPE.*Name* = r wenn r = STRING.*String* ϵ *R-TYPE*

EXPROPNS ::= STRING

EXPROPNS.*Name* = f wenn f = STRING.*String* ϵ { Cnt,Sum,Max,Min,Avg }

CONVERT ::= STRING

CONVERT.*Name* = f wenn f = STRING.*String* ϵ { LtB,LtS,BtS }

INTEGER ::= STRING

INTEGER.*Int* = i wenn i = STRING.*String* ϵ $\mathbb{N}$

DATAPRED ::= STRING

DATAPRED.*Pred* = π wenn π = STRING.*String* ϵ $PRED_{DT}$

QUERY^{EER} :

QUERY ::= TERM

QUERY.*Query* = TERM.*Term*

TERM.*Ctxt*$\downarrow$ = *full*

TERM^{EER} :

TERM ::= VARIABLE   /* Term (i) */

Sei x = VARIABLE.*Variable* und s = $type$(x) :

$$\text{TERM}.\textit{Term} = \begin{cases} \text{s\$(x)} & \text{wenn} \quad \text{TERM}.\textit{Ctxt} \downarrow = \$ \text{ und } s \in \textit{E-TYPE} \cup \textit{R-TYPE} \\ \text{x} & \text{sonst} \end{cases}$$

TERM.*Decl* = TERM.*Qutf* = TERM.*Form* = ε

TERM.*Sort* = s

. . . .

TERM ::= DATAOPNS (TERMLIST)   /* Term (ii) */

Sei ω = DATAOPNS.*Name* und d $\doteq$ $destination$(ω) :

TERM.*Term* = ω(TERMLIST.*Term*)

$TERM.Decl$ = $TERMLIST.Decl$
$TERM.Qutf$ = $TERMLIST.Qutf$
$TERM.Form$ = $TERMLIST.Form$
$TERM.Sort$ = **d**
$TERMLIST.Ctxt{\downarrow}$ = *full*

. . . .

$TERM_0$ ::= ATTRIBUTE ($TERM_1$)   /* Term (ii) */

Sei **a** = ATTRIBUTE.*Name*, **s** = *destination*(**a**) und x_a = $GENVAR(R(a))$:

$TERM_0.Term$ =

$$\begin{cases} a(TERM_1.Term) & \text{wenn } s=d \\ \{\!| \ a(x_a) \mid (x_a{:}R(a)) \wedge TERM_1.Qutf \\ \qquad (TERM_1.Form \wedge a\$(x_a)=TERM_1.Term) \ |\!\} & \text{wenn } s=bag/list(d) \\ BtS(\{\!| \ a(x_a) \mid (x_a{:}R(a)) \wedge TERM_1.Qutf \\ \qquad (TERM_1.Form \wedge a\$(x_a)=TERM_1.Term) \ |\!\}) & \text{wenn } s=set(d) \end{cases}$$

$$TERM_0.Decl = \begin{cases} TERM_1.Decl & \text{wenn } s = d \\ \varepsilon & \text{wenn } s = set/bag/list(d) \end{cases}$$

$$TERM_0.Qutf = \begin{cases} TERM_1.Qutf & \text{wenn } s = d \\ \varepsilon & \text{wenn } s = set/bag/list(d) \end{cases}$$

$$TERM_0.Form = \begin{cases} TERM_1.Form & \text{wenn } s = d \\ \varepsilon & \text{wenn } s = set/bag/list(d) \end{cases}$$

$TERM_0.Sort$ = **s**

$TERM_0.Sel\text{-}Term$ = $a(x_a)$

$TERM_0.Sel\text{-}Decl$ = $(x_a{:}R(a)) \wedge TERM_1.Decl$

$TERM_0.Sel\text{-}Qutf$ = $\exists(x_a{:}R(a)) \ TERM_1.Qutf$

$TERM_0.Sel\text{-}Form$ = $TERM_1.Form \wedge a\$(x_a) = TERM_1.Term$
$\qquad\qquad\qquad\qquad \wedge \ a\#(x_a) = TERM_0.Term{\downarrow}$

$TERM_0.Ind\text{-}Term$ = $BtS(\{\!| \ a\#(x_a) \mid (x_a{:}R(a)) \wedge TERM_1.Qutf$
$\qquad\qquad\qquad\qquad (TERM_1.Form \wedge a\$(x_a)=TERM_1.Term) \ |\!\})$

$TERM_0.Pos\text{-}Term$ = $BtS(\{\!| \ a\#(x_a) \mid (x_a{:}R(a)) \wedge TERM_1.Qutf \ TERM_0.Qutf{\downarrow}$
$\qquad\qquad\qquad\qquad (TERM_1.Form \wedge a\$(x_a)=TERM_1.Term \wedge$
$\qquad\qquad\qquad\qquad TERM_0.Form{\downarrow} \wedge a(x_a)=TERM_0.Term{\downarrow}) \ |\!\})$

$TERM_0.Occ\text{-}Term$ = $Cnt(\{\!| \ a\#(x_a) \mid (x_a{:}R(a)) \wedge TERM_1.Qutf \ TERM_0.Qutf{\downarrow}$
$\qquad\qquad\qquad\qquad (TERM_1.Form \wedge a\$(x_a)=TERM_1.Term \wedge$
$\qquad\qquad\qquad\qquad TERM_0.Form{\downarrow} \wedge a(x_a)=TERM_0.Term{\downarrow}) \ |\!\})$

$$TERM_1.Ctxt{\downarrow} = \begin{cases} full & \text{wenn } s = d \\ \$ & \text{wenn } s = set/bag/list(d) \end{cases}$$

. . . .

TERM$_0$ ::= COMPONENT (TERM$_1$) /* Term (ii) */

Sei c = COMPONENT.*Name*, s = *destination*(c), s = **set/bag/list**(e') oder s = e' für ein e' ϵ E-TYPE, $x_{e'}$ = *GENVAR*(R(e')) und x_c = *GENVAR*(R(c)) :

TERM$_0$.*Term* =

$$
\begin{cases}
x_{e'} & \text{wenn } s = e' \text{ und TERM}_0.Ctxt{\downarrow}{=}full \\[4pt]
c(\text{TERM}_1.Term) & \text{wenn } s = e' \text{ und TERM}_0.Ctxt{\downarrow}{=}\$ \\[4pt]
\{\, x_{e'} \mid (x_{e'}{:}R(e')) \wedge (x_c{:}R(c)) \wedge c(x_c){=}e'\$(x_{e'}) \wedge \text{TERM}_1.Qutf & \\
\quad (\text{TERM}_1.Form \wedge c\$(x_c){=}\text{TERM}_1.Term) \,\} & \\
& \text{wenn } s = \text{bag/list}(e') \text{ und TERM}_0.Ctxt{\downarrow}{=}full \\[4pt]
\{\, c(x_c \mid (x_c{:}R(c)) \wedge \text{TERM}_1.Qutf & \\
\quad (\text{TERM}_1.Form \wedge c\$(x_c){=}\text{TERM}_1.Term) \,\} & \\
& \text{wenn } s = \text{bag/list}(e') \text{ und TERM}_0.Ctxt{\downarrow}{=}\$ \\[4pt]
\text{BtS}\{\, x_{e'} \mid (x_{e'}{:}R(e')) \wedge (x_c{:}R(c)) \wedge c(x_c){=}e'\$(x_{e'}) \wedge \text{TERM}_1.Qutf & \\
\quad (\text{TERM}_1.Form \wedge c\$(x_c){=}\text{TERM}_1.Term) \,\} & \\
& \text{wenn } s = \text{set}(e') \text{ und TERM}_0.Ctxt{\downarrow}{=}full \\[4pt]
\text{BtS}\{\, c(x_c) \mid (x_c{:}R(c)) \wedge \text{TERM}_1.Qutf & \\
\quad (\text{TERM}_1.Form \wedge c\$(x_c){=}\text{TERM}_1.Term) \,\} & \\
& \text{wenn } s = \text{set}(e') \text{ und TERM}_0.Ctxt{\downarrow}{=}\$
\end{cases}
$$

TERM$_0$.*Decl* =

$$
\begin{cases}
(x_{e'}{:}R(e')) \wedge \text{TERM}_1.Decl & \text{wenn } s = e' \text{ und TERM}_0.Ctxt{\downarrow} = full \\
\text{TERM}_1.Decl & \text{wenn } s = e' \text{ und TERM}_0.Ctxt{\downarrow} = \$ \\
\varepsilon & \text{wenn } s = \text{set/bag/list}(e')
\end{cases}
$$

TERM$_0$.*Qutf* =

$$
\begin{cases}
\exists(x_{e'}{:}R(e')) \wedge \text{TERM}_1.Qutf & \text{wenn } s = e' \text{ und TERM}_0.Ctxt{\downarrow} = full \\
\text{TERM}_1.Qutf & \text{wenn } s = e' \text{ und TERM}_0.Ctxt{\downarrow} = \$ \\
\varepsilon & \text{wenn } s = \text{set/bag/list}(e')
\end{cases}
$$

TERM$_0$.*Form* =

$$
\begin{cases}
c(\text{TERM}_1.Term){=}e'\$(x_{e'}) \wedge \ \text{TERM}_1.Form & \\
& \text{wenn } s = e' \text{ und TERM}_0.Ctxt{\downarrow} = full \\
\text{TERM}_1.Form & \text{wenn } s = e' \text{ und TERM}_0.Ctxt{\downarrow} = \$ \\
\varepsilon & \text{wenn } s = \text{set/bag/list}(e')
\end{cases}
$$

TERM$_0$.*Sort* = s

TERM$_0$.*Sel-Term* = $\begin{cases} x_{e'} & \text{wenn TERM}_0.Ctxt{\downarrow} = full \\ c(x_c) & \text{wenn TERM}_0.Ctxt{\downarrow} = \$ \end{cases}$

TERM$_0$.*Sel-Decl* =

$$
\begin{cases}
(x_{e'}{:}R(e')) \wedge (x_c{:}R(c)) \wedge \text{TERM}_1.Decl & \text{wenn TERM}_0.Ctxt{\downarrow} = full \\
(x_c{:}R(c)) \wedge \text{TERM}_1.Decl & \text{wenn TERM}_0.Ctxt{\downarrow} = \$
\end{cases}
$$

$TERM_0.Sel\text{-}Qutf =$

$$\begin{cases} \exists(x_{e'}{:}R(e')) \wedge \exists(x_c{:}R(c)) \wedge TERM_1.Qutf & \text{wenn } TERM_0.Ctxt{\downarrow} = full \\ \exists(x_c{:}R(c)) \wedge TERM_1.Qutf & \text{wenn } TERM_0.Ctxt{\downarrow} = \$ \end{cases}$$

$TERM_0.Sel\text{-}Form =$

$$\begin{cases} TERM_1.Form \wedge c\$(x_c)=TERM_1.Term \wedge c(x_c)=e'\$(x_{e'}) \wedge \\ \qquad c\#(x_c)=TERM_1.Term{\downarrow} \qquad \text{wenn } TERM_0.Ctxt{\downarrow} = full \\ TERM_1.Form \wedge c\$(x_c)=TERM_1.Term \wedge \\ \qquad c\#(x_c)=TERM_1.Term{\downarrow} \qquad \text{wenn } TERM_0.Ctxt{\downarrow} = \$ \end{cases}$$

$TERM_0.Ind\text{-}Term = BtS(\{\!| \; c\#(x_c) \mid (x_c{:}R(c)) \wedge TERM_1.Qutf$
$\qquad\qquad\qquad\qquad (TERM_1.Form \wedge c\$(x_c)=TERM_1.Term) \; |\!\})$

$TERM_0.Pos\text{-}Term = BtS(\{\!| \; c\#(x_c) \mid (x_c{:}R(c)) \wedge TERM_1.Qutf \; TERM_0.Qutf{\downarrow}$
$\qquad\qquad\qquad\qquad (TERM_1.Form \wedge c\$(x_c)=TERM_1.Term \wedge$
$\qquad\qquad\qquad\qquad TERM_0.Form{\downarrow} \wedge c(x_c)=TERM_0.Term{\downarrow}) \; |\!\})$

$TERM_0.Occ\text{-}Term = Cnt(\{\!| \; a\#(x_a) \mid (x_c{:}R(c)) \wedge TERM_1.Qutf \; TERM_0.Qutf{\downarrow}$
$\qquad\qquad\qquad\qquad (TERM_1.Form \wedge c\$(x_c)=TERM_1.Term \wedge$
$\qquad\qquad\qquad\qquad TERM_0.Form{\downarrow} \wedge c(x_c)=TERM_0.Term{\downarrow}) \; |\!\})$

$$TERM_1.Ctxt{\downarrow} = \begin{cases} full & \text{wenn } s = e' \\ \$ & \text{wenn } s = set/bag/list(e') \end{cases}$$

· ·

$TERM_0 ::= ROLE \; (\; TERM_1 \;)$ $\qquad\qquad\qquad\qquad\qquad\qquad$ /* Term (ii) */

Sei $n = ROLE.Name$, $e = entity(n)$ und $x_e = GENVAR(R(e))$:

$$TERM_0.Term = \begin{cases} x_e & \text{wenn } TERM_0.Ctxt{\downarrow} = full \\ n\$(TERM_1.Term) & \text{wenn } TERM_0.Ctxt{\downarrow} = \$ \end{cases}$$

$$TERM_0.Decl = \begin{cases} (x_e{:}R(e)) \wedge TERM_1.Decl & \text{wenn } TERM_0.Ctxt{\downarrow} = full \\ TERM_1.Decl & \text{wenn } TERM_0.Ctxt{\downarrow} = \$ \end{cases}$$

$$TERM_0.Qutf = \begin{cases} \exists(x_e{:}R(e)) \; TERM_1.Qutf & \text{wenn } TERM_0.Ctxt{\downarrow} = full \\ TERM_1.Qutf & \text{wenn } TERM_0.Ctxt{\downarrow} = \$ \end{cases}$$

$TERM_0.Form =$

$$\begin{cases} TERM_1.Form \wedge e\$(x_e)=n\$(TERM_1.Term) & \text{wenn } TERM_0.Ctxt{\downarrow} = full \\ TERM_1.Form & \text{wenn } TERM_0.Ctxt{\downarrow} = \$ \end{cases}$$

$TERM_0.Sort = e$

$TERM_1.Ctxt{\downarrow} = \$$

· ·

TERM$_0$ ::= ENTITYTPE$_1$ CONSTRUCTION,ENTITYTYPE$_2$ **(TERM$_1$)** /* Term (ii) */

Sei t = CONSTRUCTION.*Name*, i = ENTITYTYPE$_1$.*Type* und x_i = $GENVAR(R(i))$:

$$\text{TERM}_0.\textit{Term} = \begin{cases} x_i & \text{wenn } \text{TERM}_0.\textit{Ctxt}{\downarrow} = \textit{full} \\ i\$(x_i) & \text{sonst} \end{cases}$$

TERM$_0$.*Decl* = $(x_i R(i))$ $\wedge$ TERM$_1$.*Decl*
TERM$_0$.*Qutf* = $\exists(x_i R(i))$ TERM$_1$.*Qutf*
TERM$_0$.*Form* = TERM$_1$.*Form* $\wedge$
  $\neg$(Is-i(TERM$_1$.*Term*)=true $\wedge$ $\neg$ origin\$((TERM$_1$.*Term*)=i\$(x_i)) $\wedge$
  $\neg$(Is-i(TERM$_1$.*Term*)=false $\wedge$ $\partial(x_i)$)

TERM$_0$.*Sort* = i

TERM$_1$.*Ctxt*${\downarrow}$ = *full*

. . . .

TERM$_0$ ::= EXPROPNS (TERM$_1$)   /* Term (ii) */

Sei TERM$_1$.*Sort* = set/bag/list(s) und ω = EXPROPNS.*Name* :

TERM$_0$.*Term* = ω(TERM$_1$.*Term*)
TERM$_0$.*Decl* = TERM$_1$.*Decl*
TERM$_0$.*Qutf* = TERM$_1$.*Qutf*
TERM$_0$.*Form* = TERM$_1$.*Form*

$$\text{TERM}_0.\textit{Sort} = \begin{cases} \textbf{int} & \text{wenn } \omega = \textbf{Cnt} \\ \textbf{real} & \text{wenn } \omega = \textbf{Avg} \\ \textbf{s} & \text{wenn } \omega = \textbf{Min, Max oder Sum} \end{cases}$$

$$\text{TERM}_1.\textit{Ctxt}{\downarrow} = \begin{cases} \$ & \text{wenn } \omega = \textbf{Cnt} \\ \textit{full} & \text{wenn } \omega = \textbf{Min, Max, Sum oder Avg} \end{cases}$$

. . . .

TERM$_0$ ::= Prj INTEGER **(TERM$_1$)**   /* Term (ii) */

Sei TERM$_1$.*Sort* = prod(s_1,...,s_n), INTEGER.*Int* = i und $1 \leq i \leq n$:

$$\text{TERM}_0.\textit{Term} = \begin{cases} s_i(\text{Prj}_i(\text{TERM}_1.\textit{Term})) & \text{wenn } \text{TERM}_0.\textit{Ctxt}{\downarrow} = \$ \\ & \text{und } s_i \in \textit{E-TYPE} \cup \textit{R-TYPE} \\ \text{Prj}_i(\text{TERM}_1.\textit{Term}) & \text{sonst} \end{cases}$$

TERM$_0$.*Decl* = TERM$_1$.*Decl*
TERM$_0$.*Qutf* = TERM$_1$.*Qutf*
TERM$_0$.*Form* = TERM$_1$.*Form*
TERM$_0$.*Sort* = s_i

TERM$_1$.*Ctxt*${\downarrow}$ = TERM$_0$.*Ctxt*${\downarrow}$

. . . .

TERM$_0$ ::= Apl $_{\text{BINOPNS}}$ (TERM$_1$)   /* Term (ii) */

Sei ω = BINOPNS.*Name* und **d** = *destination*(ω) :

TERM$_0$.*Term* = Apl$_\omega$(TERM$_1$.*Term*)
TERM$_0$.*Decl* = TERM$_1$.*Decl*
TERM$_0$.*Qutf* = TERM$_1$.*Qutf*
TERM$_0$.*Form* = TERM$_1$.*Form*
TERM$_0$.*Sort* = **d**

TERM$_1$.*Ctxt*$\downarrow$ = \$

. . . .

TERM$_0$ ::= Sel (TERM$_1$, TERM$_2$)   /* Term (ii) */

Sei TERM$_1$.*Sort* = **list(s)**:

TERM$_0$.*Term* = TERM$_1$.*Sel-Term*
TERM$_0$.*Decl* = TERM$_1$.*Sel-Decl* $\wedge$ TERM$_2$.*Decl*
TERM$_0$.*Qutf* = TERM$_1$.*Sel-Qutf*   TERM$_2$.*Qutf*
TERM$_0$.*Form* = TERM$_1$.*Sel-Form* $\wedge$ TERM$_2$.*Form*
TERM$_0$.*Sort* = **s**

TERM$_1$.*Ctxt*$\downarrow$ = \$ TERM$_2$.*Ctxt*$\downarrow$ = *full*

TERM$_1$.*Term*$\downarrow$ = TERM$_2$.*Term*$\downarrow$

. . . .

TERM$_0$ ::= Pos (TERM$_1$, TERM$_2$)   /* Term (ii) */

TERM$_0$.*Term* = TERM$_1$.*Pos-Term*
TERM$_0$.*Decl* = TERM$_0$.*Qutf* = TERM$_0$.*Form* = ε
TERM$_0$.*Sort* = **set(int)**

TERM$_1$.*Ctxt*$\downarrow$ = TERM$_2$.*Ctxt*$\downarrow$ = \$

TERM$_1$.*Term*$\downarrow$ = TERM$_2$.*Term*
TERM$_1$.*Qutf*$\downarrow$ = TERM$_2$.*Qutf*
TERM$_1$.*Form*$\downarrow$ = TERM$_2$.*Form*

. . . .

TERM$_0$ ::= Occ (TERM$_1$, TERM$_2$)   /* Term (ii) */

TERM$_0$.*Term* = TERM$_1$.*Occ-Term*
TERM$_0$.*Decl* = TERM$_0$.*Qutf* = TERM$_0$.*Form* = ε
TERM$_0$.*Sort* = **int**

TERM$_1$.*Ctxt*$\downarrow$ = TERM$_2$.*Ctxt*$\downarrow$ = \$

TERM$_1$.*Term*$\downarrow$ = TERM$_2$.*Term*
TERM$_1$.*Qutf*$\downarrow$ = TERM$_2$.*Qutf*
TERM$_1$.*Form*$\downarrow$ = TERM$_2$.*Form*

. . . .

TERM$_0$ ::= CONVERT (TERM$_1$) /* Term (ii) */

Sei **TERM$_1$**.*Sort* = **bag/list(s)**:

$$\text{TERM}_0.\textit{Term} = \begin{cases} \text{BtS(TERM}_1.\textit{Term}) & \text{wenn CONVERT}.\textit{Name} = \text{LtS oder BtS} \\ \text{TERM}_1.\textit{Term} & \text{wenn CONVERT}.\textit{Name} = \text{LtB} \end{cases}$$

TERM$_0$.*Decl* = **TERM$_1$**.*Decl*
TERM$_0$.*Qutf* = **TERM$_1$**.*Qutf*
TERM$_0$.*Form* = **TERM$_1$**.*Form*

$$\text{TERM}_0.\textit{Sort} = \begin{cases} \text{set(s)} & \text{wenn CONVERT}.\textit{Name} = \text{LtS oder BtS} \\ \text{bag(s)} & \text{wenn CONVERT}.\textit{Name} = \text{LtB} \end{cases}$$

TERM$_1$.*Ctxt*↓ = **TERM$_0$**.*Ctxt*↓

TERM$_0$.*Occ-Term* = **TERM$_1$**.*Occ-Term*

TERM$_1$.*Term*↓ = **TERM$_0$**.*Term*↓
TERM$_1$.*Qutf*↓ = **TERM$_0$**.*Qutf*↓
TERM$_1$.*Form*↓ = **TERM$_0$**.*Form*↓

....

TERM$_0$ ::= Ind (TERM$_1$) /* Term (ii) */

TERM.*Term* = **TERM$_1$**.*Ind-Term*
TERM.*Decl* = **TERM**.*Qutf* = **TERM**.*Form* = ε
TERM.*Sort* = **set(int)**

TERM$_1$.*Ctxt*↓ = **TERM$_0$**.*Ctxt*↓

....

TERM ::= { TERMLIST | DECLLIST $\wedge$ FORMULA }

TERM.*Term* = { **TERMLIST**.*Term* | **DECLLIST**.*Decl* $\wedge$ **TERMLIST**.*Decl* $\wedge$
                        TERMLIST.*Form* $\wedge$ **FORMULA**.*Form* }

TERM.*Decl* = **TERM**.*Qutf* = **TERM**.*Form* = ε
TERM.*Sort* = **bag(prod(TERMLIST**.*Sort***))**

TERMLIST.*Ctxt*↓ = **TERM**.*Ctxt*↓

TERMLIST$_0$ ::= TERM [, TERMLIST$_1$]

TERMLIST$_0$.*Term* = **TERM**.*Term* [, **TERMLIST$_1$**.*Term*]
TERMLIST$_0$.*Decl* = **TERM**.*Decl* [$\wedge$ **TERMLIST$_1$**.*Decl*]
TERMLIST$_0$.*Qutf* = **TERM**.*Qutf* [**TERMLIST$_1$**.*Qutf*]
TERMLIST$_0$.*Form* = **TERM**.*Form* [$\wedge$ **TERMLIST$_1$**.*Form*]
TERMLIST$_0$.*Sort* = **TERM**.*Sort* [, **TERMLIST$_1$**.*Sort*]

TERMLIST$_1$.*Ctxt*↓ = **TERM**.*Ctxt*↓ = **TERMLIST$_0$**.*Ctxt*↓

FORMULA^{EER} **:**

FORMULA ::= DATAPRED (TERMLIST)   /* Formel (i) */

FORMULA.*Form* = DATAPRED.*Pred* (TERMLIST.*Term*)

TERMLIST.*Ctxt*$\downarrow$ = *full*

....

FORMULA ::= $\in$ (TERM$_1$, TERM$_2$)   /* Formel (i) */

FORMULA.*Form* = TERM$_1$.*Qutf* TERM$_2$.*Qutf*
$\qquad\qquad$ (TERM$_1$.*Form* $\wedge$ TERM$_2$.*Form* $\wedge$
$\qquad\qquad\qquad$ $\in$(TERM$_1$.*Term*,TERM$_2$.*Term*))

TERM$_1$.*Ctxt*$\downarrow$ = TERM$_2$.*Ctxt*$\downarrow$ = *full*

....

FORMULA ::= TERM$_1$ = TERM$_2$ /* Formel (ii) */

FORMULA.*Form* = TERM$_1$.*Qutf* TERM$_2$.*Qutf*
$\qquad\qquad$ (TERM$_1$.*Form* $\wedge$ TERM$_2$.*Form* $\wedge$
$\qquad\qquad\qquad$ TERM$_1$.*Term*=TERM$_2$.*Term*)

TERM$_1$.*Ctxt*$\downarrow$ = TERM$_2$.*Ctxt*$\downarrow$ = \$

....

FORMULA ::= ∂ (TERM)   /* Formel (iii) */

FORMULA.*Form* = ∂ (TERM.*Term*)

TERM.*Ctxt*$\downarrow$ = \$

....

FORMULA$_0$ ::= $\neg$ (FORMULA$_1$)   /* Formel (iv) */

FORMULA$_0$.*Form* = $\neg$ (FORMULA$_1$.*Form*)

....

FORMULA$_0$ ::= FORMULA$_1$ $\vee$ FORMULA$_2$)   /* Formel (v) */

FORMULA$_0$.*Form* = (FORMULA$_1$.*Form* $\vee$ FORMULA$_2$.*Form*)

....

FORMULA$_0$ ::= $\exists$ DECL (FORMULA$_1$)   /* Formel (vi) */

FORMULA$_0$.*Form* = $\exists$ DECL.*Decl* (FORMULA$_1$.*Form*)

DECL^{EER} :

DECLLIST$_0$ ::= DECL [$\wedge$ DECLLIST$_1$]   /* Decl (i) */

DECLLIST$_0$.*Decl* = DECL.*Decl* [$\wedge$ DECLLIST$_1$.*Decl*]

. . . .

DECL$_0$ ::= (SIMPLEDECL)

DECL$_0$.*Decl* = (SIMPLEDECL.*Decl*)

. . . .

SIMPLEDECL$_0$ ::= VARIABLE : RANGE [$\vee$ SIMPLEDECL$_1$]

SIMPLEDECL$_0$.*Decl* = VARIABLE.*Variable* : RANGE.*Range*
$\qquad\qquad\qquad\qquad\qquad$ [$\vee$ SIMPLEDECL$_1$.*Decl*]

RANGE^{EER} :

RANGE ::= ENTITYTYPE | RELSHIPTYPE   /* Range (i) */

RANGE.*Range* = R(ENTITYTYPE.*Name*) | R(RELSHIPTYPE.*Name*)

. . . .

RANGE ::= TERM   /* Range (ii) */

RANGE.*Range* = TERM.*Term*

TERM.*Ctxt*$\downarrow$ = *full*

. . . .

RANGE$_0$ ::= set (RANGE$_1$)   /* Range (iii) */

RANGE$_0$.*Range* = set(RANGE$_1$.*Range*)

TEUBNER-TEXTE zur Informatik

Band 1: Buchmann/Ganzinger/Paul (Hrsg.)
**Informatik. Festschrift zum 60. Geburtstag
von Günter Hotz**
VIII, 508 Seiten. Kart. DM 62,–

Band 2: Rupprecht, **Implementierung und parallele Verarbeitung
von Kommunikationssoftware**
196 Seiten. Kart. DM 29,80

Band 3: Glässer, **A Distributed Implementation of Flat Concurrent
Prolog on Message-Passing Multiprocessor Systems**
116 Seiten. Kart. DM 25,80

Band 4: Hohenstein, **Formale Semantik eines erweiterten
Entity-Relationship-Modells**
207 Seiten. Kart. DM 39,80

Band 5: Zhao, **Handsketch-Based Diagram Editing**
220 Seiten. Kart. DM 39,80

Die Reihe wird fortgesetzt.
Preisänderungen vorbehalten.

B. G. Teubner Verlagsgesellschaft
Stuttgart · Leipzig